JN246206

デジタル計器による 計器飛行ハンドブック

稲富　徳昭著

鳳文書林出版販売

はじめに

　この冊子は、計器飛行証明の取得とエアーラインのパイロットを目指す学生の皆さんを対象に、計器飛行証明取得の参考書として、FAA の Instrument Flying Handbook の記述および日本航空機操縦士協会発行の AIM−j などを参考としつつ、崇城大学航空機操縦訓練本部の教職員が豊富な飛行経験を生かし日本の航空法諸規則に合うように加筆して作成したものです。
できるだけ現時点の最新情報に合わせていますが、航空の世界は、安全向上を目的として次々と新しい技術が導入され、制度を含めて進歩・変化しています。今後、版を重ねながら極力最新の情報に update を心がけていくつもりです。ひとりでも多くの若者が、将来目指すエアーラインの乗員として羽ばたけるための一助となることを願っています。

＜計器飛行証明取得の意義＞

　計器飛行証明はなぜ必要でしょう？
　もし、あなたが空域が混んでいない local 空港でお天気の良い時だけを選んでフライトを楽しむだけのパイロットであれば不要でしょう。しかし、クロスカントリー（野外飛行）のように比較的長めのルートを飛ぶときに起こりがちな、天候によるルート変更や飛行をキャンセルする可能性は計器飛行証明を取得することにより減らすことができるでしょう。
VMC ぎりぎりの天気や IMC で外が見えなくなったような状況において、知識不足のために無理をして事故に至ったケースが数多くあります。
パイロットはかつて目に見える外の景色、音、飛行機の姿勢と水平線の位置関係を見ながら、感覚を頼りにフライトをしてきました。飛行機の性能がよくなるのにつれて、飛行の安全をより確かなものにするために、パイロットが求める飛行中の情報も増加しています。ここでいう情報源としては、当初、翼の梁につけられた紐（飛行機のすべり具合を知る）に始まり最新の集合計器 EFIS やフライト全般をマネージメントする FMS まで多岐にわたります。かつての針、玉、速度（玉はすべりを表す）の操縦から attitude flight へと進化しています。

　航法についても、かつての地上物標を参考にする推測航法から電波による援助施設を利用したものに進化しています。
無線航法援助施設としては Non Directional Radio Beacon (NDB)、Very-High Frequency Omnidirectional Range （VOR）、Distance Measuring Equipment （DME）、Tactical Air Navigation (TACAN)、Global Positioning System (GPS)、Instrument Landing System (ILS)、Microwave Landing System （MLS）、and Inertial Navigation System （INS）と進歩してきました。

　飛ぶことに魅せられたあなたは、初めてフライトに臨んだ頃と同じように計器飛行ができる能力も身に着けたいと思われるはずです。計器飛行の能力を身に着けることによりこれまで運にまかせていたものが自分の知識と技能で実現可能になるからです。計器飛行証明を取得するのは、たまたま IMC になりその技能を必要とする場合に有効であるばかりでなく、常にフライトしている限りはパイロットとしての計器飛行の技能に磨きをかけ続けることが可能であり、なによりも格段の安全性の向上に役立つからに他なりません。

　自家用操縦士であろうと事業用操縦士であろうと、IMC Condition において IFR フライトプランで飛行する場合や Class A の空域を飛行する場合は航空法第34条に規定されている計器飛行証明を有し、かつ必要な最近の飛行経験を有する必要があります。
VMC を維持していても計器のみに依存して航法する場合なら 30 分、あるいは 110km を超えての飛行は計器飛行証明を取得し、かつ最近 180 日の間に 6 時間以上の計器飛行の経験が必要となります。
計器飛行証明を取得するためには、学科試験に合格して必要な知識があることを証明し、PIC などの受験要件を満足した状態で計器飛行証明の実地試験を受け、その技術があることを示し合格する必要があります。
計器飛行証明を目指す皆さんは、教室で必要な知識を学び、単発および双発機のフライト訓練を通して計器飛行証明に必要な技能を身に着け、航空局の筆記ならびに実技国家試験を受験し合格することによりその資格を取得することになります。
計器飛行に必要な知識の基礎を以下のように各章に分かれて解説します。

目　次

第1章
The National Airspace System
空　　域

Introduction

　世界の空域は ICAO の非加盟国及び公海の一部上空を除きほぼ全域が飛行情報区となっており、航空交通業務システムはこれら空域、航行援助施設、援助サービス、空港、着陸場、航空路チャート、情報／サービス、規則、法律、手順、テクニカル情報、人、物のネットワークで構成されます。システムはまた、自衛隊とも一部共有しています。ネットワークシステムで提供されるものは年々進化し、最近はマイクロチップを複合し、また衛星をベースにした航法装置や、ジェット機が可能にした速度・高度にかかわるテクノロジーの進歩を反映しています。ICAO が進めてきた international standard の空域クラス分けシステムに日本も従っています。この章では空域の区分け、航路、ターミナル地域、進入方式、空域内における運航要領などについて解説しています。詳しいクラス分けや、オペレーションの手順や各種制限は AIM-j を参照してください。

1-1　Airspace Classification　空域区分

　日本の空域は以下のように定義されています。

クラス A（Altitude と覚えます。つまり高高度空域）
　一般的に、29,000ft 以上の全域空域および洋上管制区の 20,000ft 以上の空域で構成されます。特別な許可がない限り全てのフライトは IFR（計器飛行方式）で飛ばなければなりません。

クラス B（Big と覚えます。つまり大空港周辺空域）
　一般的に航空運送事業用の飛行機の運航で混雑する空港の周辺に設定されています。空域はそれぞれ公示されており 2 重あるいはそれ以上の層になっています。（ウェディングケーキを逆に置いたような形をしている）この空域に入った場合、publish された instrument procedure を実施する前提で設計されています。全ての飛行機は ATC のクリアランスが必要とされ、全ての飛行機は空域内では管制間隔が設定されます。

クラス C（Crowd と覚えます。つまり混雑する空域）
　タワーとレーダー approach control を有するある程度の数の IFR 機や運送事業の飛行機が運航する飛行場に設定されています。それぞれの空域は公示されており、各航空機は空域に入る前に ATC と 2-way radio communication を確立して air traffic service を受けながら空域内にいる間は ATC との通信を維持しなければなりません。

クラス D（Dialog と覚えます。つまり、対話が必要な空域）
　航空交通管制圏のことであり一般的には tower のある空港の半径 5nm（9km）3,000ft MSL（ジェットを運航する自衛隊基地では 6,000ft の場合もある）以下の空域です。特別に許可された場合を除き入域する前に ATC との 2-way radio communication の確立及び維持が必要で、IFR 相互や VFR 機との間に管制間隔が設定されます。VFR 機相互には管制間隔が設定されないものの適宜交通情報が提供されます。

クラス E（Elsewhere と覚えます。それ以外つまり A〜D 以外の空域）
　一般的に管制空域でクラス A、B、C、D でないものがクラス E となります。低高度では全ての instrument approach をカバーし、あるいはターミナルから航空路までのトランジッション部分をカバーしています。700ft 以上から 29,000ft 未満、洋上では 20,000ft 未満の空域に設定されています。

クラス G（Go for it と覚えます。気象さえ許せば勝手にどうぞという空域）
　　ABCDE 以外の空域で ATC の管制業務はなく、管制情報業務が実施されます。

日本における空域のクラス分け

クラス	飛行方式	提供業務	管制間隔の設定	適用空域	速度制限	通信要件	管制許可
A	IFR のみ	管制業務	全ての IFR 機間に設定	29,000ft 以上の全空域	なし	常時双方向	必要
				20,000ft 以上の洋上管制区			
				特別管制空域 A	10,000ft 以下は 250kt 以下 (進入管制区の場合)		
B	IFR	管制業務	全ての航空機間に設定	特別管制空域 B	10,000ft 以下は 250kt 以下 (進入管制区の場合)	常時双方向	必要
	VFR						
C	IFR	管制業務	全ての航空機間に設定	特別管制空域 C	10,000ft 以下は 250kt 以下 (進入管制区の場合)	常時双方向	必要
	VFR		全ての IFR 機との間に設定				
D	IFR	管制業務	他の IFR 機間に設定	航空交通管制圏	3,000ft 以上は 250kt 以下。3,000ft 以下はタービン機：200kt 以下ピストン機：160kt 以下	常時双方向	必要
	VFR		設定なし (適宜、交通情報のみ)				
E	IFR	管制業務	他の IFR 機との間に設定	航空交通管制区のうち・29,000ft 未満(進入管制区、TCA を含み、特別管制区を除く)・航空交通情報圏・20,000ft 未満の洋上管制区	進入管制区のうち10,000ft 以下：250kt 以下	常時双方向	必要
	VFR		設定なし (要求により可能な範囲で情報提供) (情報圏では交通情報を提供)			なし (情報圏では常時双方向)	不要
G	VFR	飛行情報業務	設定なし	上記以外の空域	なし	なし	不要

ATS 空域のクラス分け概念図

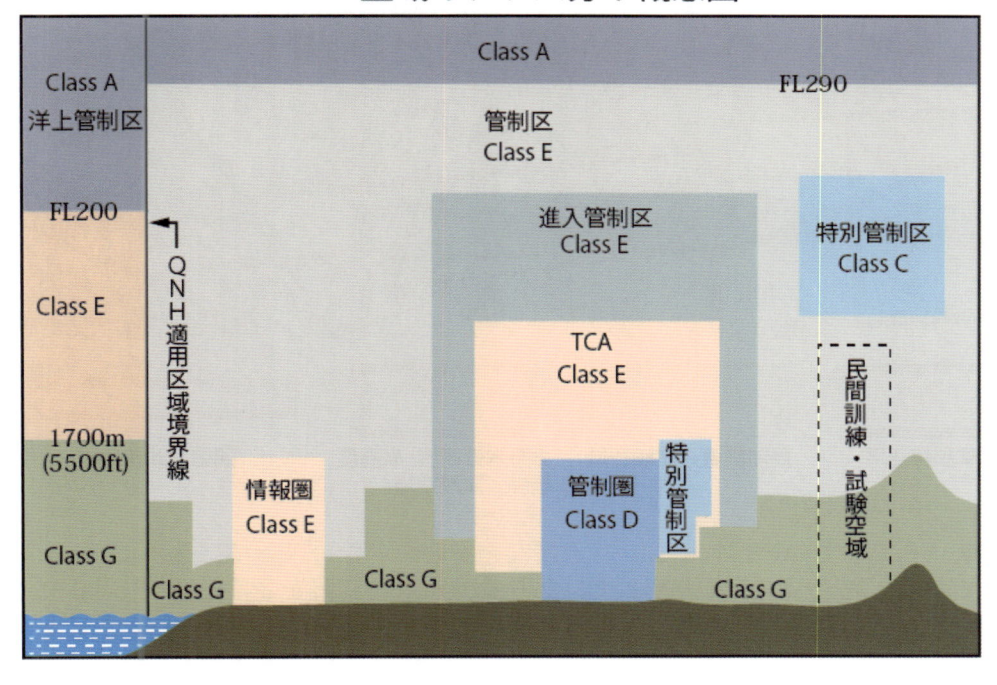

Special Use Airspace
　特別に設定された空域では特別の利用を目的として設定され、この空域での飛行機の運航は許可が必要だったり、制限を受けたりします。空域をまたがって使う場合は新たな制限が加わることもあります。これらの空域は AIP の enroute チャートに記載されておりエリア名、番号、高度、時間、気象状態、コントロール母体などが明示されています。
飛行規制空域には以下の空域があります。
　　　　　射撃訓練区域
　　　　　訓練／試験区域
　　　　　民間訓練／試験空域
　　　　　自衛隊低高度訓練／試験空域
　　　　　自衛隊高高度訓練／試験空域
　　　　　超音速飛行空域
　　　　　回廊（Corridors）

そのほか規制を受ける空域
　　　　　原子力施設上空
　　　　　コンビナート上空

Special Use Airspaceの一例

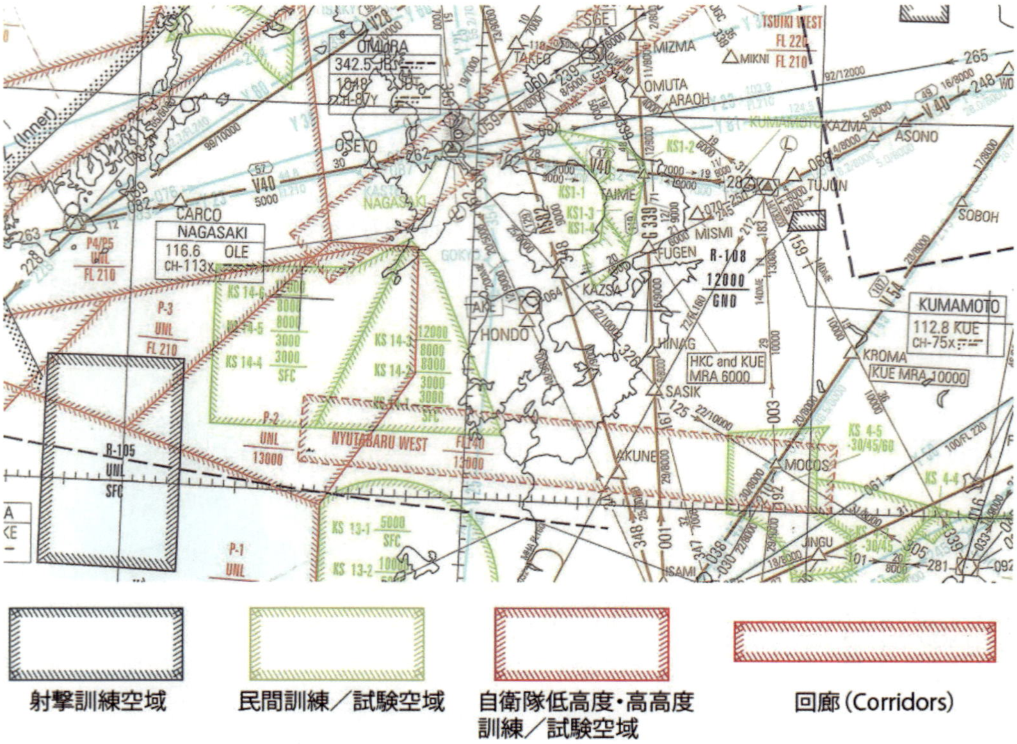

| 射撃訓練空域 | 民間訓練／試験空域 | 自衛隊低高度・高高度訓練／試験空域 | 回廊（Corridors） |

　制限空域はその中でのオペレーション申請などをしていない飛行機にとってはハザードな領域となっており、完全なフライト禁止ではありませんが、制限を受ける領域です。この領域でのオペレーションそのものにもある程度の制限があります。

大砲や砲撃、ミサイル誘導などの見えない危険の可能性があります。IFR フライトではエンルートに到達するまでのトランジットルートとして通過をアサインされます。当該空域を管轄する機関から許可を得ずに通過することは飛行機や乗員乗客にとって極めて危険な行為となります。ATC は IFR クリアランスを得て運航する飛行機に対し、制限空域を飛行する場合以下の procedure を適用して飛行させます。

制限空域がリリースされているならば、ATC は制限なく飛行機の運航を許可します。
もし、制限空域がアクティブであれば、制限空域を回避するようにクリアランスを発出します。

自衛隊の訓練空域は高さと水平方向の境界で明示されており、IFR 用のルートから間隔を取るように設定されています。Military の activity が行われているときでも、間隔が維持できる場合、IFR 機に area の通過が許可されることがあり、その場合は ATC からクリアランスが出ます。それ以外の場合は ATC は迂回させるか、さもなければ IFR 機の進入の許可を発出しません。

Military の訓練エリアには、戦闘訓練を行うエリアと、緊急発進をするためのコリドーがあり、10,000ft 以下でも高速のトラフィックがいる可能性があります。
Temporary に飛行に危険が伴うことが理由で運航が制限される場合があります。例えば、森林火災、化学的事故、原発事故、洪水、災害救助活動のための臨時制限などで、これらの情報は、NOTAM として発行されます。

1-2　Airways　航空路

IFR で飛行するための primary ルートとして航空路が定められています。通常、航空路の中心線が NAVAID/waypoint/fix/intersection などを結ぶことで形成されています。VOR を結ぶ航空路の幅は中心線から片側 4nm（NDB では 5nm）になっています。計器飛行のコースは全て magnetic course で、距離は nm（海里）で表わされています。
熊本から大分は V40 となっているのが分かります。

NAVAID などによらないランダムなルートとして RNAV ルートが設定されています。RNAVルートは RNAV 機能のある飛行機用でダイレクトのルートとなっています。経路には「L」「M」「N」「Y」「Z」に番号のついた名称がつけられています。この RNAV ルートはレーダーのモニターが必要となっており、レーダーが運用されていることが条件となります。レーダーモニターとトラフィックの混雑を考慮してこのルートを飛ぶ承認が与えられます。レーダーのモニターは受けますが、navigation 実施の責任はパイロットにあります。

RNP ルートの飛行

RNP とは Required Navigation Performance のことで、特定空域内において必要とされる航法要件で航空機の航法精度など性能要件や FMS などに求められる機能要件で構成されるものです。例えば RNP4 では全飛行時間の 95%における進行方向に対する横方向の航法誤差が±4nm 以内となる航法精度およびその他航法性能ならびに航法機能要件が規定される航法です。（RNAV では機上監視装置を必要としませんが、RNP ルートを飛行する場合機上監視装置が必要となります）航法精度を満足しなくなった場合、警報を発するようシステムが必要であり、その場合の代替手段も決められています。

Other routing

　Major な空港間には preferred IFR ルートが設定されており、パイロットの飛行計画のガイドや、ルートチェンジを少なくする、あるいは航空交通のスムースな流れを目指しています。

IFR Enroute Charts

　IFR のエンルートフライトでは、ATC から得たクリアランスの通りに航空路を navigate していきます。計器飛行を安全に効率的に実施するためには、計器飛行用のチャートに記されている膨大なデータを正確に理解することがとても重要です。

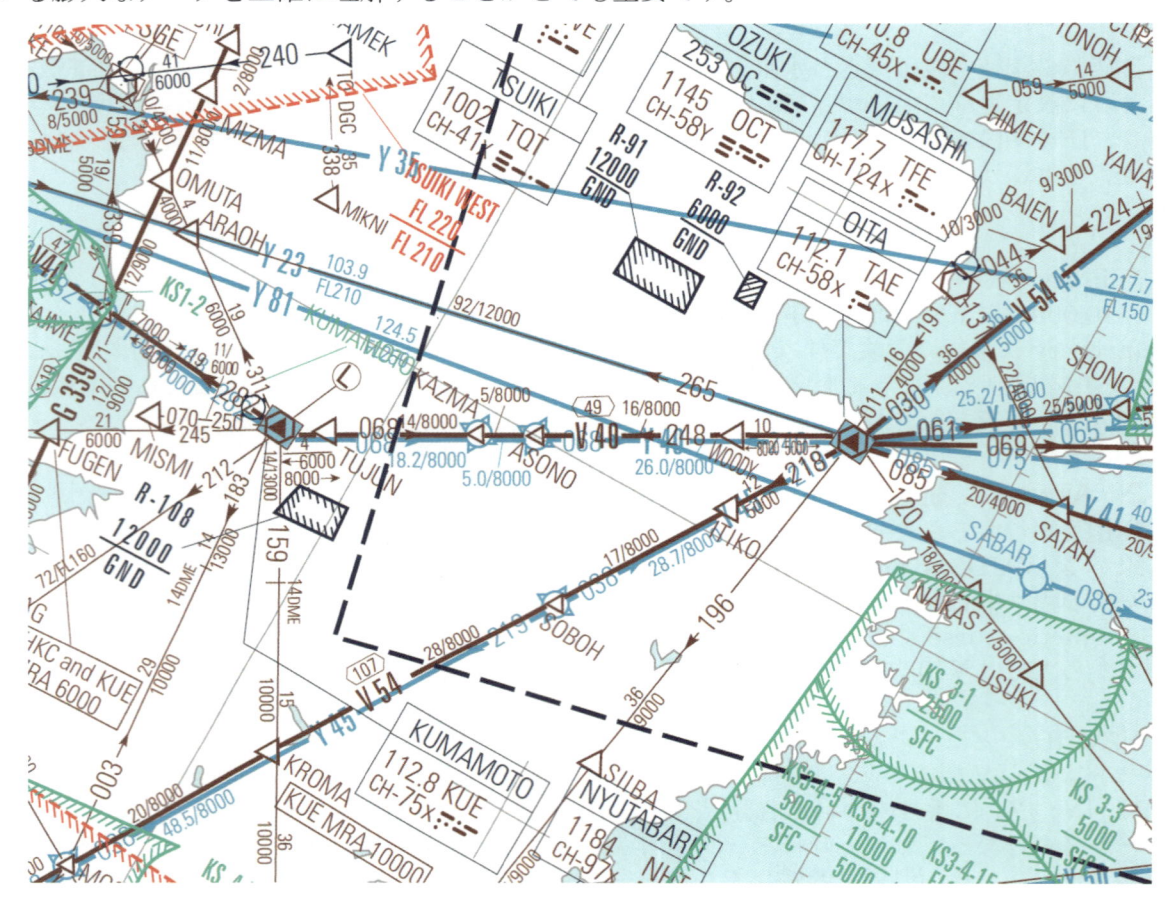

　エンルートチャートには Low/High ALT の airway、NAVaid の ID、周波数、空港、距離、特別な空域、そしてそれらに関係する情報が所狭しと記されています。
Low Altitude の IFR で enroute に利用するには VFR でも利用する区分航空図があります。

Airport Information

　個々の空港情報は AIP に収録されています。空港の名前、標高、滑走路長、出発方式、進入方式など空港におけるオペレーションに関わる全ての情報が記載されています。

Charted IFR Altitudes

　Minimum En-route Altitude（MEA）は NAVaid からのシグナルを十分な強度で受けられ、かつ障害物からのクリアランス（obstacle clearance）を確保するための最低高度です。

通信については保証されているわけではありません。MEA は obstacle clearance を平地では 1,000ft、山岳地では 2,000ft 確保しています。MEA は通常双方向ですが、GAP などの関係で方向によって違う場合があります。この場合 MEA に矢印がついており、その方向の値を使うことになります。

Minimum obstruction clearance altitude（MOCA）は名前の通り、obstruction clearance を MEA と同じように保ちます。

Minimum crossing altitude（MCA）はより高い MEA のルートセグメントに近づいた時に表示されています。MCA は通常、急激に立ち上がる障害物の存在や、シグナルの受信に問題がある場合に表示されます。パイロットはこの地点に達する前までに MCA の高度に到達していなければなりません。

Navigation Features
Types of NAV aids

　VOR は Victor airway と Jet airway を support する最も一般的な NAV aid です。しかし将来的には GNSS に代わるため、VOR 局は徐々に廃止されています。その他にも NDB や DME などの navigation の援助施設がありますが NDB は廃止され少なくなっています。

1-3　Instrument Approach Procedure Chart　計器進入チャート

　計器進入方式図は、視程が悪いときに安全に降下し、着陸する方法を提供しています。国土交通省航空局で障害物を解析し、navigation 施設や山などの特徴を考慮して設定しています。高度制限や、コース、その他の制限を含めこの Instrument Approach Chart に記載されています。この Approach Chart の procedure は計器飛行の standard 基準を定めた計器飛行方式設定基準に準拠して定められています。その他航空関係企業や研究機関も参画しています。自衛隊の管理する共用空港に関する飛行方式については防衛省が管轄しています。各国においてはそれぞれの国の基準で作成されており、差異に注意が必要です。国際民間航空機関（ICAO）の基準から外れる内容は公示されます。日本も、ICAO の基準から外れる部分は AIP に記載されています。

　まず、チャート類で使用される記号を AIP からの抜粋として以下に紹介します。

飛行場

民間用飛行場 Civil aerodrome	陸上 Land	
民・軍共用飛行場 Joint civil & military aerodrome	陸上 Land	
軍用飛行場 Military aerodrome	陸上 Land	
ヘリポート又は飛行場内発着点 Heliport or touch down point for helicopter on an aerodrome		
計器進入方式等が設定されている飛行場 The aerodrome on which the procedure is based		
その他の飛行場 The aerodrome on which the procedure is not based		

飛行場設備及び灯火

飛行機停留地点 Aircraft parking spot designation NR	閃光式灯火 Flashing light
飛行場標点 Aerodrome reference point(ARP)	飛行場灯台 Aeronautical beacon
誘導路及びエプロン Taxiway and apron	障害灯 Obstacle light
建物 Building or structures	障害物　障害灯あり Obstruction　Lighted
	障害灯なし Unlighted
航空灯火 Aeronautical Ground light	
	（特に高い障害物） （Exceptional high obstacle）
照明灯 Flood light	＊地表から 300m（1000ft）以上の高さ ＊a height of the order of 300m(1000ft)above terrain
	数字は標高を、括弧内は地上高を示す Figures indicate elevation above MSL. in ft and in(　)AGL
風向指示器 Wind direction indicator(WDI) 照明あり　照明なし Lighted　Unlighted	標高点 Spot elevation ●3261
着陸方向指示器 Landing direction indicator(LDI) 照明あり　照明なし Lighted　Unlighted	図中の最高標点 Highest elevation on chart ● 3714

無線施設

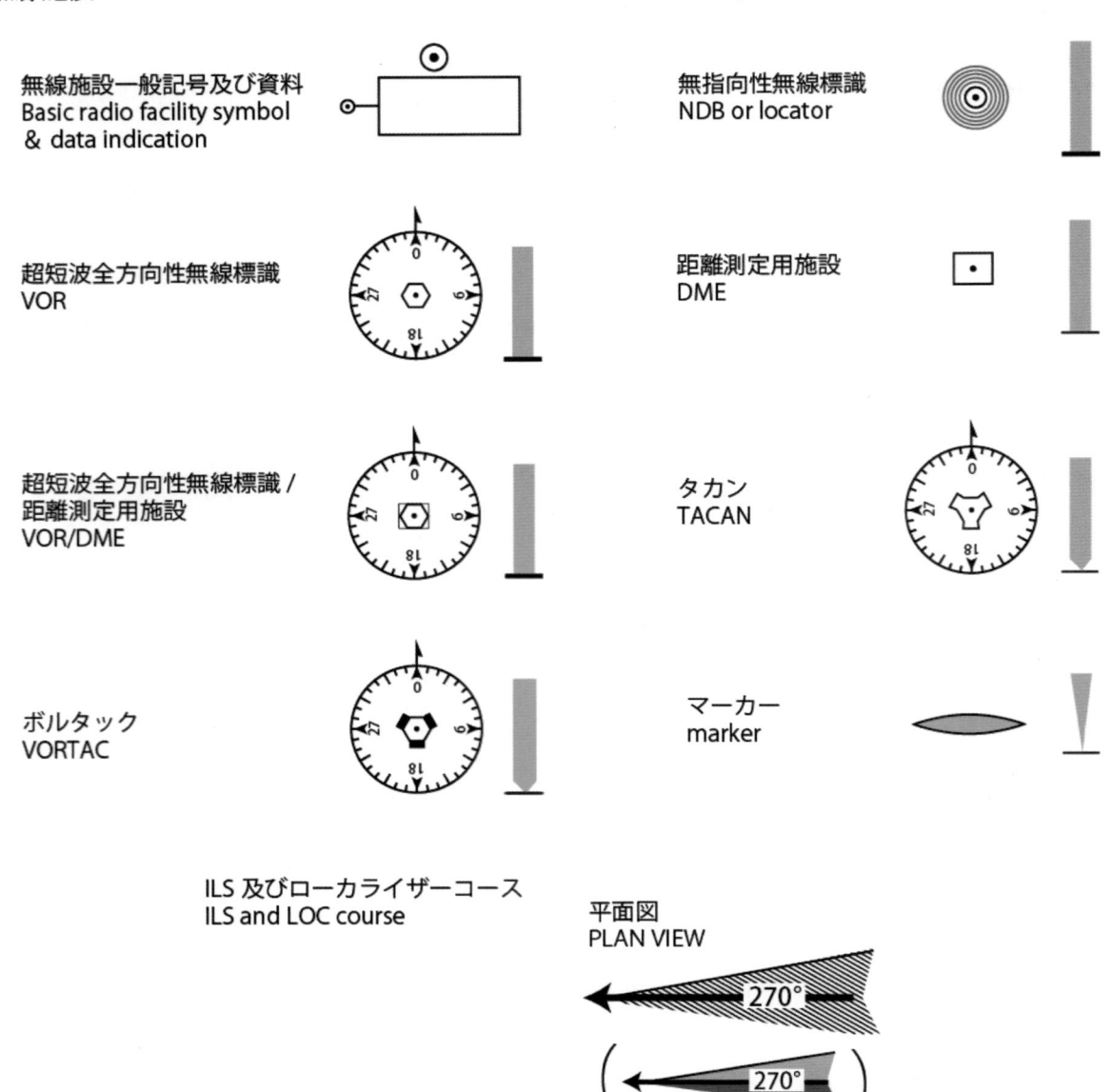

無線施設一般記号及び資料
Basic radio facility symbol
& data indication

無指向性無線標識
NDB or locator

超短波全方向性無線標識
VOR

距離測定用施設
DME

超短波全方向性無線標識 /
距離測定用施設
VOR/DME

タカン
TACAN

ボルタック
VORTAC

マーカー
marker

ILS 及びローカライザーコース
ILS and LOC course

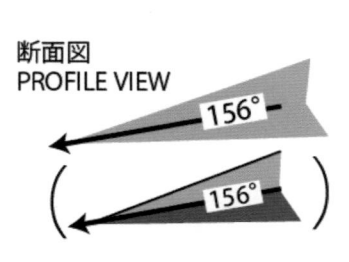

平面図
PLAN VIEW
270°
270°

断面図
PROFILE VIEW
156°
156°

航空規則及び航空交通業務

義務位置通報点
Compulsory reporting point
▲

非義務位置通報点
Non compulsory reporting point
△

フライオーバーウェイポイント
Flyover WPT

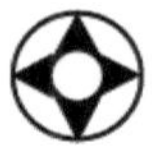

フライバイウェイポイント
Fly-by WPT

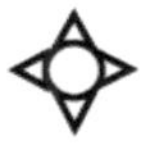

最終進入フィックス
Final Approach Fix
✕ (✚)

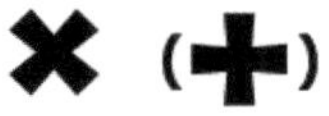

位置通報点間距離（海里）
Mileage between reporting point
(nm)
111

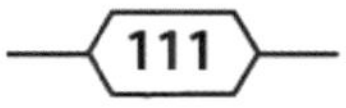

航空路最低安全高度（フィート）
及び航空路呼称
Minimum enroute altitude(ft)
and airway designation
$$\frac{3000}{V2}$$

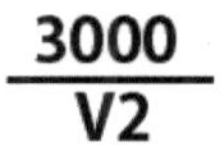

飛行情報区境界
Flight information region boundary
(FIRB)
FUKUOKA FIR
OAKLAND FIR

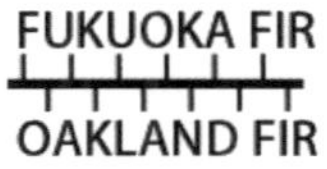

防空識別圏
Air defence identification zone
(ADIZ)
ADIZ

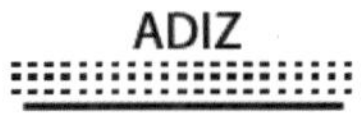

等偏差線
Isogonic Line or isogonic
--- 7° 30′ W ---

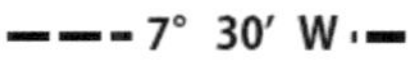

飛行制限区域
Restricted area

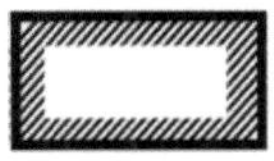

最低扇形別高度
Minimum sector altitude
MNM SECT ALT
270° -360°
25NM

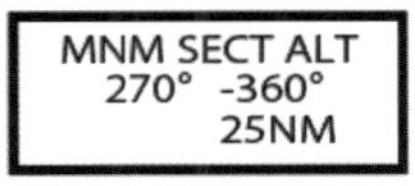

MSA 25NM

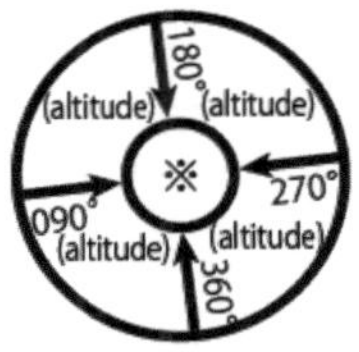

※VOR, NDB, ARP etc.

待機経路
Holding pattern
270°
090°

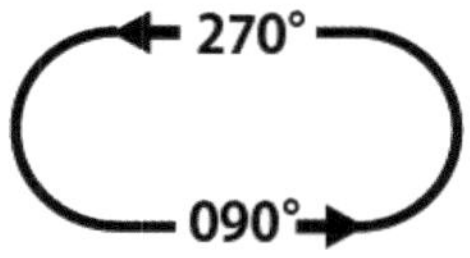

飛行方式経路　磁方位
procedure track
090°

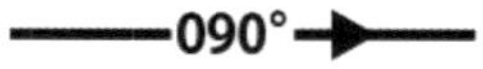

方式旋回経路
Procedure turn track

標準左方式旋回
Standard left procedure turn
270°
090°

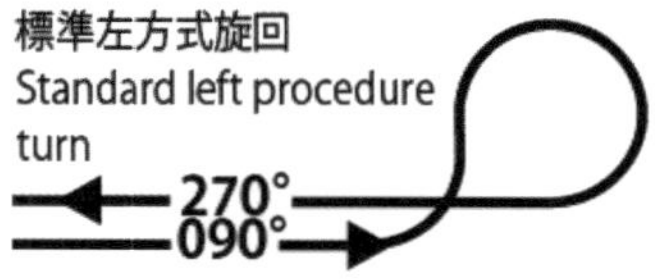

標準右方式旋回
Standard right procedure turn
270°
090°

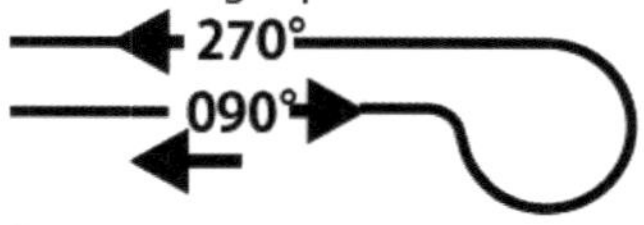

水平旋回
Level turn
090°　3500
270°

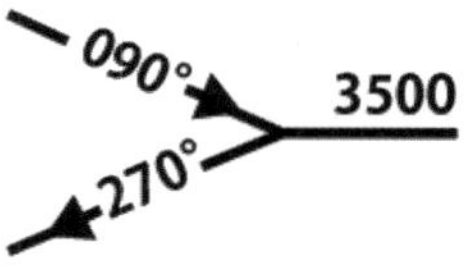

テアードロップ旋回経路
Teardrop turn track
080°
280°

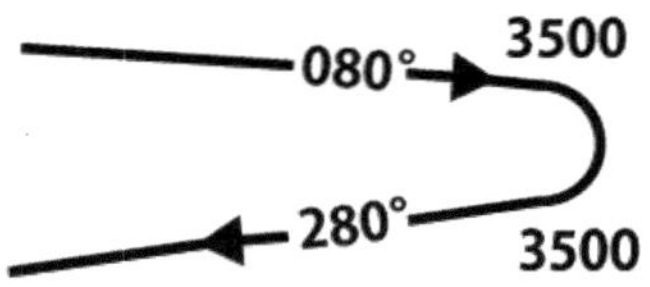

080°　3500
280°　3500

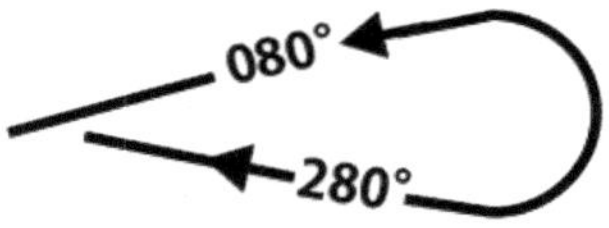

側面 (Profile)

進入復行経路
Missed approach procedure track
070°

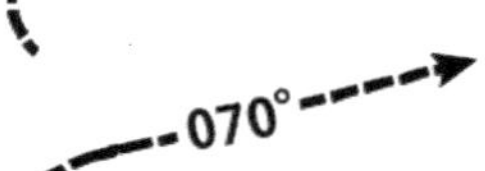

070°

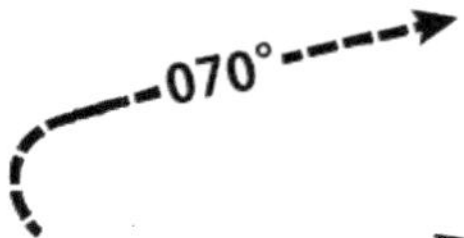

側面 (Profile)

目視飛行経路
Visual flight track
090°

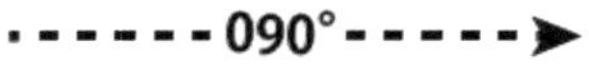

計器進入方式図は下に示すように 4 つのパートに分かれています。

地点略号／空港または飛行場名等
LOCATION INDICATOR/
DISIGNATION OF AP or AD

計器進入方式名
TYPE OF IAP

1. 周波数等 　　FREQUENCIES etc
2 平面図 　　PLAN VIEW
3. 断面図 　　PROFILE VIEW
4. 最低気象条件等 　　WX MINIMA etc.

ページ上部のタイトル

　ページ上部のタイトルには空港名及び計器進入方式名を表します。例えば熊本空港 ILS approach の場合 KUMAMOTO、RJFT、ILS or LOC RWY07 といった具合です。

チャート下部には、有効となった日（effective date）、発行日および当局（Civil Aviation Bureau）により承認されていることが記載されています。

チャートトップの procedure チャートのタイトルは、ファイナルコースガイダンスを提供する NAV facility のタイプと、滑走路中心線から 30° 以内であれば滑走路名（RWY 07）が記載されており、諸条件を満足すれば直線進入が可能となっています。

もし、滑走路名が無くアルファベット文字の場合は、直線進入の minima が設定されていないことになります。例えば TAKASU から進入する VOR-A アプローチなどです。Procedure が circling approach で終了することを表しています。一般的には次のような理由で circling only approach となっています。

Final approach コースが滑走路中心線との関係から直線進入に該当しない。

FAF からの Threshold Crossing Height（TCH）への降下が 400ft/min を超える steep な approach となっており、circling approach によってしか降下 gradient の設定基準を満足できない。

平行滑走路がある場合は、滑走路名に "L" や "R" がつきます。（ex、NRT RWY 34R）一つ以上の navigation system を利用する場合は、スラントで必要な装備のタイプを表示します。（VOR/DME 16）

　同じ facility を使いながら、別の procedure で進入する場合はアルファベット文字を追加して表示します。（ex. ILS Z RWY 06R）

周波数等

　当該計器進入方式に使用される航空保安無線施設の周波数等および管制機関等の無線呼び出し符号並びに無線周波数が記載されています。

平面図

　当該計器進入方式について平面的に図示したものです。図中に記載されいている数値の単位は海里（NM）、高度・標高はフィート（FT）です。また、方位は磁方位となっており、これによらない場合は、記号・単位が明記されます。

平面図に記載される当該計器進入方式に関する情報の主なものは以下の通りです。

飛行場標点における地磁気偏差（Variation）

ターミナル到達高度（TAA）

TAA とは "T"型または "Y" 型位置を有する RNAV 計器進入方式において設定され、弧の両端から IF へ向かう直線により区切られた、初期進入フィックス（IAF）または中間進入フィックス（IF）を中心とする半径 25nm の円弧内にある全ての障害物から 1,000ft の垂直間隔を確保した最低高度をいいます。

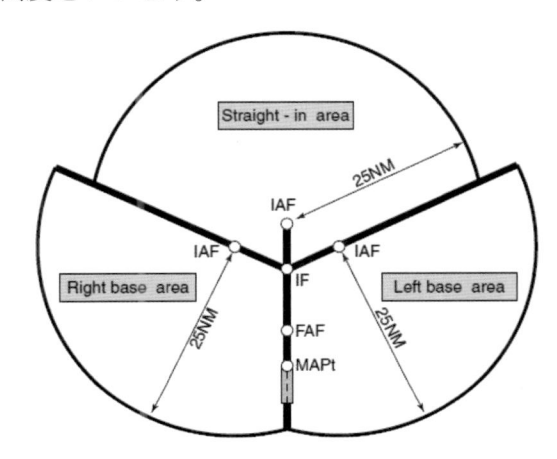

IAF ：　Initial Approach Fix
IF ：　Intermediate Approach Fix
FAF ：　Final Approach Fix
MAPt ：　Missed Approach Point

最低扇形別高度（MSA）

　計器進入方式に使用される航空保安無線施設（RNAV 進入方式においては飛行場標点）を中心に半径 25nm の扇形区域内の全ての障害物から 1,000ft の垂直間隔を以て設定した最低高度です。MSA の中央に扇型の中心になる NAV aid 等が記載されています。緊急時に地表と最低の安全間隔を保てる MSL を表しています。CAVOK の定義ではこの扇形高度内に雲が無いことも含まれています。

緊急安全高度

　航空保安無線施設を中心とした半径 100nm の円内の部分に含まれる区域に所在する全ての障害物件から 2,000ft の垂直間隔を以て自衛隊機等の使用する計器進入方式に設定した緊急時使用の最低高度です。

追加的機器要件

　当該計器進入方式を行うのに必要な機上装置のうち、計器進入方式名から判別できないものを記載しています。

非精密進入に用いられるタイムテーブル

ⅰ）　ローカライザー進入にあっては、進入復行点であるミドルマーカーが使用できない場合に用い、アウターマーカー等から進入復行点までの距離及び速度に対応する飛行時間が記載されています。

KNOTS	90	100	110	120	130	140	150
Min:Sec	4:40	4:12	3:49	3:30	3:14	3:00	2:48

ⅱ）　飛行場から離れた位置に設置されている NDB または VOR による進入に用い、当該 NDB 又は VOR から進入復行点までの距離及び速度に対応する飛行時間が記載されています。（Facility 名　to missed approach）

平面図の記載例

　VOR、NDB 進入方式

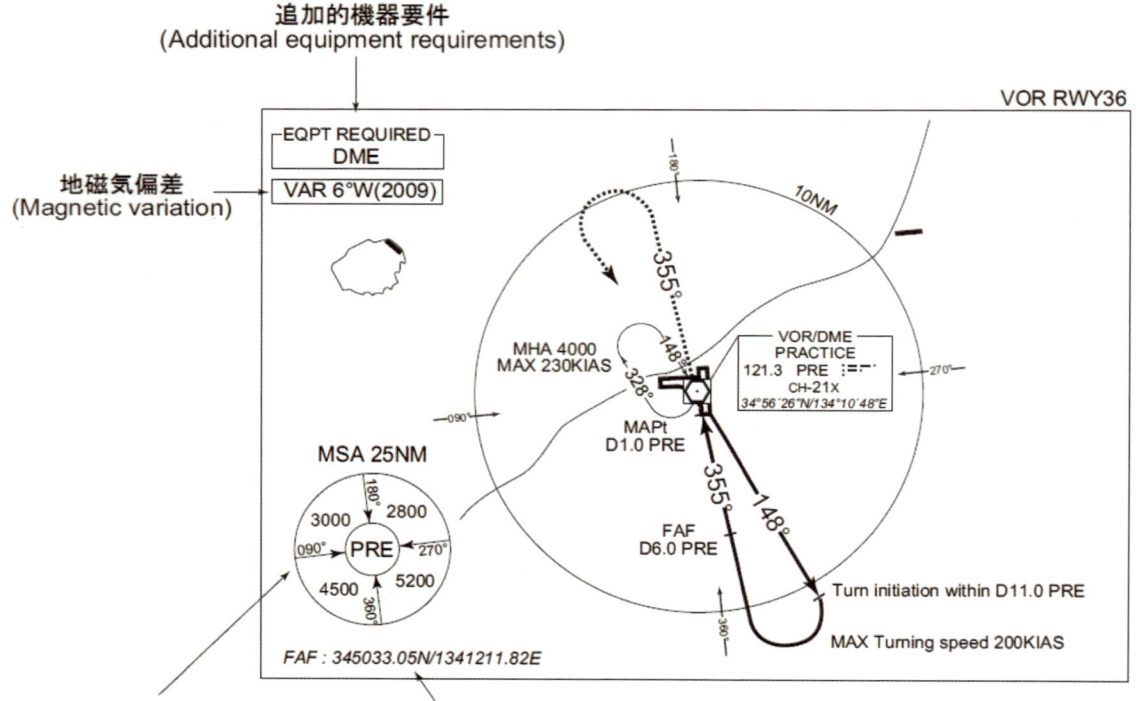

1-14

ILS or LOC 進入方式

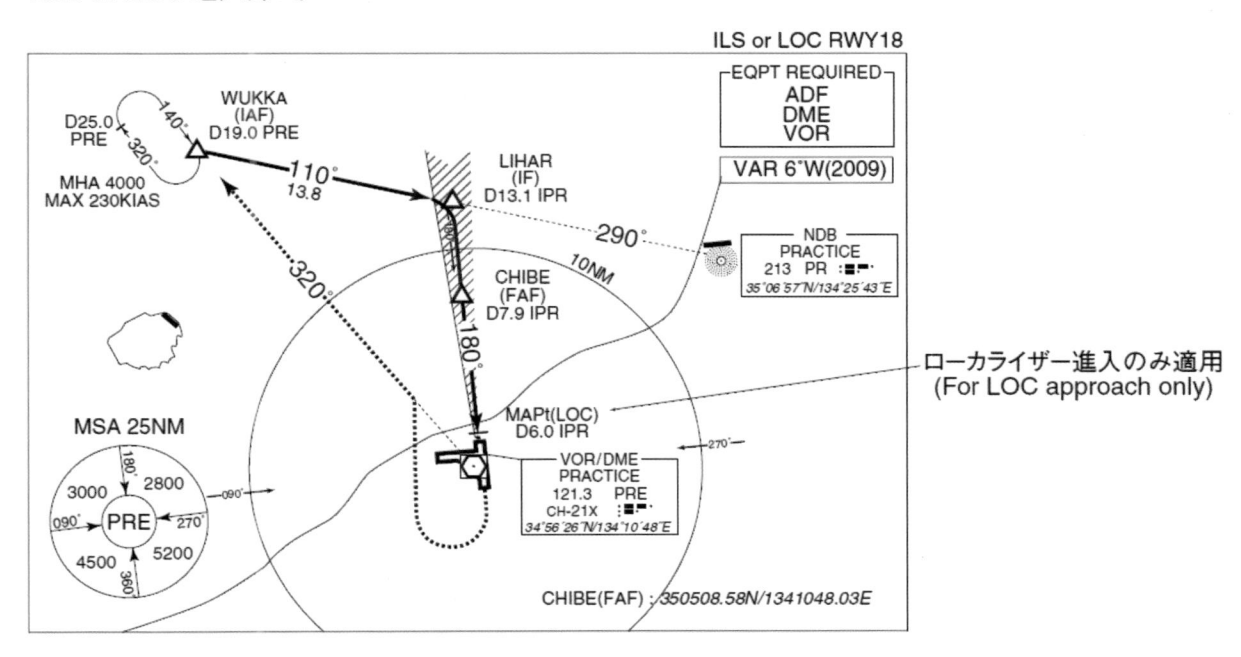

RNAV 進入方式

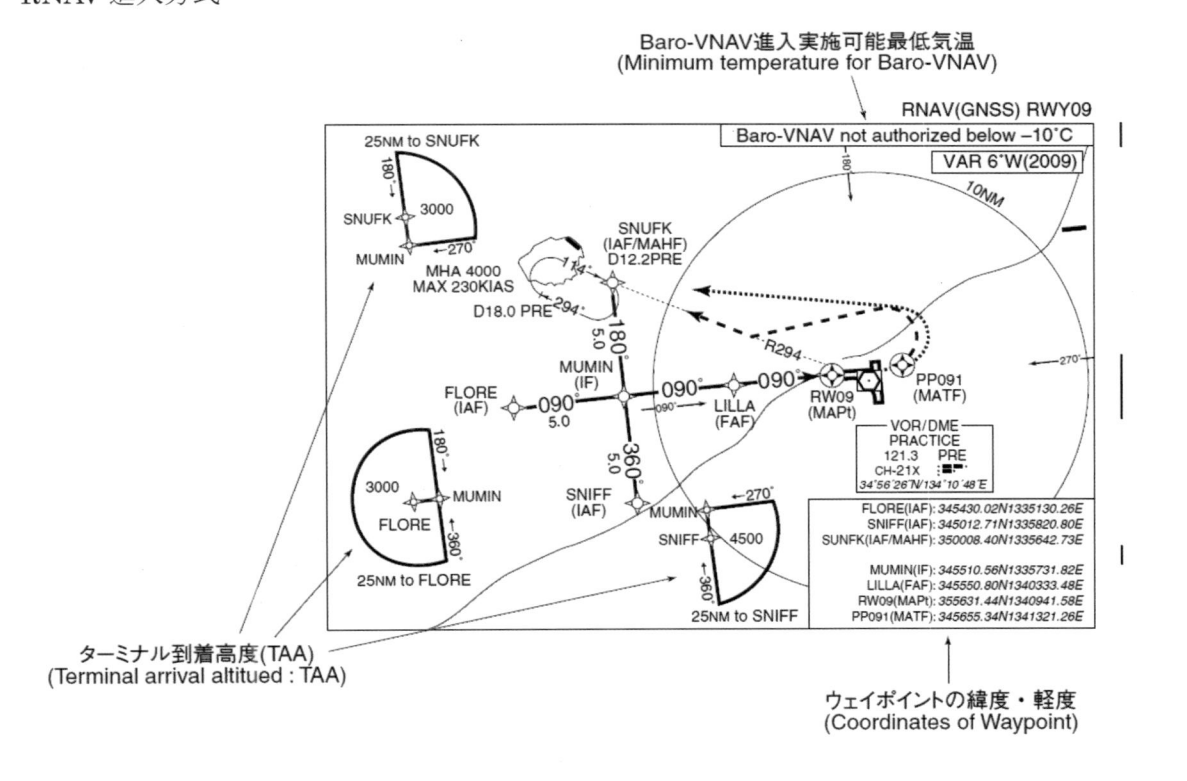

　その他、平面図には障害物の高さが記されています。図の中で一番高い障害物は四角で囲まれています。一般的には 10nm の円が描かれており、この中のスケールはほぼ縮尺が合うように描かれています。

進入方式のコースは太い線で描かれており、missed approach コースは破線で描かれています。Missed approach 後の holding は差込の枠内に描かれています。進入と逆側へ進出した後 final コースへ intercept していく方式では最大進出の距離が記されており、この内側で旋回を終えなければなりません。また、その時の降下できる最低高度も記されています。パイロットは ATC と注意深く連携しながら計器進入を行います。

　平面図に記載される進入方式から初期進入、中間進入、最終進入の経路が読み取れます。初期進入（initial approach segment）とは IAF（Initial Approach Fix）から中間進入 fix または中間進入開始点までの部分をいいます。この目的は適切な旋回角で中間進入につながる経路を確保し、高度を処理するための飛行区間を設けることです。

日本の空港に設定された計器進入方式の初期進入では方式旋回が一般的です。Initial Approach Fix（IAF）から設定されている outbound コースで飛び、intermediate fix か point の手前で inbound コースにインターセプトします。この方式では、限られた空域の中で、逆方向に飛びながら適切な高度を処理（降下）し中間進入につなげることです。

初期進入で設定されている一次区域は中心線から 2.5 マイルでありこの幅を超えて飛行すると障害物からのクリアランスが確保できなくなる可能性があります。

　中間進入（intermediate approach segment）は、飛行機のコンフィギュレーションや速度、位置の調整を行って、最終進入に接続する区間です。従って原則、最終進入コースの延長線上に設定されます。長さは 5nm 以上 15nm 以内です。中間進入の開始点が局上の場合 1 次区域は局上で片側 2.5nm の幅を有し、28°で広がっていきます。

　最終進入（final approach segment）は次のいずれかの点から進入復行点（MAPt）に至る部分をいいます。
　ⅰ）最終進入フィックス（FAF）
　ⅱ）基礎旋回もしくは方式旋回を終了する点
　ⅲ）ILS 等垂直ガイダンス付進入では FAP（Final Approach Point）。ATC から指示された高度が公示された高度より高い場合は、glideslope またはノミナルグライドパス上で公示された高度を通過する点
　ⅳ）PAR 進入ではファイナルコントローラーとの交信を設定した点

　全ての計器進入方式は最終進入を有しており、最終進入限界点までに必要な目視物標を視認して着陸の可否を決定します。

FAF は AIP のチャートが更新されるタイミングで（X）のマークが示されます。

　計器進入方式で上記全ての部分が設定されているとは限りません。計器進入を開始する地点を総称して進入 fix といい、この地点以降は進入許可をもらって進入を開始する必要があります。初期進入のある進入では IAF（Initial Approach Fix）といい、中間進入から始まる進入では IF（Intermediate approach Fix）が、最終進入のみの進入方式では、通常 FAF が進入 fix となります。

断面図

断面図は、当該計器進入法式について側面から見た距離、高度、降下経路の情報及び、それらの相関を図示したものです。平面図と同じように単位は、距離は海里（NM）、高度・標高及び高さはフィート（FT）、方位は磁方位で表します。これによらないものは記号・単位が明記されます。

断面図は、垂直方向の procedure を表していますが、path の高度、距離、最低高度、fix 上の高度、fix 間の距離、missed approach procedure を記しています。断面図はパイロットが計器進入方式の縦方向の動きを理解する手助けになります。ただし、角度を含め断面図は縮尺通りではありません。

断面図に記載される当該計器進入方式に関する主なものは以下の通りです。

降下パス角

最終進入フィックス（FAF）から、滑走路末端上 50ft までの降下角。

（ILS のグライドスロープは 2.5°以上 3.5°以下になるように設定されていますが、グライドパスが滑走路進入端上の点を基準としておりこの地点の高度を RDH（Reference Datum Height）といい、設定基準では 50ft と定めています。RDH はチャートに記されています）

3°を標準とし、障害物等によりこれを超える場合は 0.1°単位（Baro-VNAV においては 0.01°単位）で引き上げられた値が公示されます。

この降下角が PAPI の公示角と一致しない場合はその旨注記されます。

“PAPI and descent angles not coincident”

方式高度

国際標準大気を基に算出された方式設計上の推奨高度であり、気温等の影響を受けることを考慮する必要があります。（10℃につき約 4%変化します）

ⅰ）　ILS 進入方式
　　特定位置におけるグライドパス高度

ⅱ）　ILS 進入方式以外
　　公示された降下パス角による特定位置における高度

降下パス参考高度

非精密進入方式の最終進入セグメントにおいて、公示された降下パス角による降下を補助するための参考高度で、1nm 毎に記載されています。

以下に AIP での記載例を示します。

VOR、NDB を使用する非精密進入方式

非精密進入では FAF から MDA までの間に step down の procedure が設定されることがあります。Step down fix を通過する最低高度を記されている場合はこの高度以下に降下しないように飛行します。

非精密の直線進入で VDP（visual descent point）は、必要な目視物標が確保できている前提で、MDA から滑走路に向かっての降下を開始する地点となります。

MAPt は目視物標が確保できない場合などの missed approach を開始する地点です。この地点に到達する前に missed approach を開始した場合も ATC の指示がなければ、この地点までコ

ースに沿って飛行します。

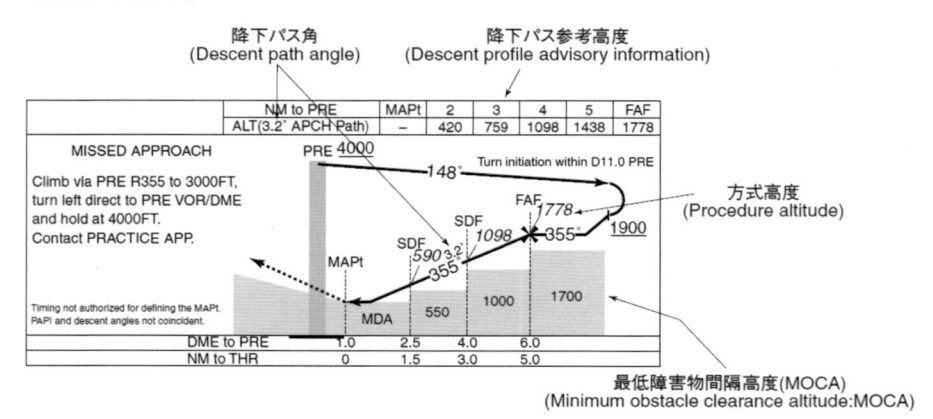

ILS or LOC 進入方式

　精密進入における MAPt は DA/DH（decision altitude/decision height）に到達した地点になります。

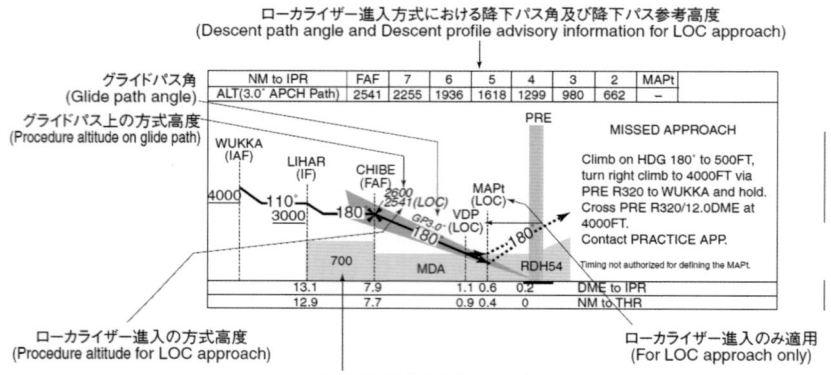

RNAV 進入方式

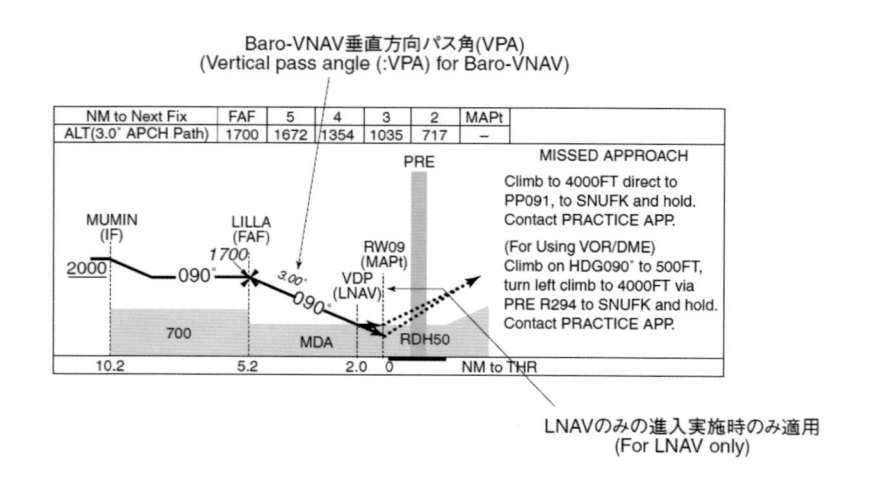

最低気象条件等

　この欄には飛行機が進入できる最低高度と進入開始に必要な視程が記されています。当該進入方式で進入し、MAP を行うまでの区間で障害物とのクリアランスを確保しています。サークリングを行う場合は、各飛行機区分で定められた進入区域内（A 区分では 1.3、B 区分では 1.5 マイル）でのクリアランスが確保されます。

航空機区分

航空機区分の飛行機の分類は、滑走路末端通過時の指示対気速度（Vat）により行います。当該指示対気速度は最大着陸重量での着陸形態における失速速度 Vso の 1.3 倍、または失速速度 Vs1g の 1.23 倍のいずれか大きい値を使用します。

航空機区分	A	指示大気速度（IAS）91kt 未満
航空機区分	B	IAS91kt 以上 121kt 未満
航空機区分	C	IAS121kt 以上 141kt 未満
航空機区分	D*	IAS141kt 以上 166kt 未満
航空機区分	E	IAS166kt 以上 211kt 未満
航空機区分	H	ヘリコプター（IAS によらない）

　ILS 進入にあっては、航空機区分 D 相当の速度を有するもののうち、翼幅 65m を超え車輪と GP アンテナの軌跡相互間の垂直距離が 7m を超えるものを航空機区分 DL として分類しています。ただし ICAO サーキュラー301 のさだめる性能を有する新しい大型機（A380、B747-8）にあっては上記によらず、航空機区分 D に対する最低気象条件を適用することができます。セスナ 172 は A、ビーチ 58 バロンは B 区分となります。

滑走路灯の不点灯時における滑走路視距離の最低気象条件への適用

　滑走路灯（REDL）の不点灯時においては、滑走路視距離（RVR）は最低気象条件に適用しません。ただし、REDL の光度段階と RVR 観測装置が連接していない滑走路は除きます。

記載例

1．VOR、NDB を使用する非精密進入方式

(直線進入) 進入限界高度:最低降下高度(高) (FT)
(Straight-in Approach) Minimum Descent Altitude(Height) (FT)

進入復行最低上昇勾配(%)
Missed Approach Minimum Climb Gradient (%)

滑走路末端標高 (FT)　　飛行場標点標高 (FT)
Threshold elevation (FT)　Aerodrome elevation (FT)

航空機のカテゴリー
ACFT category

地上視程 (m)
Ground Visibility (m)

周回進入の方向限定
Sectors within which
circling is permitted

滑走路視距離／地上視程換算値 (m)
Runway Visual Range/
Converted Meteorological Visibility (m)

(周回進入) 進入限界高度:最低降下高度(高) (FT)
(Circling Approach) Minimum Descent Altitude(Height) (FT)

Missed APCH climb gradient MNM 4.2%

MINIMA	THR elev. 151		AD elev. 112	
			CIRCLING	
CAT	MDA(H)	RVR/CMV	MDA(H)	VIS
A		1000		1600
B	700 (588)	1200	700 (588)	
C				2400
D		1600		3200

Circling to NORTH side of RWY only.
MINIMA with Missed APCH climb gradient of 2.5% are not established.

2．ILS or LOC 進入方式

進入限界高度: 決心高度(高) (FT)
Decision Altitude(Height) (FT)

決心高度(高)における電波高度計値 (FT)
The value of Radio Altimeter at DA(H) (FT)

MINIMA	THR elev. 15			AD elev. 12					
CAT	CAT II			CAT I		LOC		CIRCLING	
	DA(H)	RA	RVR	DA(H)	RVR/CMV	MDA(H)	RVR/CMV	MDA(H)	VIS
A	115 (100)	100	350	215 (200)	550	520 (508)	1000	520 (508)	1600
B							1200		
C									2400
D							1600	580 (568)	3200

Circling to WEST side of RWY only.

3．RNAV 進入方式

水平方向及び垂直方向のガイダンスを利用するRNAV進入
Lateral navigation / Vertical navigation for an RNAV Approach

水平方向のガイダンスを利用するRNAV進入
Lateral navigation for an RNAV Approach

Missed APCH climb gradient MNM　4.2%

MINIMA	THR elev. 151		AD elev. 112			
CAT	LNAV/VNAV		LNAV		CIRCLING	
	DA(H)	RVR/CMV	MDA(H)	RVR/CMV	MDA(H)	VIS
A	600 (449)	900	600 (488)	1000	600 (488)	1600
B		1000		1200		
C					640 (528)	2400
D		1400		1600	700 (588)	3200

Circling to NORTH side of RWY only.
MINIMA with Missed APCH climb gradient of 2.5% are not established.

　精密進入で用いる DH は threshold からの高さを表しており、DA は MSL (Mean Sea Level) を表しています。非精密進入で用いる MDA は MSL です。
視程を表すものに VIS と RVR および CMV があります。
RVR は滑走路横で機械測定した視距離で、ほぼパイロットが滑走路進入端近くで見える距離に類似していますが、飛行機から見るスラントの視距離とは差異があることがあります。
RVR が利用できない場合に visibility を CMV（Converted Meteorological Visibility）に換算して利用できます。利用できる灯火と昼夜によって換算倍率が変わります。（昼間、進入灯、滑走路灯がある場合 1.5 倍、夜間 2 倍）（航空会社によっては値を小さめにとる場合もあります）

Airport Sketch/Airport Diagrams

　全てのフライトを実施する前に目的地の空港の layout を事前学習しておく必要があります。通常クロスカントリー訓練で他の空港へ向かう場合、フライト前に目的空港の空港事務所へ連絡をとり、スポットのアサインを受けますが、この時にスポットの位置だけでなく、空港の layout も確認しておきます。空港毎の layout 及び taxi に関するルール（GP hold line など）を確認します。Runway incursions の最も多い原因のひとつは空港の layout と taxi に関する手順をパイロットが熟知していなかったことです。Situational awareness の欠如が不用意な事故を招いています。将来 airline の乗員として大きな空港の複雑な taxi ルートを走行する場合に runway incursion を防止する key になるのは、空港の layout をできるだけ正確に頭にいれ ground control からの指示を正しく理解できるようにすることです。

空港の layout 図にはその他に、滑走路の長さ、滑走路の灯火、bearing、障害物、TWR の位置などが記されています。TDZE（Touch Down Zone Elevation）は滑走路の進入端側の最初の 3,000ft の最も高い標高を表しています。Displaced threshold（成田空港など）の場合は usable length が記されています。

第 2 章
The Air Traffic Control System
航空交通管制

Introduction　導入

　この章では、航空交通業務が提供される空域を計器飛行方式（IFR）により飛行する際に利用可能な通信機器、通信方式、および管轄する航空管制（ATC）機関と提供される業務の内容について解説します。

2-1　Communication Equipment　通信装置

Navigation/Communication Equipment　航法 / 通信機器

　管制機関（ATC）と交信する民間機は、118.000 から 136.975MHz までの周波数帯の超短波（VHF）を使用します。航空交通管制組織（ATC システム）が提供するすべての業務を受けるためには 25KHz 間隔の機能を持つ無線機が必要です（例：134.500、134.575、134.600）。もしも、管制官から指示された周波数が選択できないときは、他の代替周波数を要求してください。

　図は、左に送受信機、右に航法受信装置を配置した radio panel の一例です。多くの無線機はいくつかの周波数を記憶させ、そのうちの一つを使って送受信することができるようになっています。また、どこかのフライトサービス局、例えば 122.1MHz を選局して交信すると同時に、航法受信装置で選んだ超短波全方向式無線標識（VOR）の信号を受信することもできます。

　Audio panel では、一つまたは複数の受信機の音量を調節したり、所望の送信機を選んだりすることができるようになっています。（図）また、Audio panel には受信機を操縦席のスピーカーにつなぐかヘッドフォンにつなぐかのどちらかを選ぶ機能があります（off 位置を含む）。ハンドマイクとスピーカーを使用するとマイクの障害を起こしやすいので、明瞭な交信を行うためにはブームマイク付のヘッドセットが推奨されます。ブームマイクは唇に近づけ、送信する際に操縦室内の騒音を拾って管制官が聞き取り難くならないように配慮すべきです。いっぽう、ヘッドフォンは受信音を直接耳に伝えるので、周囲の騒音で送信内容の理解を妨げられることはありません。

　COM-1 と COM-2 のスイッチを切り替えると、送信機と受信機の周波数が同時に切り替わります。切り替えの機能はパイロットが一つの周波数で交信中に他の周波数を聴取したいときに必要です。例えば、管制機関と交信しながら ATIS を聞きたいときなどです。

　航法装置が無線施設を正しく受信しているかどうかを確認するため識別符号を聴取するときにも、スイッチパネルの選択スイッチを使います。

Audio panel にマーカービーコン受信機のスイッチも備えたものがほとんどですが、マーカービーコンはすべて 75MHz なので周波数の選択機能はありません。

　図は一般的になりつつある航法／無線機パネルの例で、GPS 受信機と交信用の送受信機を内蔵しています。この装置の航法機能を使うと、空域の境界線や地点を通過したことを確認したり、交信用の無線局の中からその空域で使用すべき周波数を自動的に選んだりすることができます。

Radar and Transponders　　レーダーとトランスポンダー

　最近の管制用のレーダーでは、航空機の金属部分から返ってくる一次反射波を表示する機能は省略されています。二次反射波（地上からの質問波に答えるトランスポンダーの応答波）を表示する機能を活用することで、管制業務に関する数々の高機能化が可能になっています。トランスポンダーとは電波灯台（radar beacon）の原理を応用したもので、送受信機の制御装置が計器盤に装備されています。地上の管制施設はレーダーアンテナの回転に合わせて連続して質問波を送っています。機上のトランスポンダーが質問波を受信すると暗号（コード）化された応答信号が地上に送り返され、管制官の見るスコープに表示されます。また、トランスポンダーがレーダーの質問波に応答しているときは、制御装置の reply light がいつも点滅しています。なお、四桁の数字によるトランスポンダーのコードは管制官から指示されるものです。

　管制官が "ident（識別）" を指示し機上の ident ボタンが押されると、管制官の見ているスコープ上で表示が強調されて航空機を識別することができます。要求されたときは手早くボタンを押して、この機能を働かせてください。パイロットがコードを変えたり誤って ident ボタンを押したりしたときは、管制官に口頭でも知らせるべきです。

Mode C　（Altitude Reporting）　高度通報機能

　一次レーダーの反射波が示すのはレーダーアンテナから目標までの距離と方位だけですが、航空機がモードCによるエンコード高度計を装備している場合には二次レーダーの応答波によって管制官のスコープ上に高度情報を表示することができます。トランスポンダーの機能を選ぶスイッチが **ALT** の位置にあると、航空機の気圧高度データが管制側に送られます。ところで、機上の高度計の地上気圧に応じた規正はスコープ上の表示に影響を与えない仕組みになっています。

　管制空域内を飛行する場合は搭載するトランスポンダーを常時 ON にしていなければなりません。航空規則によってクラスBやCに相当する空域では高度通報機能を持つトランスポンダーの搭載が義務付けられており、こちらも常時 ON にしていなければなりません。

2-2　Communication Procedures　通信要領

　明快な意思疎通（コミュニケーション）は安全な計器飛行の基本です。そのため、パイロットと管制官は双方が理解しあえる用語を使う必要があります。**AIM-j** の解説が用語と定義についての最良の教材です。**AIM-j** は年に 2 回改訂されて新しい内容が追加されるため、用語解説も頻繁に見直されています。管制承認や管制指示はほとんどがアルファベットと数字で構成されるため、誤解されにくい発声と発音の要領を指針として示すことを目的として、試行錯誤が継続して行われてきました。

Radiotelephony Spelling Alphabet

Letter	Code word	Pronunciation	Letter	Code word	Pronunciation
A	Alpha	AL fah	N	November	no VEM ber
B	Bravo	BRAH voh	O	Oscar	OSS cah
C	Charlie	CHAR lee	P	Papa	pah PAH
D	Delta	DEL tah	Q	Quebec	keh BECK
E	Echo	ECK oh	R	Romeo	ROW me oh
F	Foxtrot	FOKS trot	S	Sierra	see AIR rah
G	Golf	golf	T	Tango	TANG GO
H	Hotel	hoh TELL	U	Uniform	YOU nee form
I	India	IN dee ah	V	Victor	VIK tah
J	Juliett	JEW lee ETT	W	Whisky	WISS key
K	Kilo	KEY loh	X	X-ray	ECKS RAY
L	Lima	LEE mah	Y	Yankee	YANG key
M	Mike	mike	Z	Zulu	ZOO loo

※Pronunciation で大文字は強く発音する

　管制機関がパイロットと交信するときは管制方式基準の指針に従わなければなりません。基準は様々な状況で管制官が用いるべき用語を細かく定めています。このことは、いったん方式を理解してしまえば、パイロットにはこれから管制官が送信する内容を予想することができる

という利点があることになります。一方、管制官はパイロットの経験や熟練度などの違いによる多様な交信に対応しなければならないのです。

　パイロットは、AIM-j の用例や他のパイロットの交信、また自分自身の管制とのやり取りの経験を通して学習する必要があります。また、パイロットは管制承認や指示の内容を不明確なままにしてはいけません。必要なときは日本語による通常の会話でよいので、自分の理解が正しいかどうかを確認し、間違っていれば管制官に言い直してもらうようにしてください。安全な計器飛行は、管制官とパイロットの協力がなければ実現できないのです。

2-3　Communication Facilities　通信組織

　管制官の第一の任務は IFR で飛行する航空機の間隔設定です。その業務は飛行援助用航空局（フライトサービス）、飛行場対空援助（レディオ）、飛行場管制所（管制塔）、ターミナル管制所、管制区管制所（航空交通管制部）などのいくつかの航空交通機関を通じて行われます。管制機関とは別に、航空情報の提供、通信業務、管制にかかわる通報の伝達等の業務を実施する機関としては、次の 5 種類の機関が運用されています。

ⅰ ）　飛行場対空援助局　　　　　　　　　　　　　　　　“○○ RADIO”
ⅱ ）　リモート対空援助（RAG）局　　　　　　　　　　　“○○ REMOTE”
ⅲ ）　広域対空援助（AEIS）局　　　　　　　　　　　　“○○ INFORMATION”
ⅳ ）　ATIS 局（放送）
ⅴ ）　国際対空通信局　　　　　　　　　　　　　　　　　“ TOKYO ”

　航空局が設置した通信施設ではありませんが、管制業務も上記 ⅰ およびⅱ の業務も行われていない飛行場、ヘリポート、場外離着陸場には飛行援助用航空局が設置されていることがあります。　　　　　　　　　　　　　　　　　　“○○ FLIGHT SERVICE”

　また、SAT サービスと呼ばれる、インターネットを利用して飛行計画の通報、受理に係る通知、PIB（Preflight Information Bulletin）情報、航空気象情報、その他航空機の運航に係る情報の提供を行う業務が一般的になりつつあります。

Flight Service Station　（FSS）　　空港事務所／出張所／フライトサービス

　一般的には、パイロットが最初に航空交通機関と接触を持つのは、無線あるいは電話によって航空交通管制運航情報官に連絡するという方法でしょう。運航情報官は、パイロットブリー

フィングを行い、飛行計画を受取って通報し、管制承認を伝達し、航空情報（NOTAM）を発出し、航空気象情報を放送するなどの業務を行っています。各空港事務所または出張所の運航情報官の電話番号は航空路誌や AIM-j で知ることができます。無線で連絡を取るには、直接の通信のほかリモートによるなど、いくつかの方法があります。周波数を知るには前述の航空路誌や AIM-j がありますが、もっともよい方法は通信設定についての情報を記載した空港施設案内や区分航空図の凡例です。

　運航情報官は提出された飛行計画を航空交通管制部のホストコンピューターに送ります。コンピューター処理されたデータは管制用ストリップ（運航票）として、管制塔、出発経路を管轄するレーダー施設、最初に飛行する航空路セクターの管制官に送られます。図は代表的な運航票の例です。これらは申請された出発時刻あるいは当該空域に入る 30 分前までに配信されます。もし飛行が開始されなければ、運航票は予定出発時刻の 2 時間後には無効になるように決められています。

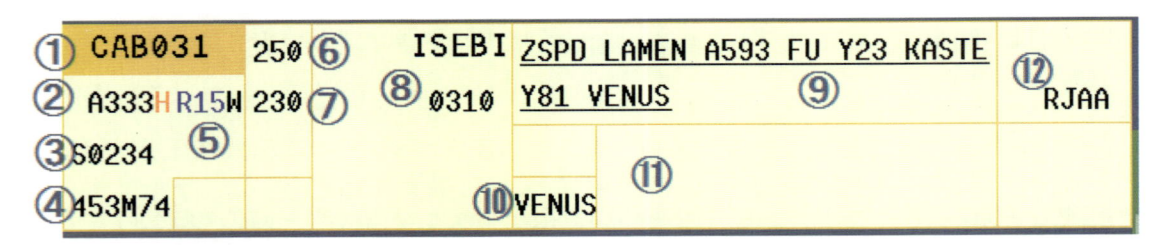

　非管制空域にある空港を出発するときは、パイロットは IFR の管制承認をフライトサービス担当者または RADIO の運航情報官から電話か無線で入手することになります。この管制承認には、それ以前に離陸しなければ承認が無効となる時刻（clearance void time）か、離陸してもよい時刻（release time）が含まれていることがあります。パイロットは release time 以前に離陸してはいけませんので、いつ離陸できるのか疑問があれば担当者を通じて確認すべきです。また、例えば失効時刻が 10 分とされたときに 10 分に離陸したのでは承認は失効してしまっています。失効時刻以前に離陸しなければいけないということです。なお、飛行計画を提出するときに具体的な失効時刻を要求することもできます。

ATC Towers　管制塔

　管制塔にいても計器飛行に関する業務を担当している管制官がいます。管制承認伝達席（clearance delivery）が設けられている場合には、その周波数が出発空港の空港施設案内や計器進入チャートに記載されています。管制承認伝達席がないところでは地上管制（グランド）の管制官がこの業務を行います。わが国の空港では地上滑走を開始する前に許可を得なければなりません。呼び込む際の周波数は空港施設案内に記載されています。なお、地上滑走の許可は滑走を開始する予定時刻の 10 分以上前に要求してはいけません。

　パイロットが管制承認を伝達されたときには、確認のため管制官に対してその内容を読み返すことが推奨されています。管制承認は、操縦席が内容を聞き取って書き写す準備ができているかどうか確認するための "Ready to copy？" の用語に続いて伝達されます。承認は、管制承認限界点（通常は目的地空港）、経路、出発方式、初期の巡航高度、周波数（出発管制の）、トランスポンダーコードで構成されます。ところで、パイロットはエンジンを始動する前にトランスポンダーコードを除くほとんどの承認内容を予測しているものです。

管制承認を書き取る要領の一つとして C-R-A-F-T（Clearance、Route、Altitude、Frequency、Transponder）があります。

　九州の熊本から四国の松山へ V-40 経由 7,000ft で計器飛行方式により飛行する計画が提出される場合を想定します。
他機は熊本空港から東に向かって離陸しており、Ground Control を聴取することで東に向かう飛行に対して指示される出発方式を知ることができます。管制承認限界点（clearance limit）は目的地空港なので、C の後には RJOM（松山）と書きます。R の後には RINDO-3　TAE V40 と書きます。これは地上管制官が他機に管制承認を伝達しているのを聞いたり調べたりして予測したものです。A の後には 70（7,000ft）、F の後には熊本空港の計器進入チャートに記載されている出域管制の周波数を書きます。そして T の後は空白のまま残しておきます。トランスポンダーコードは事前に決められていることもありますが、コンピューターで割り振られるの

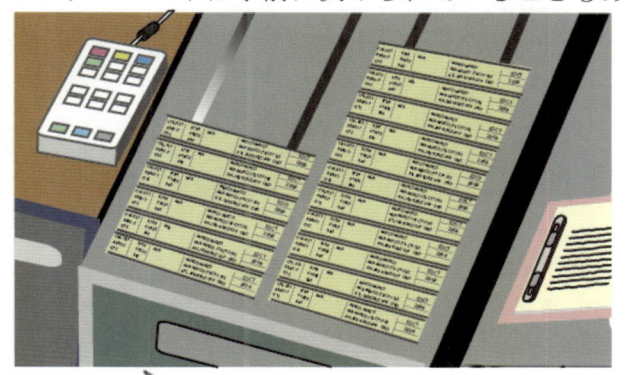

が一般的なのです。そして、管制承認伝達席を呼び出し "Ready to copy" を通報します。管制官が管制承認を読み上げるのを聞きながら、先に書いておいた内容を確認します。変更があれば線で消して変更事項を書き込みます。変更が少なければマイクボタンを押す前に管制承認はほとんど書き取れているはずです。管制承認は必ず書き写さなければならないので、速記の要領に熟練することはとても価値のあることです。

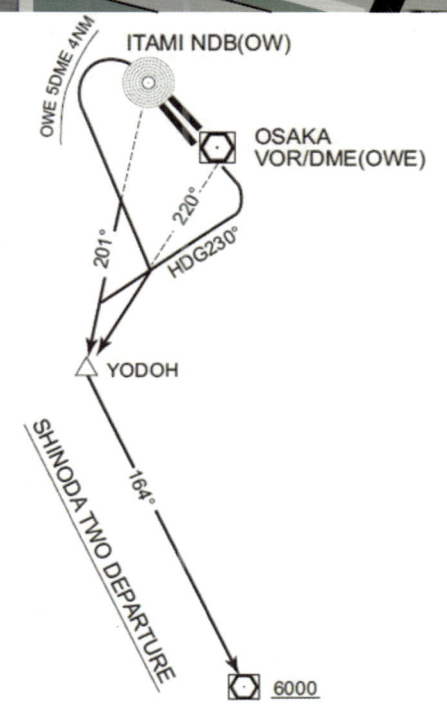

ITAMI NDB(OW)

OWE 5DME 4NM

OSAKA VOR/DME(OWE)

220°

201°　HDG230°

YODOH

SHINODA TWO DEPARTURE

164°

6000

SHINODA VOR/DME(SKE)

　パイロットは計器出発方式の飛び方を記述したものか図解したもののどちらかを持っている必要があり、管制承認を受け入れる前に内容を見直しておかなければなりません。これは指示される出発方式を事前に予測しておかなければならないもう一つの理由です。もし出発方式に高度制限または出発管制の周波数が含まれていれば、それらは管制官が読み上げる管制承認には含まれていません。
最後に受取った管制承認は、それ以前に出されたすべての承認に置き換わるという原則があります。たとえば、出発方式が "Climb and maintain 2,000 feet, expect higher in 6 miles," となっているのに出発を担当する管制官から "Climb and maintain 8,000 feet" との異なる新しい指示が出されたときは、2,000 feet の制限はキャンセルされたことになります。この原則はターミナル、エンルートの両方で適用されます。

　管制部の中央コンピューターから運航票（ストリップ）が担当管制席に届く前に、パイロットが管制承認を受け取る準備ができ "ready to copy" を通報すると、"clearance on request" と助言されます。もし承認内容を記載した運航票が管制席に届いていれば、伝達が開始されます。この段階になっていれば、運航票が届いていなくても、地上滑走と離陸前の試運転や点検を行うことは可能です。

　管制塔（飛行場管制所）でローカルと呼ばれる管制官はクラス D 空域（管制圏）内と使用中の滑走路で運航する航空機を管轄しています。海外では IFR 機を扱う管制塔でローカル管制官がレーダー誘導を行う権限を持っていることもあります。VFR 機のみの管制塔ではローカル管制官は IFR で計器進入を行う航空機をターミナル管制所から引き継ぐのみで、誘導を行うことはできません。また、ローカル管制官は局地飛行空域内の飛行についてターミナルレーダー管制を行う管制官と調整を行うことがあります。

　一般的なクラス D 空域（管制圏）は空港の周辺の海抜 3,000ft までの範囲で設定されているので、管制官はターミナルレーダーに対し上空を通過する航空機の便宜を図るため、500ft 以上の垂直間隔をとって上空の通過飛行を許可することがあります。航空機がタワー管轄の飛行場上空に進入するような経路と高度でレーダー誘導されているとき、パイロットはタワーの管制官と通信設定する必要はありません。すべての調整は管制側で行われます。
出発機のレーダー管制を行う管制官はタワーの管制官と同じ建物にいることが多いのですが、タワーとは別の場所で業務を行っています。タワーの管制官は出発機を担当する管制官が認める（release）まで離陸許可を出すことはありません。

Terminal Radar Approach Control　（TRACON）　ターミナルレーダー管制
　米国で TRACON と呼ばれる施設は、出発空港と航空路網の仲立ちをするため、わが国ではターミナル管制所に相当します。ターミナル管制所が管轄する空域は通常は 30 海里以上 10,000ft 程度の範囲に広がっていますが、ターミナルによって形と大きさはさまざまです。Class B と Class C に相当する特別管制空域の範囲は航空図に記載されています。ターミナル管制所の管轄する進入管制区はセクターに分割されており、一人以上の管制官が配置されて、それぞれ個別の周波数が割り当てられています。ターミナル管制機関ならどこでも進入管制業務を行っているので、他の指示（例えば "Contact departure on 120.4" のような）がない限り Approach と呼んでかまいません。

なお、ターミナルレーダーのアンテナは空港に隣接して設置されています。右の図は代表的なアンテナの形状を示したものです。レーダーは無線周波エネルギーをある特定の方向に発射することで成果を得ます。そのパルスがターゲットに当たり跳ね返ってくる時間を計測します。これによってパルスの伝搬距離が分かるので、レーダースクリーン上にターゲットまでの距離と相対位置を即座に判断して表示します。レーダーのトランスミッターは空間を探査するため強い出力が必要となり、レシーバー側は、戻ってきた非常に弱いレベルの反射波を探知できる能力が求められます。

　ターミナル管制所の管制官は出発進入方式に付随して公示されているものよりも低い高度を指示する可能性があります。これは最低誘導高度（MVA：Minimum Vectoring Altitude）と言われるもので、図に示すように管制官はこれをもとに業務を行いますが、最近空港毎に AIP で公示されました。しかし、パイロットが地形から判断して低すぎると思われる高度を指示されたときは、降下を開始する前に質問すべきです。

　パイロットが管制承認を受け入れ離陸準備を完了したとき、管制塔にいる管制官はターミナルレーダーの管制官に対し出発機を離陸させてもいいかどうか確認します。出域担当の管制官が離陸機を出発経路の流れに乗せることができるようになるまで、離陸の許可は出されません。

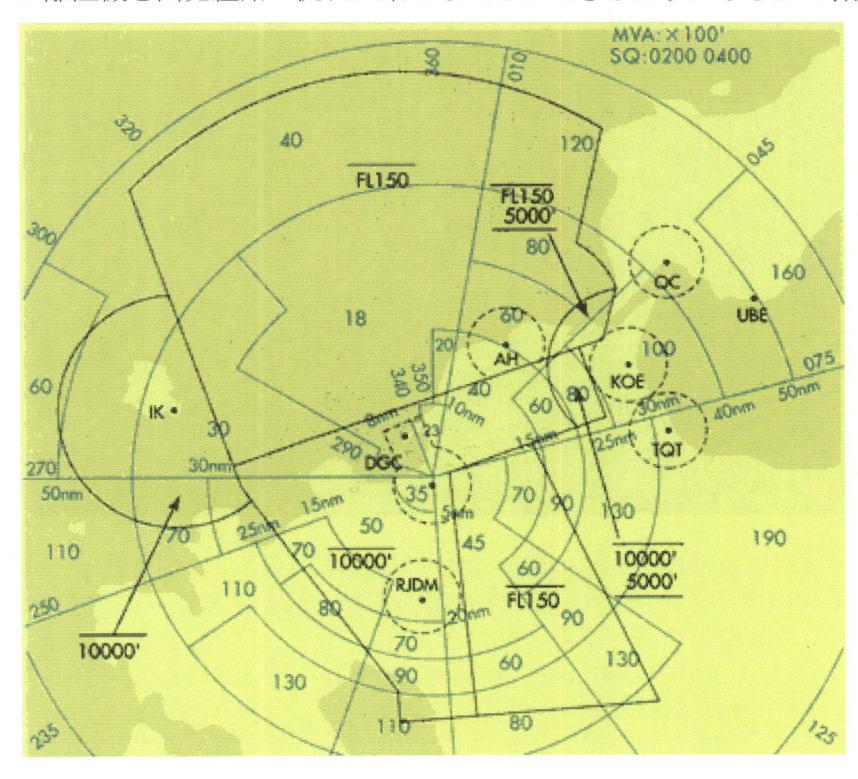

パイロットは release されるまで地上で待機することになります。

離陸許可が出されたら、出域の管制官はレーダースコープ上の出発機に注目し呼び込まれるのを待ちます。管制に必要な情報はすべて運航票か表示装置に示されているので、呼び込む際にパイロットが管制承認の内容を再通報する必要はありません。タワーの管制官から指示された時機に、指示されたとおりの施設と通信設定するだけでいいのです。

　ターミナル管制所のコンピューターは割り当てたトランスポンダー信号を受け取ると直ちに追跡を開始します。この機能のためトランスポンダーは離陸許可を受け取るまで待機の状態にしておくべきなのです。航空機は所定のデータブロック（タグ）を付けた状態で管制官のレーダー画面上に目標として表示され、空域内を移動する航空機と同じように動きます。データブロックには、航空機の識別、型式、高度および速度が表示されています。

ターミナルレーダー管制施設では、空港監視レーダー（ASR）によって一次ターゲットを検知し、ターミナルレーダー情報処理システム（ARTS／TRAD）で受信したトランスポンダーの信号と合わせて処理したうえで、レーダー画面上に表示しています。

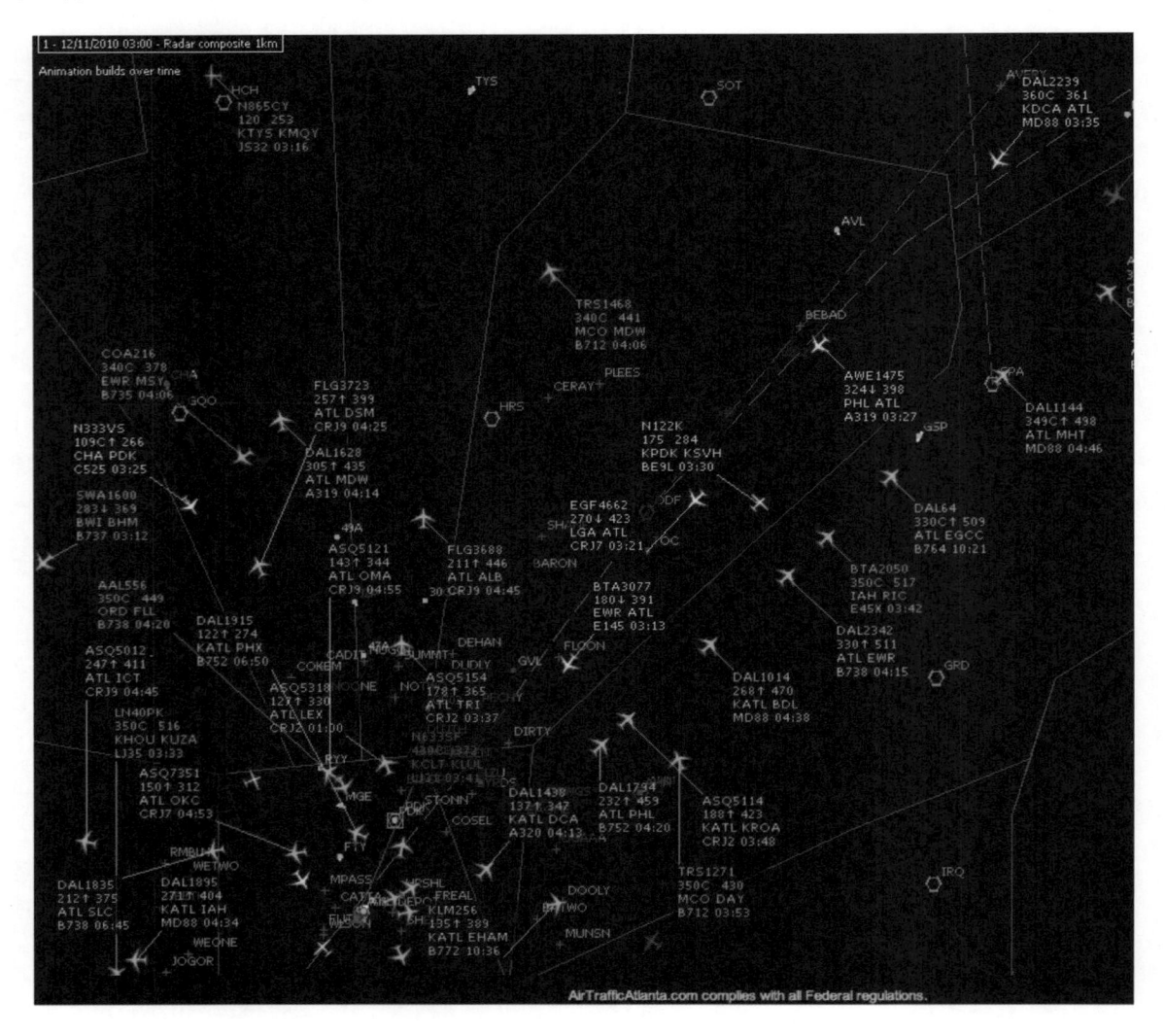

　旧式の装置では、気象障害区域の表示について降水域からの反射波の強度を区別することができなかったので、悪天域を回避するにはパイロットからの通報に頼るしかありませんでした。しかし、最新の装置では管制官は数段階に分けて降水強度を把握することができるようになっています。Light の降水では回避は必要ありませんが、moderate や heavy、extreme の強度であれば適切な対応が取られなければなりません。

降水現象に関連してつけ加えれば、パイロットは外気温度が−20 から＋5℃であるときは、弱

い降水であっても飛行中に着氷する恐れがあることに注意しなければなりません。

また、降水域からのレーダー反射波が画面に表示されていてもデータブロックが重なってしまい見にくくなることがあるため、パイロットが要求したときに管制官が強い降水域に航空機を誘導してしまうことがあります。前方の気象状態に不確実な要素があるときは、パイロットは管制官に降水強度のレベルを表示する機能があるのかどうか質問してください。そして、小型機のパイロットは高い降水強度が表示されている空域は回避して飛行すべきです。

Tower En Route Control　（TEC）

　一連の計器飛行がターミナル空域内だけで完了することもまれではありません。このタワー・エンルート管制（TEC）経路は、主に 10,000ft 未満を飛行する航空機のためのものです。TEC を希望するパイロットは提出する飛行計画の備考欄にその旨を記入します。例えば、関西空域内であれば関西国際空港（RJBB）から徳島空港（RJOS）のように、あるいは空域の隣接する中部国際空港（RJGG）から関西国際空港（RJBB）のように所定の空港間で管制区管制所の管制を受けることなく飛行を終了することができます。

ターミナルレーダー管制所のターミナルレーダー情報処理システム（ARTS）の機能を活用して提供される有益な業務に最低安全高度警報（MSAW）があります。これは現在の飛行経路をもとに 2 分後の航空機の位置を予測し、予想される飛行経路が地形や障害物に向かって異常に近づいているときに管制官に安全警報を出す装置です。パイロットに直接の関係はありませんが、非精密進入中に異常に大きい降下率にしたような場合、この警報を作動させてしまう引き金になることがあります。

Area Control Center　（ACC）　管制区管制所

　ACC（管制区管制所）は航空路網を飛行する IFR 機の管制間隔を維持する業務を管轄しています。ACC の航空路監視レーダー（ARSR）はターミナルレーダーで用いられているのと同じ技術でトランスポンダーの反射波を検出し追跡します。

（出典：航空局ホームページ）

　初期の航空路管制用レーダーは降水域を強度で区別して表示できなかったため、強度に関わらずパイロットに注意喚起しなければなりませんでした。しかし、新しいレーダーでは気象障害区域の強度を区別して表示でき、管制官が降水強度を推測することができるようになりました。なお、強い降水強度を示す表示で航空機のデータブロックが見にくくなることがあるので管制官が表示を消してしまうことがあり、気象障害に関する助言が期待できないこともあります。

管制区管制所（ACC）の管轄する空域はターミナル空域と同じようにセクターに分割されています。さらにほとんどの空域が高高度と低高度の各セクターに分割されます。それぞれのセクターは管制官がチームで担当し、遠距離送受信のできる対空通信局網を持っているため特定の周波数が割り当てられています。なお、ACC のすべての周波数は航空路誌（AIP）か航空路図（ERC）で確認することができます。

それぞれの ACC が管轄する空域はいくつかの地域にまたがるので、一つの遠距離送受信サイトの近くからほかのサイトに向かって飛行するときには、違う周波数で同じ管制官の声を聞く

ことがあります。

Center Approach/Departure Control　管制区管制所による出発進入管制

　我が国では一般的ではありませんが、ターミナルレーダー管制空域が設定されていない空港で計器出発または計器進入方式を行うときは、パイロットはACC（管制区管制所）の管制官と直接コミュニケーションをとることになります。

　管制塔のある空港から出発するときは、タワーの管制官は通信設定すべき ACC の管制官を指示します。管制塔の運用されていない空港から出発するとすれば、管制承認には "Upon entering controlled airspace, contact Naha Control on 126.5"（管制空域に達したら那覇コントロールと 126.5 で交信せよ）のような内容が含まれるでしょう。この場合、パイロットは管制官の使用する最低誘導高度（MVA）に達するまで地形との間隔設定に責任を有することになります。この責任は "radar contact"（レーダー識別した）と通知されただけでは免除されません。

（出典：航空局ホームページ）

　もし障害物があるため標準以上の上昇勾配（一海里で 200ft）が必要なときは出発方式に注意喚起の記載があります。出発経路上に木や電線がないかどうか航空路誌などに掲載されている情報で確認しておくのはパイロットの責任です。疑わしい場合は管制官に必要な上昇勾配がいくらなのか質問する必要があります。そのような場合に出される可能性がある管制承認の内容として "When able, proceed direct to the Alpha VOR…" があります。"when able" とはパイロットが搭載した機器の表示や使用可能な信号などによって自らの航法によりウエイポイントやインターセクション、NAVAID に直接向かうことができるようになるときを意味しています。もしそのような注意喚起があっても、VFR で飛行している限り地形や障害物との間隔設定の責任は引き続きパイロットにあります。標準的な上昇勾配であれば、旋回開始しても安全な対地 400ft 以上の高度に達するよりも前に、離陸した滑走路末端から 2 海里の地点に至ります。センターの管制官が針路か直行経路を指示し、"direct when able" と指示したときは、地形や障害物との間隔設定は管制官が責任を持つことになります。

その他の指示として、"Leaving（高度）fly（針路）or proceed direct when able" があります。これはIFRの最低高度に達するまでは地形や障害物との間隔設定の責任は操縦士にあることを明らかにしています。管制官は航空機が、有視界気象状態を維持して上昇することができる場合を除いて、IFR の最低高度以上に上昇するまでは管制承認を発出することができません。

ACC の管制官が使用するスコープ上では 1 海里は数ミリに過ぎません。センターの管制官がレーダーアンテナから遠く離れた空港の出発／進入管制を行うときは、針路と距離を正しく見積もるのはとても難しくなります。最終進入経路への誘導を担当する管制官は、誘導の精度を最大にするためスコープの表示範囲を広くすることはありません。そのため航空路管制用レーダ

　一のアンテナから遠く離れた位置では、パイロットはレーダー誘導が必要不可欠なときしか行われないことを理解してください。

2-4　ATC Inflight Weather Avoidance Assistance　気象障害区域回避の援助

ATC Radar Weather Displays　管制レーダーによる気象現象の表示

　管制用レーダーシステムは電波エネルギーのビームを送り、雨粒、雹やアラレ、雪など、物体や湿域に反射して返ってくる微弱な電波をアンテナで受信することで、降水域を表示することができます。物体の反射面が大きく密度が高いほど反射波は強くなります。

以下に説明するのは米国 FAA の例ですが、レーダーに装備された悪天候情報処理装置は反射率を表すために反射波の強度をデシベル（dBZ）で示します。管制システムは雲があるかないかを検出することはできません。管制用レーダーシステムは降水域の強度を知ることはできますが、雪か雨か雹かまたは VERGA かなどの性質を知ることはできないのです。そのため管制官はレーダースコープ上に表示される悪天候域を一律に降水（precipitation）と呼びます。降水強度を測る機能のある悪天候情報処理装置の付いたレーダーを有する管制機関は、パイロットに強度を次のように表現します。

1．"LIGHT"　　　　「弱い」　　　　　　（＜30 dBZ）
2．"MODERATE"　　「並みの」　　　　　（30〜40 dBZ）
3．"HEAVY"　　　　「強い」　　　　　　（＞40〜50 dBZ）
4．"EXTREME"　　　「極めて強い」　　　（＞50 dBZ）

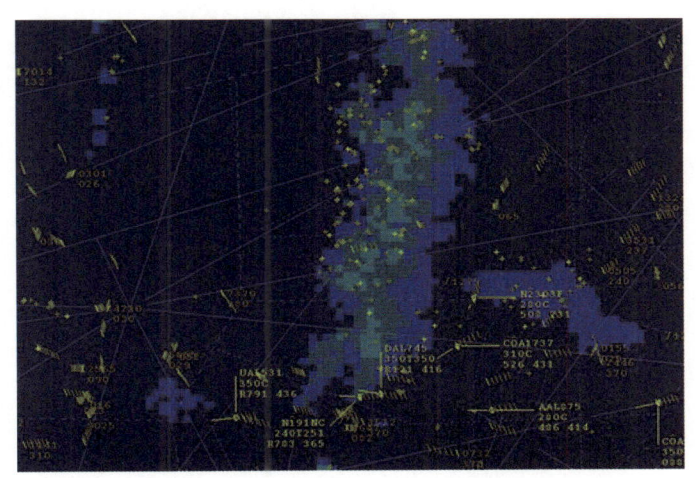

　航空路の管制官は使用するレーダー装置がスコープ上に弱い降水域を表示する機能を備えていないため "light" の用語は使われません。管制官は降水域の存在を地理上の位置または航空機との位置関係で表現しますが、情報装置の機能の限界から降水強度のレベルを表示できません。したがって強度が分からないことを意味する "INTENSITY UNKNOWN" と通報します。

米国における管制区管制所（ACC）の施設は悪天域・レーダー情報処理装置：Weather and Radar Processor（WARP）によって複数のレーダーサイトから得られた情報をスコープにモザイク状に表示します。なお、WARP の装置は ACC のみで使用されます。また、実際の状態と管制席のスコープに表示される状態には時間的な遅れがあります。例えば、航空路の管制官に提供される降水域の情報には最大で 6 分の遅れがあります。WARP が使えないときは二次的な装置である狭域 ARSR が利用されます。ARSR システムには二つの異なる降水強度を表示する機能があります。この情報はパイロットには "MODERATE"（30 to 40 dBZ）と、"HEAVY to EXTREME"（＞40 dBZ）として伝えられます。

また、管制用レーダーシステムは気流の擾乱を検出することができません。一般的に、擾乱の発生は降雨率や降水強度の増加で予測することができますが、降雨率や降水強度が大きい空域には深刻な乱気流が伴っていると考えるべきです。乱気流は、視程障害がなくても、対流現象のあるところで発生します。

　　雷雨（thunderstorm）は対流現象つまり強い乱気流の存在を意味するのです。降水強度がさ
ほどでもないときでも強い乱気流が発生していることがあるので、雷雲から 20 海里以内に近
づくときは最大限の注意を払って運航する必要があります。

Weather Avoidance Assistance　　気象障害区域回避の援助

　　管制機関の最優先の業務は航空機間に間隔を設定し、必要に応じ安全警報を出すことです。
より優先度の高い業務の繁忙度、レーダー性能の限界、交通量、周波数の混み具合、作業負荷
などの要素が許す範囲に限って、管制官は追加的な業務を行います。これらの要素や制限事項
に余裕があることを条件に、管制官は気象障害区域に関する適時の情報を出すのです。また、
もし要求されれば、可能な範囲で障害空域を回避させるためにパイロットを援助します。これ
に対して、パイロットは天候に関する助言を理解したことを回答し、必要に応じて代替経路に
関する次のような具体的な対応策を管制に要求します。
　　１．適切な方向または距離の数値を添えて、本来の経路からの逸脱を要求する
　　２．高度の変更を要求する
　　３．影響を受ける空域回避のための経路に関する援助を要求する

　　この際、管制用レーダーでは雲や擾乱の存在を検出することができないため、援助を受けた
からと言って対流現象による障害に遭遇することがないとの
保証が得られるものではありません。また、パイロットは援助
業務の提供を要求する際に、所定の距離を保って降水域を周回
したいなど、何を望んでいるのかを管制側に明確に伝えておく
べきです。そして、通常の航法に戻ることができるようになっ
たら、その旨を管制に通報しなければなりません。

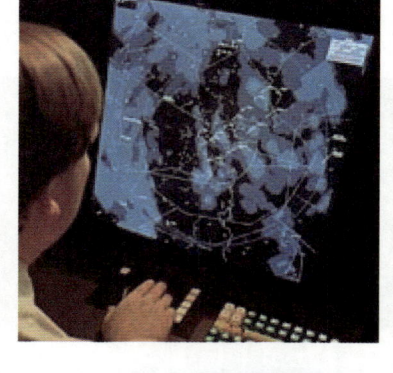

　　計器飛行方式（IFR）で飛行するパイロットは管制の承認な
しに指示された経路や高度から逸脱することはできません。飛
行の障害となる対流現象は急速に発達することがあるので、経
路を変更する可能性があるときは事前に計画しておいてくだ
さい。これは、航空路レーダーの降水域表示が
最大で６分遅れていること、雷雲は１分間に
6,000ft 以上の変化率で発達する可能性がある
ことなどから、パイロットが考慮しておくべき
重要事項です。

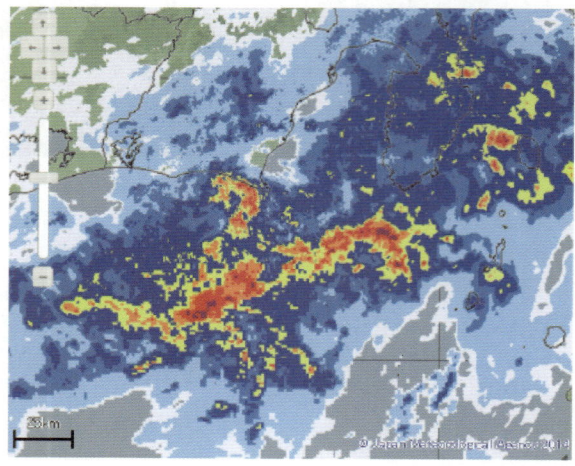

　　航空機の安全に障害となる天候現象に遭遇
した場合の対応については、航空法施行規則第
201 条に定められています。つまり、速やかに
承認された内容から逸脱する必要があるにも
かかわらず管制の許可を取る時間の余裕がな
い場合には、パイロットは安全を確保するため
緊急時の権限を行使できるのです。一般的に、
天候によって航空交通の流れが乱されたとき
には、管制官にはより多くの作業負荷がかかり
（出典：気象庁ホームページ　高解像度降水ナウキャスト）
ます。経路の逸脱や他の業務を要求するときは可能な限り事前に行い、管制官の処理能力を超

えるような負担をかけないことで、即座の指示が得られるように配慮すべきです。

　悪天域を迂回する許可を求めるときは、次のような情報を付け加えると管制の助けになります。
　　１．迂回を始めたい地点
　　２．迂回の経路と範囲（方向と距離）
　　３．元の経路に戻る予定の地点
　　４．飛行状態（計器気象状態：IMC か有視界気象状態：VMC か）
　　５．航空機が気象レーダーを装備しているか否か
　　６．必要になると思われるさらなる逸脱

　管制によって提供される援助業務の内容は、管制官がどれくらいの気象情報を持っているかに大きく左右されます。障害となる悪天候が一時的なものである場合には、管制官のレーダー表示装置に現れる降水域の情報は限られたものとなるでしょう。ターミナルから離れた空域で障害となる悪天域を迂回するため管制承認または許可をもらうことは、交通量が少なく行動の自由があるので容易です。いっぽう、ターミナル空域では航空交通の密度が高く出発および到着経路が複雑で、隣接する空港との間での管制上の調整が必要なため、迂回は容易ではありません。結論として、管制官はターミナル空域での悪天域の迂回に関するすべての要求に気軽に応じるわけには行きません。とはいっても、パイロットは観測した気象障害を管制官に助言すること、特に悪天域の迂回飛行が必要と判断したときには、そのことを管制官に伝えることをためらってはいけません。
飛行状態に関するパイロットレポート（PIREP）は特定の空域での悪天域の状態と範囲を明らかにする助けになります。それらの通報は無線その他の電子的な手段によって他のパイロットに広く伝達されます。PIREP 情報として飛行状態を管制に的確に伝えるためには次の項目があります。
　　１．気流の擾乱
　　２．視程
　　３．雲頂および雲底の高度
　　４．着氷、雹、雷などの天候による障害の存在

2-5　Approach Control Facility　進入管制施設
　進入管制業務を提供する施設は、ターミナル空域を管轄するターミナル管制所の一部で、業務は VFR または IFR の出発機および到着機に提供されます。なお、管轄空域内を通過する航空機に対する業務も行います。これに加えて、進入管制所は計器進入方式である ILS 進入や LDA 進入が設定された平行滑走路を有する空港では、進入機のモニターも行います。

　ASR は比較的単距離をカバーし、一般的には空港周辺の忙しい航空交通の位置を正確に把握しながらコントロールするのに利用します。承認を受けている場合、非精密の surveillance radar approach を提供することもできます。ASR は final コースへのレーダーベクターが可能で、進入中横方向の情報をパイロットに提供します。滑走路からの距離情報に加え、降下開始と MDA に到達したときにアドバイスします。リクエストすれば各マイルごとの推奨される高度も提供できます。

PAR は飛行機同士の間隔や順番付けではなく着陸のための横方向と縦方向の情報を提供するのに利用します。着陸の援助に使うのが主目的ですが、他の進入方式のモニターなどにも利用できます。2 つのアンテナがあり、一つは垂直面をもう一つは水平面をスキャンします。レンジは 10nm に限定され、水平方向の角度は 20°、縦は 7° までで、final のみの対応となっています。管制卓のスクリーンは 2 つの部分に分かれています。上部の表示は、高度と距離を示し、下の方は横方向のズレと距離を表示します。

PAR を使った GCA では管制官がパイロットに対し非常に精度の高い縦と横方向のガイダンスを提供します。

パイロットは与えられた HDG の通りに飛ぶことで滑走路の中心線上にアラインできます。Glidepath にインターセプトする 10 秒から 30 秒手前と降下開始を伝えます。パイロットがリクエストした場合公示されている DH を教えます。Glidepath の上下にズレた場合パイロットは "slightly" や "well" の用語を使ってズレを表現し、rate of descent をアジャストするようにアドバイスし、glidepath へ戻します。飛行機の修正の傾向も合わせて伝えます。(例えば "Well above glide path, coming down rapidly" など)

Touch down からの距離も少なくとも各マイル毎に与えられます。もし、管制官が横方向や縦方向で安全域の限界を超えた状態が続いている飛行機を observe した場合、パイロットが着陸に必要な物標 (滑走路、進入灯など) を視認した場合を除き、missed approach を指示するか、または別に定められたコースを飛ぶように指示を出します。飛行機が公示された decision altitude か DH に到達するまで、横と縦方向のガイダンスを提供します。アドバイザリーのコースおよび glidepath 情報は threshold を通過するまで与えられ、threshold では滑走路中心線からの deviation が伝えられます。レーダーサービスはアプローチの完了をもって自動的に終了します。

Approach Control Advances　進入管制の進歩
Precision Runway Monitor　(PRM)　精密滑走路監視

過去数年間、新しい技術が空港に導入され平行滑走路間の管制間隔を短縮することができるようになってきました。海外ですでに実用化されているシステムに、精密滑走路モニター (PRM) と呼ばれるものがあり、高更新率レーダー (右図) や高解像度管制表示装置を PRM の資格を有する管制官が運用しています。

PRM Radar　精密滑走路監視レーダー

　米国の FAA が提供している PRM は、電子的にスキャンするアンテナを使用する単パルス二次監視レーダー（MSSR）を用います。PRM にはスキャン率の制限がないため、最大 1.0 秒という在来の装置より早い更新率が達成でき、表示される目標の精度、解像度、航跡予測などの機能が向上しています。このシステムは、30 海里以上の範囲内の標高 15,000ft 以下の空域にある二次レーダーを装備した航空機を探知し、追跡し、情報処理し、表示するよう設計されており、管制官が必要に応じて対応措置を行えるように、視覚および音声による警報を作動させる機能を持っています。

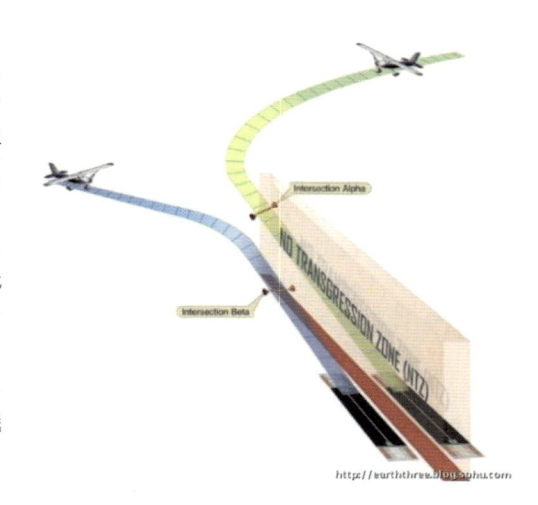

PRM Benefits　監視の利点

　米国における PRM は、原則として滑走路中心線の間隔が 4,300ft 以下 3,000ft 以上の平行滑走路同時進入時に使用されます。（右図）
二つの最終進入経路を分離するのは、使用中の進入方式それぞれを担当する二人の管制官によって監視される不可侵区域（NTZ）です。システム追跡ソフトウエアは PRM モニターを担当する管制官に、航空機の識別、位置、速度、投影された位置を示し、さらに必要に応じて視覚と音声による警告を発する機能を持っています。

　我が国でも不可侵区域（NTZ）を監視する機能を持つ装置が開発され、羽田空港における同時平行進入実施時の監視に使用されています。

2-6　Control Sequence　管制の順序

　計器飛行方式（IFR）による運航は約束ごとが多くて窮屈だと思われるかもしれません。しかし、事前学習を十分に行い、必要な周波数を事前に書き出すなどの事前準備を怠らず、計画どおりに行かないときにはどうするかまで考えておけば、計器飛行方式による運航システムはもっと親しみやすく感じられるはずです。

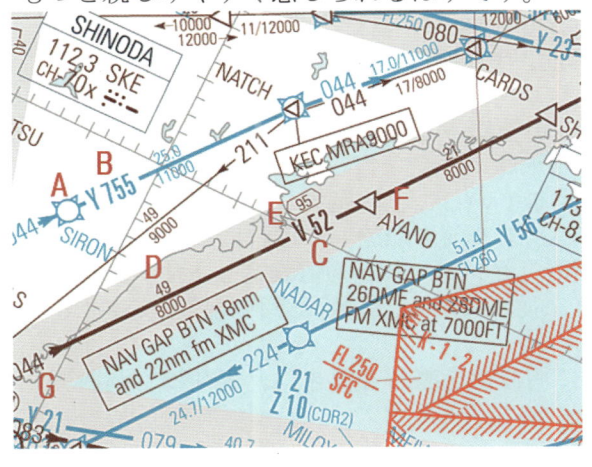

　パイロットは、計画した経路に沿って、利用できる管制施設や業務の内容を理解していなければなりません。（左図）また、飛行中は最も近い有視界飛行可能空域がどこかを常に把握しておき、状況が悪くなったときには、管制の了解を得たうえで、そちらに機首を向ける準備ができている必要があります。

　管制塔が飛行場管制業務を提供し出発進入方式が設定されている空港から IFR による飛行をはじめる場合に、管制機関から業務の提供を受ける際の一般的な例は以下の順序になります。

1．運航情報官：出発地、目的地、代替空港、航路上の気象情報について説明を受け、飛行計画を提出します

2．ATIS：飛行前の確認を終え、最新の状況と進入方式を聴取します

3．Clearance Delivery：地上滑走を開始する前に出発の管制承認をもらいます

4．Ground Control：IFR であることに留意しながら地上滑走の指示をもらいます

5．Tower：離陸前の点検を終え、離陸の許可をもらいます

6．Departure Control：ARTS / TRAD（ターミナルレーダー情報処理システム）でトランスポンダーによる識別ができたら、Tower の管制官はレーダー識別のため Departure と通信設定するようパイロットに指示します

7．ACC（航空交通管制部）：出域管制空域を離脱したら、航空機は巡航部分を扱うセンターに hand-off されます。パイロットは hand-off の調整ののち周波数変更の指示を受け、これに従いながら複数の管制機関と交信します

8．悪天情報：飛行中に気象情報を入手するために周波数を離れる必要があるときは事前に管制機関と調整してください

9．ATIS：目的地の情報を入手しようとして周波数を離れるときも同様に管制機関と調整してください

10. Approach Control：パイロットが追加情報と管制承認を受けとったのち、管制区管制所（センター）は目的地のターミナル管制所に飛行機を hand-off します

11. Tower：進入許可が出たらパイロットは Tower と交信するよう指示されます。着陸後は管制官が飛行計画をクローズします

　管制塔がなく飛行場アドバイザリー業務のみが提供されている空港から、設定された計器出発方式に従って IFR による飛行をはじめる場合に、管制機関から業務の提供を受ける際の一般的な例は以下の順序になります。

1．運航情報官／フライトサービス：出発地、目的地、代替空港、航路上の気象情報を入手し、飛行計画を通報します

2．フライトサービスまたは RADIO：パイロットが管轄する管制機関と調整した場合には、電話連絡のほか RADIO の周波数を通じて管制承認の授受を行うことができます。飛行計画を通報する前にすべての飛行前の準備が終了していることに留意してください。管制承認が失効の時刻を含むときは、パイロットはこれより前に離陸しなければなりません

3．ACC（航空交通管制部）：離陸後、管制区管制所（センター）と通信設定します。飛行中、パイロットは管制官による hand-off の手続きに従いながら、複数の管制機関と交信することになります

4．悪天情報：飛行中に気象情報を入手するために周波数を離れるときは、事前に管制機関と調整してください

5．Approach Control：パイロットが追加情報と承認を受け取ったのち、センターは目的地のターミナル管制所に飛行機を hand-off します。有視界飛行による着陸が可能なら、パイロ

ットは着陸前に管制承認をキャンセルすることができます

Letter of Agreement　（LOA）　調整要領／協定書

　管制システムは高度に組織化されているため、滅多にないことなのですが、隣り合うセクターや管制部内の管制官同士が、飛行の経過に沿って電話またはコンピューターの機能を使って調整を行うことがあります。

また、異なる管制機関が管轄する空域の間に境界線がある場合、hand-off の位置と高度は両管制機関の管理者が協議した調整要領／協定書（LOA）によって決められます。この内容は当局の刊行物としてパイロットに周知されることがないので、hand-off が行われたらその位置をエンルートチャートに記録しておくのがいいでしょう。管制官は、管轄する航空機の高度と位置を確認したうえで、調整要領／協定書（LOA）で決められた位置で他の管制機関へ hand-off を行うことが原則となっているのです。

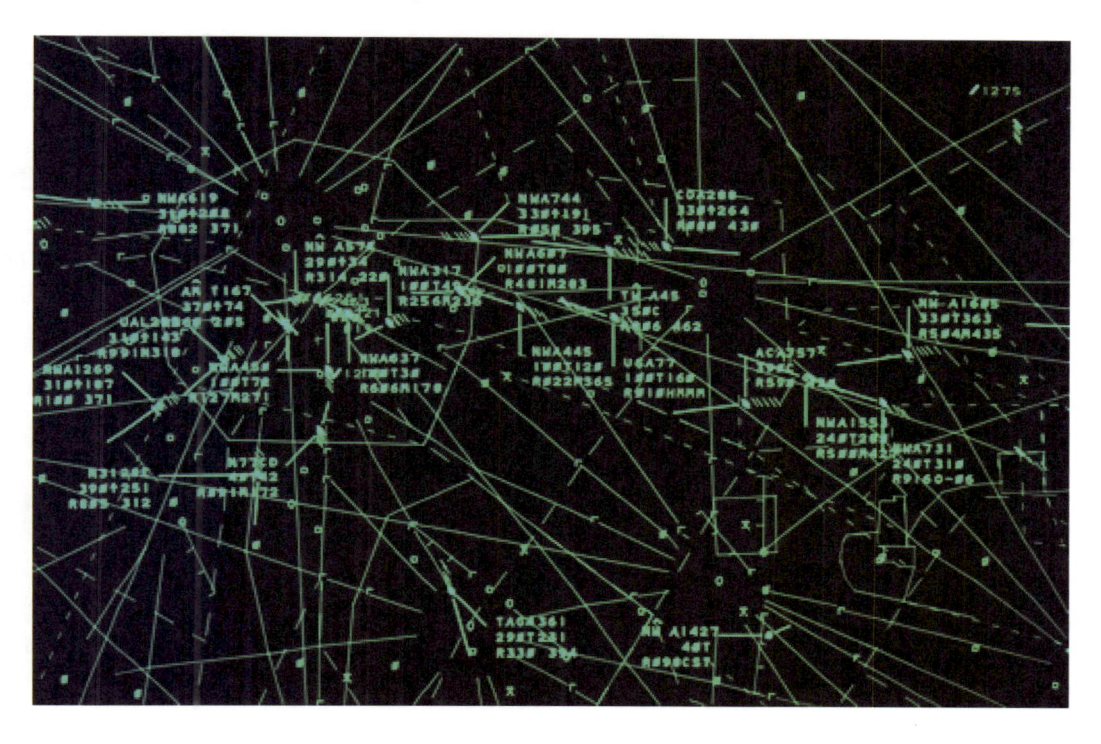

2-7　地上における安全確保

Airport Surface Detection Equipment

　この用途のレーダー装置は、基本的に空港敷地内の地上にいる飛行機、車両など全ての動きを検知するようにデザインされており、全体のイメージが分かるようにタワーの管制卓にあるスクリーンに映されます。この装置はタワーの管制官（この場合 ground controller）が、滑走路や誘導路上の飛行機・車両の移動の目視確認を補強するために使われます。

Radar Limitations

１．私たちは、レーダーサービスには限界があることや、管制と通信設定をしていない飛行機やレーダースクリーンで捕捉できない飛行機に関するトラフィックアドバイザリーは難しいということを認識しなければなりません

2．電波は通常真直ぐ伝搬しますが、気温の逆転層で曲がったり、濃い雲や降水現象や地上の障害物、山などでは弱められ、または高い障害物にはブロックされてしまいます

3．レーダー電波は濃い雲などの反射波をスクリーン上に映すので、同じ場所に居る飛行機のエコーは弱められたり、時には表示されなくなったりします

4．相対的に低い高度で飛んでいる飛行機は山の影になったり、地球表面のカーブで電波ビームの下になり映らないことがあります

5．レーダーの反射波は飛行機の表面で跳ね返ったものを利用するので、飛行機のサイズが影響します。小型のプロペラ機や、スマートな戦闘機は、大きな旅客機や輸送機に比べて映り難くなります

6．全ての ARTCC やほとんどの ASR は Mode C の質問電波を発信し、管制官が飛行機の高度情報を得られるようになっています。しかしながら、一部で高度表示のない施設もあり、また確認のためパイロットから高度情報を伝える必要があります

　最近、羽田・成田・千歳・関空・福岡などの主要空港ではマルチラテレーションシステムが ASDE の代わりに導入されています。以下に国交省で解説されているマルチラテレーションの概要を紹介します。

マルチラテレーションとは

マルチラテレーションとは、航空機のトランスポンダから送信される信号（スキッタ）を3カ所以上の受信局で受信して、受信時刻の差から航空機等の位置を測定する監視システムである。

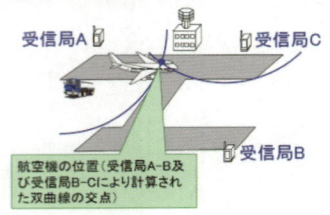

マルチラテレーションの特徴

〇空港面探知レーダー(ASDE)がカバーできない領域（ブラインドエリア）を監視可能

〇航空機便名を画面表示可能

〇悪天候においても性能が劣化しない

〇航空機側は追加装備等の改修不要

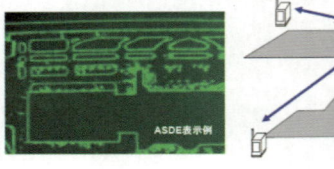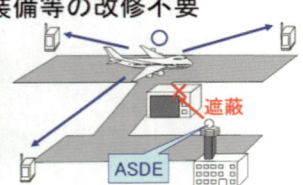

　マルチラテレーションは、管制官の操作を介在せずにパイロットにハザードトラフィックを知らせ滑走路誤進入を防ぐことを目的として導入された RWY Status Light にも利用されています。

第 3 章
Human Factor
ヒューマンファクター

Introduction

　Human factor に関して、最近はいろいろな切り口で研究が進んでいます。人（パイロットなど）、機械・飛行環境のかかわりに関する幅広い研究により飛行機の性能を向上させ誤操作（ミス）を減らすことに役立っている分野が human factor と呼ばれています。

飛行機の進歩は目覚ましく、故障や不具合が減り信頼性が向上しており、結果的に human factor が事故原因となる割合が増加しています。見方によっては事故の 80％以上が human factor に起因するともいわれています。Human factor を理解することでパイロットはより適正なプランや対応が可能となり、安全性の高いフライトができるでしょう。今後更に飛行機事故を減らすためには大切な分野と言えます。

　IMC（計器気象状態）下のフライトにおいてパイロットは体感（五感）からくる情報に惑わされることがあります。パイロットはこの偽の感覚を理解して、対処できなければなりません。計器飛行では、パイロットは全ての情報を総合して判断を下さなければなりません。
この章では、human factor の要素として人間の感覚器官の仕組み、それに起因する錯誤について解説します。

3-1　感覚器官

機位を確認するための感覚器官

　正しい機位（機の位置）は、明確な地上の地点と飛行機の位置関係を正しく把握することにより認識できます。地上の物標に対して自機の関係位置や姿勢がわからなくなる状態のことを空間識失調といいます。

正しい機位の確認は視覚、前庭器官による知覚、平行感覚等を使って維持されています。目からはビジュアル画像を得ます。耳の内部にある前庭器官で運動（加速度）を検知します。皮膚の神経や関節、筋肉では平行感覚を維持します。通常の健康状態にある人が地上における日常の動きの中では、これらは正しく機能します。ところがフライト中に様々な力を受けると、これらの感覚検知能力に誤作動が発生し、空間識失調に至ることがあります。

＝ 目 ＝

　安全なフライトのために最も重要な情報となるのが目からくる視覚情報です。人間の目は昼間に働くのに適していますが、薄暗い中でもある程度の認識が可能です。昼間の明るい時に認識するのは円錐細胞で網膜の中心に多く分布します。夜の暗い中で機能するのは周辺にある桿体細胞です。これらの細胞は明るさによって機能するレベルを調整します。

明るい所では桿体細胞は働きを止め、暗い所では円錐細胞は機能を停止します。桿体細胞はロドプシン（視紅）を持ち、このロドプシンはわずかの光にでも敏感に反応します。光が強くなるとこのロドプシンを減らして視力の調整をします。夜間、瞬間的に強い光を浴びると、ロドプシンが流れ落ちてしまいしばらくは弱い光に反応することができません。

喫煙、飲酒、酸素欠乏、老化などが視力に影響を及ぼし特に夜間視力を低下させます。夜間、高々度に上昇することにより酸素が薄くなることで視力が低下することに留意が必要です。高度を下げても一度落ちた視力は、上昇中に視力を失うのにかかった同じ時間内では回復しません。

眼球には 2 つの盲点があります。昼間の盲点は網膜に映った画像を脳に送る神経の束がある場所にあたり、この部分では光を感知できず脳に送るための視覚情報をつくることができません。

夜の盲点は網膜の中央には明るい昼間の視力をつかさどる円錐細胞だけが密集し、夜間視力を担う桿体細胞が中心部にはないために直視すると画像が見えないことに起因します。したがって夜間は視点のセンターをずらして見ることによる目視やスキャンが障害物を避けることやsituation awareness（状況認識）に大変有効だと言えます。

脳は我々が物体の色を判別するのに、色そのものの認識だけでなく周りの色との相対関係を使って物を認識しています。下図を見てください。

キューブの影が当たっている側の中心のオレンジと上の面の茶色の部分は、実は同じ色なのです。オレンジの四角をまわりの環境から切り離して見ると実は茶色であることが分かります。

このように、周辺に見えるものによって見え方は大きく変わってくるものです。このことから霧などで視界が悪くなっているときは、空港の地形や他の航空機に対する一層の警戒が必要だと言えます。

次の図のテーブルの長さは同じものです。人は物の長さも幅も簡単に違ったようにとらえてしまうことがあります。

日頃平坦な 75ft 幅の滑走路に慣れ親しんでいると、パイロットは幅の狭い滑走路はこれまでの経験値による感覚のせいで自機の高さを高く感じてしまいます。

薄暗いあるいは明るい環境での視力

　薄暗いコックピットでは、航空図や計器を読むのが難しくなります。暗闇の中では光に対する視覚反応はより敏感になります。暗闇に目が慣れてくることを暗順応といいます。通常真っ暗闇に完全に暗順応するのに約 30 分かかりますが、パイロットが Dim にした赤色系のコックピットの照明には 20 分程度で順応できます。しかしながら、赤色は色を歪ませ、航空図を読みにくくまたコックピット内の物を見る時焦点が合わせにくくなります。赤色の使用は outside の明りが乏しく中の輝度を上げられないときなど（暗順応中など）に限定すべきです。むしろ dim にした白色のコックピット内照明がマップや計器を読むのに適しており、特に IMC 下で

はなおさらこのことです。

　ある程度暗順応した視力も、明るい光を目にすると、僅か数秒で順応が無くなってしまいます。したがって、せっかく暗順応しているのであれば、明るいライトを使うときは片目を閉じて使うのも一法です。

夜間に雷が光っている近くを飛行する場合は、コックピット内の照明輝度を上げて閃光をあびた時の視力低下に注意することが一般的です。

夜間視力、暗順応の能力は 5,000ft 以上への客室高度上昇、喫煙による一酸化炭素吸引、ダイエットによるビタミン A 不足、明るい日光に当たりすぎることなどにより目立って低下してきます。

VMC の状態では目から得られる情報は正しく、他の感覚から得られるものに惑わされることはあまりありません。しかし、IMC 状態で目から得られる外の情報が得られなくなると途端に体の体感によって惑わされ、方向感覚や空間認識を失ってしまう可能性があります。

これに打ち勝つための有効な手段は、誤った感覚からくる情報に惑わされず、正しい姿勢を把握することに目を使うことです。錯覚をおこしやすい感覚の問題を理解し計器の指示のみを使って飛行機を操縦できなければなりません。

＝ 耳 ＝

　耳の中には姿勢を知覚するために機能する 2 つの器官があります。三半規管と耳石です。三半規管は回転加速度を感知し、耳石は直線的（前後方向の）加速や重力を感知するためのものです。図のように、三半規管は文字通り 3 つの円弧のチューブで構成されそれぞれがぼぼ pitch、roll、yaw に相当する加速度を感知できるような構造になっています。

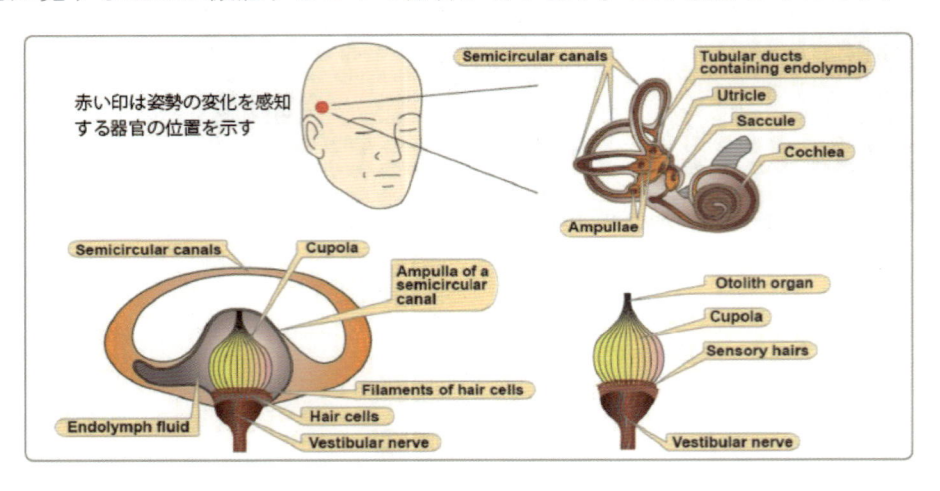

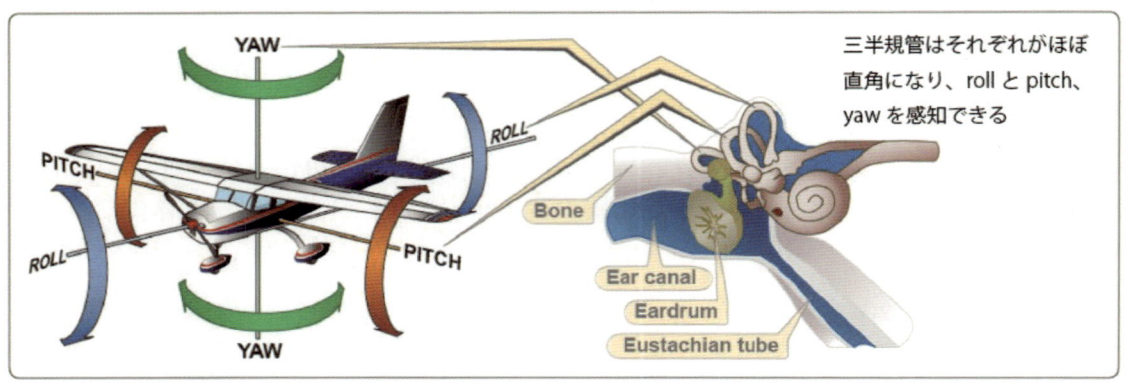

　それぞれのチューブはリンパ液で満たされており、チューブの中心にある有毛細胞（キューポラ）と呼ばれる部分は前庭神経につながりリンパ液の中にあります。

　この有毛細胞が回転加速を検知します。チューブとリンパ液の間の摩擦のため、実際の動きを検知するのに 15 秒から 20 秒を要します。

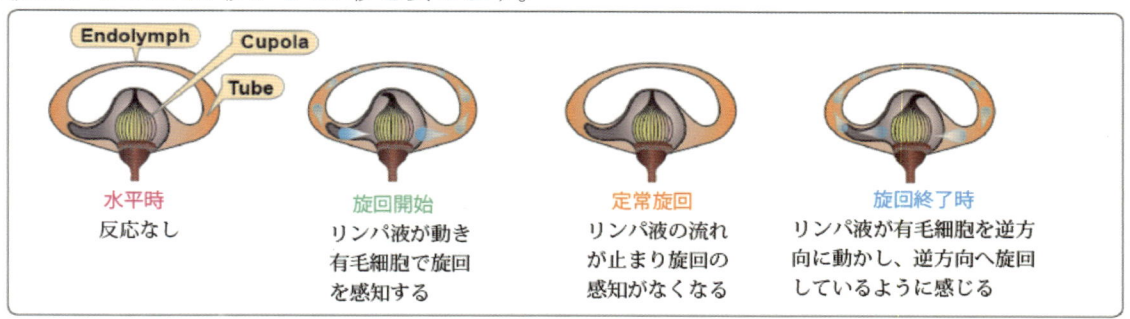

水平時	旋回開始	定常旋回	旋回終了時
反応なし	リンパ液が動き有毛細胞で旋回を感知する	リンパ液の流れが止まり旋回の感知がなくなる	リンパ液が有毛細胞を逆方向に動かし、逆方向へ旋回しているように感じる

　水平直線飛行中、有毛細胞は真直ぐの状態で、脳神経も真直ぐな姿勢を認識しています。旋回に入るときチューブの中の液と有毛細胞は旋回方向と逆に動き、これを脳では旋回に入ったと認識します。定常旋回に入り一定時間経つと三半規管のチューブの中の液の動きは止まり、有毛細胞の先端部分も真直ぐになるため、脳では旋回が止まったような錯覚に陥ります。このように比較的長めの定常旋回ではどちら周りにも旋回していないような感覚を生じてしまいます。

旋回から水平直線に戻るとき、チューブの中の液と有毛細胞は若干逆方向に動きます。これが誤ったシグナルを脳へ送り反対方向へ回っているような感覚に陥り、これを打ち消すために再度旋回に入れたくなり機のコントロールを喪失することがあります。

耳石は似たような方法で重力と直線方向の加速度を検知します。リンパ液の代わりにゼラチン状の耳石膜で感覚毛を覆う白色のクリスタルを含んでいます。

頭を傾けると、クリスタルの重みで耳石膜が動かされ感覚毛がこれを感知することで脳は新たな垂直位置を検知します。前後方向の加速もこれと同じような仕組みで検知します。前方へ加速すると頭が後ろに傾けられる錯覚が生じます。離陸直後や加速中は実際の上昇より大きく上昇しているような錯覚に陥り、機首を下げようとする傾向があるのはこのせいです。

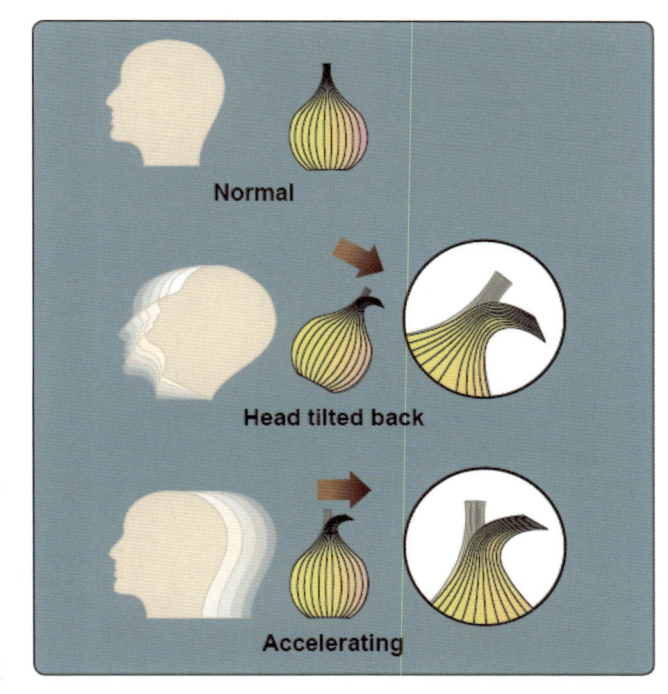

Normal

Head tilted back

Accelerating

= 神経 =

　皮膚、筋肉、関節などからの重力に対する感覚は常に脳へ信号が送られています。このシグナルによりパイロットは現在の姿勢を把握できます。加速していくときは椅子の背もたれに押し付けられる感覚を感じます。旋回中に受ける重

力はパイロットに錯覚を生じさせどちらが上かを分からなくさせてしまいます。釣合のとれない旋回、特に上昇旋回では、脳に間違った感覚が送られてしまいます。スリップやスキッドをしているときはbankをとっている、または上や下を向いているような錯覚を覚えます。

　乱気流でも同様にパイロットの感覚に混乱を与えます。
パイロットは疲労や体調不良がこれらの傾向を助長し、最終的には認識できないうちにインキャパシテーションに陥る可能性があることを認識していなければなりません。

3-2　錯覚による空間識失調
　空間識失調に陥る主な原因は内耳の前庭感覚器官に起因します。また、視界に飛び込んでくるものの幻惑でも空間識失調を起こすことがあります。

＝ 前庭器官による錯覚 ＝
Lean
　Leanと呼ばれるものに、例えば非常にゆっくりと左に傾いた場合、三半規管の液がその回転を検知できません。その後、突然気がついて姿勢をもとに戻した場合、三半規管のチューブの液は移動し右に bank しているように検知してしまいます。錯覚を感じたパイロットは左へbankを入れてしまうか、真直ぐ飛べても錯覚が弱まるまで傾いている感覚（lean）と格闘することになります。

コリオリの錯覚
　三半規管のチューブのリンパ液が旋回に同調できる程度の時間、同じ rate で旋回を続けているときに、急に何か他の計器を見るなどの理由で頭の角度を変えると三半規管のリンパ液が移動しこれまでと違う軸の加速を感じてしまい錯覚を起こす原因となります。空間識失調に陥ったパイロットはあたかも飛行機が異常に動いたように感じこれを修正しようと危険な方へ操作してしまう可能性があります。
このことから、パイロットは計器のクロスチェックやスキャンをするときに、頭をできるだけ動かさないで行うか、最小限の動きにとどめることが大切だと言えます。もし、チャートや他のものを落としてしまい拾い上げる場合でも頭の動きが最少になるように注意し、コレオリの錯覚の可能性に気をつけなければなりません。

Graveyard Spiral
　その他の錯覚として、パイロットが比較的長い時間定常旋回を行っていると、旋回していないような錯覚に陥ることがあります。旋回を stop し level フライトに戻るとき反対側へ旋回しているような感覚を覚えます。空間識失調になってしまったパイロットは、これまで旋回していた方へturn する可能性がありま

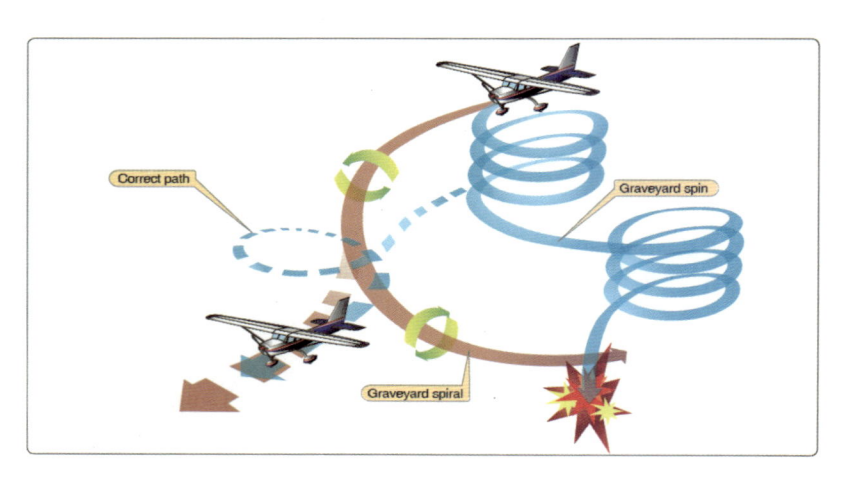

す。旋回中は揚力が減り修正しなければ高度が下がります。空間識失調に陥ったパイロットは旋回の感覚がなく level 降下をしているような錯誤に陥ります。パイロットは操縦桿を引いて上昇するか、降下を止めようとします。この操作をするとスパイラルでは、更に高度を失うことになり、Graveyard Spiral とよばれています。

Somatogravic Illusion
　離陸時のような急激な加速では、三半規管では頭を後ろに傾けるようにセンスします。これが特に低視程下では機首を上げているような somatogravic illusion を発生させます。機位感覚を失ったパイロットは機首を下げ急降下する可能性があります。急激な減速は上述と逆の効果で不覚に陥ったパイロットは stall に至るまで操縦桿を引き続ける可能性があります。

倒置錯覚
　上昇から level への急激な姿勢変化は耳石器官を刺激し、後ろに引かれる感覚や倒置に陥る錯覚を引き起こす可能性があります。不覚に陥ったパイロットが操縦桿を押し機首を下げると錯覚を助長する可能性があります。

エレベーター錯覚
　Updraft などによる急激な上昇時には、飛行機は水平飛行の姿勢を維持しているにもかかわらず上昇姿勢に転じているように錯覚し機首を押し下げてしまうことがあります。下降気流の場合はこの逆で操縦桿を引いてしまう可能性があります。

目視錯覚
　目に見える景色による幻感は、パイロットが目からの情報がより正しいものとしてこれをよりどころとしてフライトしている関係上、深刻な影響を及ぼします。「偽の水平線」と「随意運動」がこれにあたります。

= 偽の水平線 =
　傾いた雲や、オーロラ、暗闇に広がる地上の明かりや星明り、またある幾何学的パターンのライトなどは、不正確な視覚情報や偽の水平線と誤認させることがあり、パイロットが飛行機を誤認した水平線に合わせ大変危険な姿勢に陥ってしまう可能性があります。

= 随意運動 =
　暗闇で止まっている明かりを長く見つめていると動いているように見えることがあります。錯覚に陥ったパイロットは動いていると思った明かりに追従するように機をコントロールしようとしてしまいます。これは随意運動と呼ばれます。

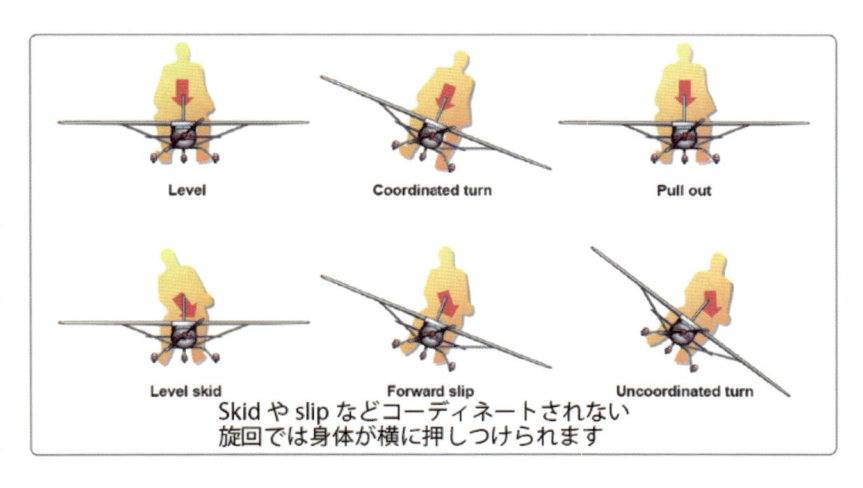

Level　　Coordineted turn　　Pull out

Level skid　　Forward slip　　Uncoordinated turn

Skid や slip などコーディネートされない
旋回では身体が横に押しつけられます

姿勢の考察
　姿勢に係る感覚器官は

皮膚、筋肉、関節などであり、これらの器官の感覚が脳に送られ地球の引力との関係を把握します。これらの感覚シグナルから姿勢を判断します。体を動かした場合、継続的にそのシグナルが送られ姿勢情報を update し続けます。
"Seat of Pant" と呼ばれる飛行感覚はこのことを指しています。

目の目視と耳の前庭器官からの情報を合わせることでかなり信頼できる感覚として使えます。しかしながら飛行状態によっては、加速により働く力が重力に勝り、錯覚をおこしてしまうことがあります。不釣り合いな旋回、上昇旋回、乱気流などで陥る可能性があります。

3-3　空間識失調の体現

パイロットのきちんとしたコントロール下にある飛行機で空間識失調を体現できる飛行パターンがいくつかあります。これらを実施しているときに通常は空間識失調を起こしますが、仮に何らかの正常でない感覚を得ただけでも空間識失調の有効な体現だと言えます。またマヌーバーの間、何の動く感覚がなくてもこれは空間識失調の良いデモ（体現訓練）といえます。というのも、何も感じないということは bank や roll を検知できないということにほかならないからです。
これらのマヌーバーのデモンストレーションを行うのには、いくつかの目的があります。
１．人間の体は空間識失調の影響を受けやすいものであることを教える
２．人の体で感じる感覚で飛行機の姿勢を判断すると間違うことがあることを示す
３．飛行機の動きと頭の動きとの関係を理解することで空間識失調に陥る度合いや頻度を軽減できること
４．飛行機の正しい姿勢を知るのに計器が有効だという考えをしっかり植えつける

これらの操縦訓練を低い高度で実施したり、教官や safety pilot がいない状態で実施してはいけません。

= 加速による上昇感覚 =
目を閉じている状態で教官が数秒の間、水平直線飛行で approach speed を維持した後、水平飛行のままで加速を行います。見えない状態で加速すると上昇しているような錯覚に陥ります。

= 旋回による上昇感覚 =
同様に目を閉じたままで教官はゆっくりと旋回にいれ 1.5G（約 50 度 bank）の状態で coordinate turn を 90° 程度実施します。外を見ない状態で旋回を実施し、少し大きめのプラス G がかかると上昇しているような感覚になります。上昇を感じたところで学生は目を開けて見ます。ゆっくり釣合のとれた旋回に入れることで上昇の感覚が生じることを理解します。

= 旋回による dive =
同じように定常旋回の状態から bank を半分程度戻すまでは目を閉じておきます。bank を戻すとき目を閉じている間は dive（急降下）しているように感じます。

= 右旋回・左旋回 =
目を閉じた状態で教官は wing level のまま左にスキッドさせます。すると体が右へ傾いているような錯覚を感じます。逆に右にスキッドさせると左に傾いているように感じます。

= 逆モーション =

　目を閉じた状態で教官はスムースに positive に bank を 45° 程度とります。目をつむった学生は反対側へ回ったような錯覚を感じます。錯覚を感じたら学生に目を開けさせ、そのときの bank を取った機の姿勢を確認させます。

= 急降下または垂直を超えた深い bank =

　これは強度の錯覚です。水平直線飛行中に学生は目を閉じるか、床を見つめるようにしておきます。教官は positive に釣り合い旋回で 30 度から 40 度くらいまで bank をいれます。この状態で学生は頭を前に傾け右か左を向き、直ぐに頭をもとの正面を向きます。教官は学生が頭を上げるタイミングで旋回を止めます。この時学生は、roll していた方へ急激に落下していくような強い空間識失調を感じます。

これらの訓練では教官が操縦をしますが、被験者の学生に飛行機を操縦させるのも効果的な訓練です。学生は目を閉じてどちらかに頭を傾けます。教官は飛行機をどのようにコントロールしているか（左右の roll や上昇降下など）を伝えながら操縦します。学生に目を閉じた状態で頭も傾けたままで、機を元の状態に戻す修正をトライさせます。学生が機の実際の姿勢が分からない状態で体感からくる姿勢の感覚だけを頼りに操縦させます。短時間の内に空間識失調に陥ります。この状態となったら目を開けさせ機を修正させます。この訓練により、感覚だけを頼りに飛ぶといとも簡単に空間識失調に陥ってしまうということを学生に体験させることができます。

3-4　空間識失調への対応

　これらの錯覚を防ぎ、悲惨な結果に至る可能性を減らすために、パイロットができることは次のようなことです。

1．錯覚が起きる原因を知り、これらのことに常に警戒をしておくことです。空間識失調を体験できる装置、Barany chair、Vertigo、Virtual Reality Spatial Disorientation（バーチャル空間識失調）などで体験するのも一法です

2．飛行前準備で気象状態、予報をしっかり確認しておくことです

3．視程 5km 以下（有視界気象状態を割るような視程）の状況や、夜間の海上飛行などのように水平線が分かりづらい状況で飛び始める前に、計器飛行ができる能力を身につけておきます

4．計器だけで飛ぶ力がなければ、悪天候の中や薄暮、暗闇の中へ飛んで行かないようにします。もし夜間飛行を行うのであれば、夜間に飛んだ最近の飛行経験が必要になります。これには野外飛行や各地の局地飛行が求められます

5．外の物標を利用するときは、それが地上の確実なもので信頼できるものであることを確認してからにします

6．特に離陸、旋回中、approach to landing のような phase では、頭をいきなり大きく動かすような動作をしないようにします

7．視界が良くないときの飛行を行う場合、体力も整えておきます。十分な休養、適切なダイエット、そしてもし夜間飛行を行うのであれば、夜へ備える調整（睡眠調整など）もしておきます。病、服薬、アルコール、疲労、睡眠不足、喫煙による酸素不足などは空間識失調を引き起こしやすくなることをリマインドしましょう

8．最も大切なことは、計器飛行の能力を身に着け、計器を信頼して飛べることです。五感からくる感覚に打ち勝って、計器を信頼することです

　　計器気象状態の中を飛ぶときに、錯覚に陥りやすい感覚はパイロットならだれでも経験している普通の感覚です。これらの望ましくない感覚を完全に防ぐことはできませんが、訓練と手に入れた知識を使って計器表示をしっかり信頼し幻惑に打ち勝ち、これらを無視できるようになります。
パイロットが計器飛行の能力を磨いていけば、これらの錯覚・幻惑に惑わされにくくなりまた、あまり反応もしなくなります。

目からくる錯覚
　　五感の中で、安全な飛行のために視覚はもっとも重要なものです。しかしながら、複雑な地形や、大気現象により目の錯覚を起こすことがあります。これは主に着陸の時に体験します。計器進入の最後の着陸部分においては、それまでの計器による飛行から、フライトデッキの外の Visual Cue（滑走路など）に目視を移すところで生じる目の錯覚からくる問題についてパイロットは熟知し適切に対応できなければなりません。
主な錯覚を次に述べます。

滑走路幅の誤認
　　通常より幅の狭い滑走路へ着陸するときは、実際に飛行機がいる高さより高く感じます。特に滑走路の幅と長さの比が同等の時はなおさらです。この錯覚を認識できないとアプローチパスが低くなり、進入経路の障害物にぶつかる危険性が増えたり、short landing（滑走路の手前に接地してしまうこと）になってしまう可能性があります。
通常より幅の広い滑走路へ着陸するときは、逆の影響があり、高起こしとなりハードランディ

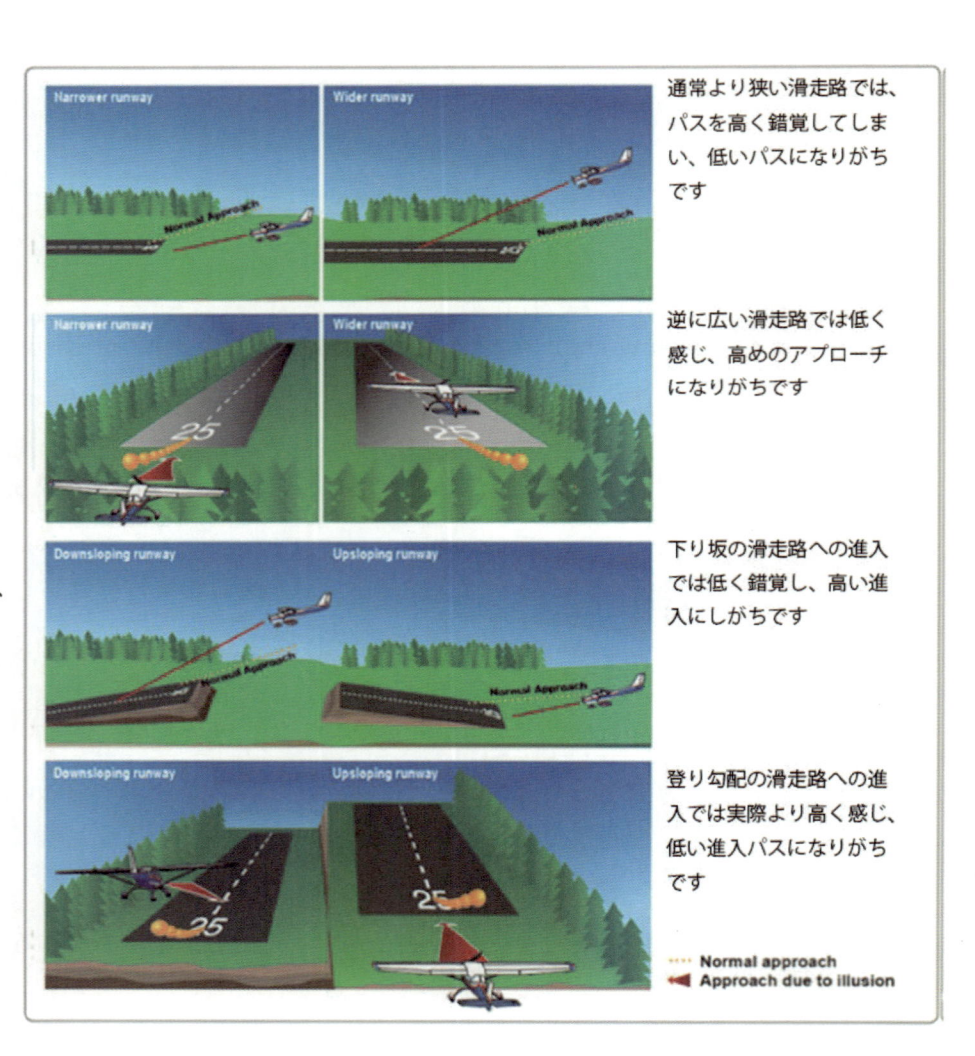

通常より狭い滑走路では、パスを高く錯覚してしまい、低いパスになりがちです

逆に広い滑走路では低く感じ、高めのアプローチになりがちです

下り坂の滑走路への進入では低く錯覚し、高い進入にしがちです

登り勾配の滑走路への進入では実際より高く感じ、低い進入パスになりがちです

ングをしてしまったり、接地点を over する着陸になる可能性があります。

滑走路や障害物の傾きによる錯覚

Up-slope（登り勾配）となっている滑走路や地形では飛行機が実際より高い位置にいるような錯覚を起こします。（鹿児島の RWY34 や熊本の RWY07 など）この錯覚を認識せずにアプローチすると上記と同様に適切なパスより低い進入となってしまいます。
逆に down-slope（下り勾配）となっている滑走路（松山の RWY14 など）では逆に高いパスとなりがちです。

地形による錯覚

海上からの進入のとき、真暗闇の中の進入、または地形全体が雪で覆われている場合の着陸進入など滑走路周辺の地形が判別しにくいときは、飛行機が実際より高い高度にいるような錯覚に陥ります。これは "black hole approach" と呼ばれ、本来あるべき進入のパスより低くなってしまう原因となっています。

雨による屈折

風がある中で雨が降っていると水平線が実際より低く見えることがあります。結果的にこれに幻惑されたパイロットが low approach（低いパスの進入）をしてしまう可能性があります。

靄（もや）

大気中の靄は、滑走路に対する自分の位置を、より遠くより高く感じさせてしまいます。結果的にパイロットが低いパスの進入をしがちとなります。逆にクリアーに滑走路が見える大気状態のとき（はっきりくっきり見えるような場合）滑走路に対する飛行機の位置を実際より近く、より低く感じてしまい、高い進入パスとなり接地が遠くなったり最悪 go-around となってしまうことがあります。
Windshield についた雨粒による光の拡散は高度判定をしにくくさせてしまいます。通常、滑走路灯火や地形で着陸時の高さを判断していますが、これらが有効に利用できにくくなってしまいます。

霧

霧の中に進入していくとピッチを上げているような錯覚に陥りやすくなります。この錯覚を知らないパイロットは突然 pitch を下げ突っ込んでいくことがあります。

地上の明かりによる幻惑

直線進入経路に沿った道路の灯火や列車の明かりを滑走路や進入灯火と誤認することがあります。明るすぎる滑走路灯火や周りに何も明かりがない中で滑走路灯が点いているような場合、滑走路をより近く感じてしまいます。この錯覚に対する知識や警戒がないと高い進入になってしまいます。

着陸時、視覚の錯覚から起こす失敗を防ぐ方法について

上述の錯覚やその結果生じる危険な飛行状態に陥らないようにするためにパイロットは、
1．不慣れな空港に approach するとき、特に夜間や視界不良のときには、発生する可能性のある錯誤をあらかじめ予測します。障害物、slope、lighting を含む空港施設の状況等々を事前に確認します（鹿児島空港 RWY34 は登り勾配で高く感じやすいなど）
2．昼夜にかかわらず、特に進入時は、高度計を頻繁に確認します

3．可能であれば着陸する前に周辺の空域を目視で確認します（internet の地形なども参考）

4．PAPI をパスの参考に利用します。もし可能なら GS シグナルも有効です

5．Non precision approach の　チャートに記載されている VDP を降下開始の参考とします

6．Approach 中 emergency や異常な出来事が起きた場合、通常操作に抜けが生じやすく事故にいたる case が多いことを認識すべきです

7．着陸でも平常心を心掛け適切な操縦技能・能力を保ちましょう

第4章
Aerodynamic Factor
空　力

Introduction

　飛行機の性能に影響を及ぼすいくつかのファクターとして、大気の状態、空力、飛行機への着氷などがあります。パイロットは、これらのファクターを良く理解し、飛行機のコントロールへの入力に対する反応を予測できなければなりません。計器進入、待機、計器気象状態（IMC）下を低速で運航する場合などは特にこのことが大切です。VFR 飛行においても重要ですが、IFR（計器飛行）においては全体を通して理解する必要があります。計器飛行においては、計器指示に厳格に依存し、緻密な飛行機のコントロールを実施します。空力の基礎と原理について正しく理解することで正確な操舵をするための判断に繋がります。

4-1　Wing

　パイロットは翼に作用する空気力を理解するために、翼断面の形状（翼型）に関する用語を理解する必要があります。

Chord line（翼弦線）とは翼型の前縁と後縁を結ぶ直線です。Chord というのは翼の前後の線を横から見たものです。

Mean camber というのは翼型に内接する円の中心を連ねた線です。翼型を横から見ると mean camber は両端で chord line と接しています。最大 camber の測定値や、chord line 端からの長さなどが、翼を検証するのに役立つ特徴となります。

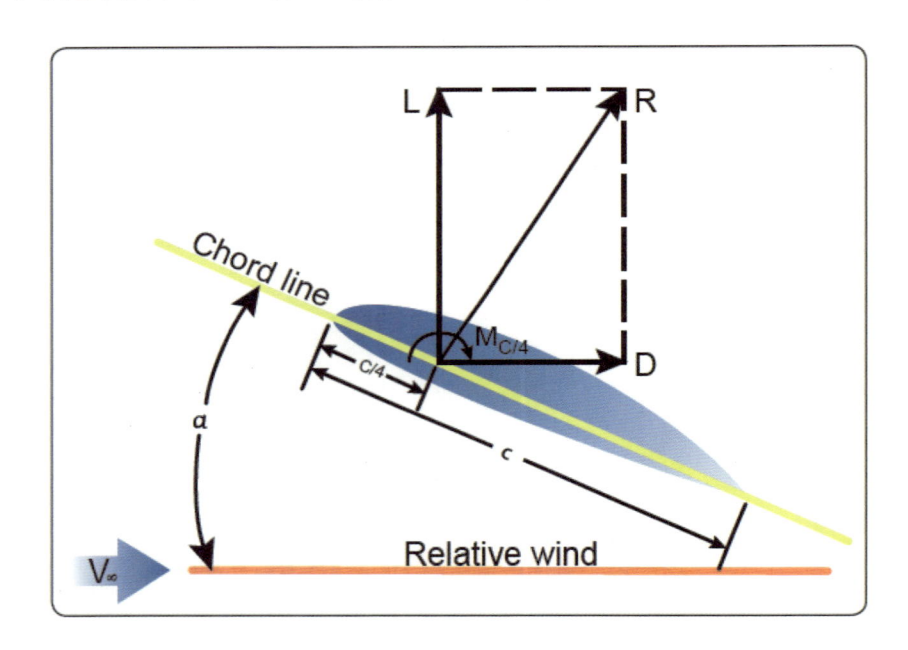

4-2　Review of Basic Aerodynamics

　計器飛行を行うパイロットは各要素間のそれぞれの関係と、飛行中の性能に及ぼす影響の違いについて理解することが必要です。計器飛行で飛ぶ場合は有視界飛行には無いような、特有の危険な環境で運航するので、コントロールを動かしたり推力を変化させることで飛行機がどのように反応するかを理解しておくことが重要です。

これらを理解するための基礎は、飛行機に働く 4 つの力と、ニュートンの万有引力の 3 つの法則に見出せます。

　相対風とは翼に対する空気の流れの方向です。

　Angle of Attack（AOA）とは前図にある relative wind またはフライトパスと chord line の鋭角の角度です。

　Flightpath とは飛行機の通ったコース、飛んでいる航跡またはこれから飛ぶつもりのコースです。
飛行機に働くもっとも基本的な 4 つの力は揚力（lift）、重力（weight）、推力（thrust）、抗力（drag）です。

Lift

　揚力は翼に働く空気力のうち相対風に対して直角に働くコンポーネント（成分）です。相対風は翼に対して当たる空気の流れの角度です。揚力は空力中心に真上に作用し、揚力中心とも呼ばれます。翼のコードラインに沿ったこのポイントに全ての空気力が働くと考えます。
翼に発生する揚力は、飛行機の速度、空気密度、翼の形状と翼面積、AOA によって変化します。
水平直線飛行をしているときは、揚力と重力は釣り合っています。

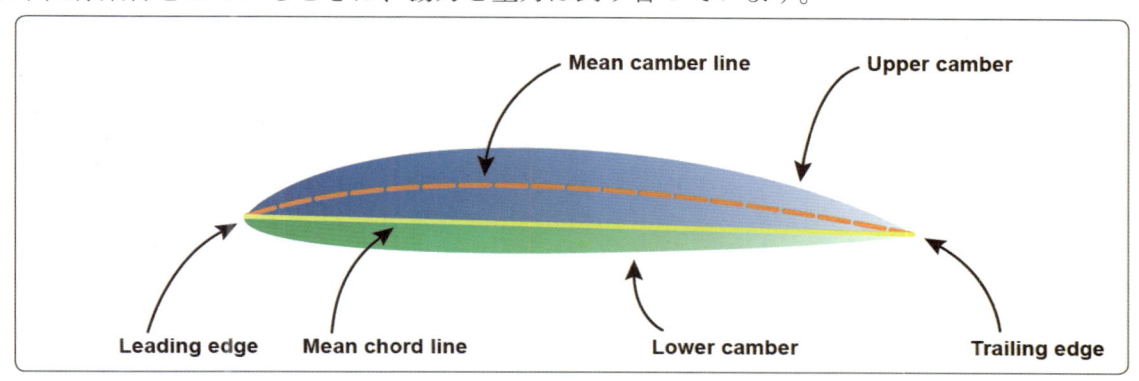

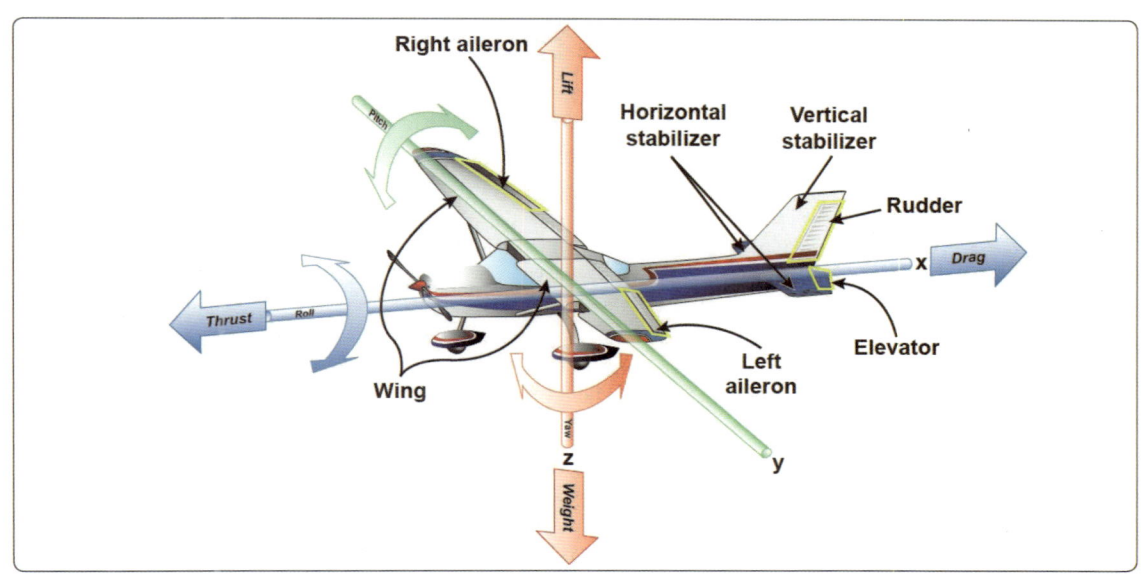

Weight

重力は地球の引力で発生し、重心位置で真下に向かって発生します。揚力が空力中心に作用するのとしっかり分けて理解しなければなりません。重力より揚力が小さければ降下していきます。

Thrust

推力はプロペラやモーターなどで生み出される推進力です。抗力に打ち勝って進みます。一般的に前後軸に平行に働きます。

Drag

抗力は空力的な力で相対風と並行に働き、一般的に誘導抗力と有害抗力を合わせたものを言います。

Induced Drag

誘導抗力は揚力を発生する副産物として生まれ、迎え角が大きくなるほど大きくなります。よって、揚力を発生していない場合、誘導抗力は 0 であり、速度が増加するにつれて減少します。

Parasite Drag

有害抗力は揚力とは関係なく、飛行機が飛ぶときにかき分ける空気や、翼で発生する乱流、飛行機の表面や付属部品を流れていく空気によって発生します。これらの抗力は揚力発生にかかわりなく、物体が空気の塊を通過する（ぶつかる）ことによって生じます。
有害抗力は速度の増加、表面摩擦の抵抗、干渉抗力などで増加します。

Skin Friction Drag（摩擦抗力）

飛行機の表面は境界層と呼ばれる薄い層で覆われます。表面の直近部分では機体表面に対して流れない（速度 0）分子の層があり、その直ぐ上には自由に流れる空気に近い第 3 の層に引っ張られてよどむ分子の上を動き始める層（layer）があります。Layer の流れる速さは飛行機の表面から遠ざかるほど速くなり、自由に流れる空気の速さまで増速します。機体の表面から free に流れる空気の速度になる間の層を境界層と呼びます。
亜音速レベルでのこれらの層の厚さはトランプカードの厚さ程度ですが、それぞれの層の上をスライドしていくときに発生することで抗力（drag）が発生します。この力は空気の持つ粘性で発生し、機体表面摩擦抗力と呼ばれます。表面摩擦抵抗は翼の面積の大きさに比例するので、大きなジェット輸送機はかなり大きい値になるのに比べて小型のプロペラ機は小さな影響にとどまります。

Interference Drag（干渉抗力）

干渉抗力は渦巻、乱流、スムースな流れを制限するものなどで発生します。例えば、胴体の周りとか翼の周りを流れる空気流はどこかの地点で、一般的には翼の付け根辺りで、合流します。これらの流れはお互いに干渉し、それぞれの持つ抗力よりも大きな抗力を発生させます。飛行機の外板に付属物をつけた場合、この抗力が発生する原因となります。この場合に発生する個々の抗力は飛行機全体の抗力に追加されますが、もし、お互いに干渉させた場合、2 つの項目を合わせたよりは大きくなります。

Form Drag（形状抗力）

　形状抗力は航空機やその付属品の形状によって発生します。もし、丸い円盤を流れに沿って置いたときは円盤の上下面とも流れは同じです。しかしながら流れを妨げるように置くと乱流が発生し、圧力が低い部分が発生します。全圧力はこの低くなった部分の影響を受け、そのため抗力が発生します。最近の飛行機は胴体に沿った部分に fairing をつけて乱流の発生と形状抗力を減らすようにしています。

　揚力の総計は飛行機の全重量と水平尾翼に働く下向きの力（pitch をコントロールするために使う力）の合計より大きくなければなりません。飛行機に揚力を発生させる速度を生む推力は、抗力より大きくなければなりません。飛行機と飛行機に働く力と環境の関係を理解することにより、計器類から正確な状況を認識することが可能になります。

4-3　Newton の法則

Newton's First Law, Law of Inertia

　Newton の運動の第一法則は慣性の法則です。それは物体に対し外からの力が働かなければ静止している物体は静止したままで、動いている物体は同じ速度、方向で動いたままの状態を維持し続けるというものです。

物体が変化しようとするのに逆らう（そのままにしておく）力が慣性力です。飛行中の飛行機には常に外部から重力と抗力の2つの力が作用しています。パイロットは推力と pitch を調整することで希望するフライトパスを維持します。パイロットが水平直線飛行中、推力を減じると飛行機は抗力のため減速します。しかしながら、減速すると揚力も小さくなるため飛行機は重力で降下を始めます。

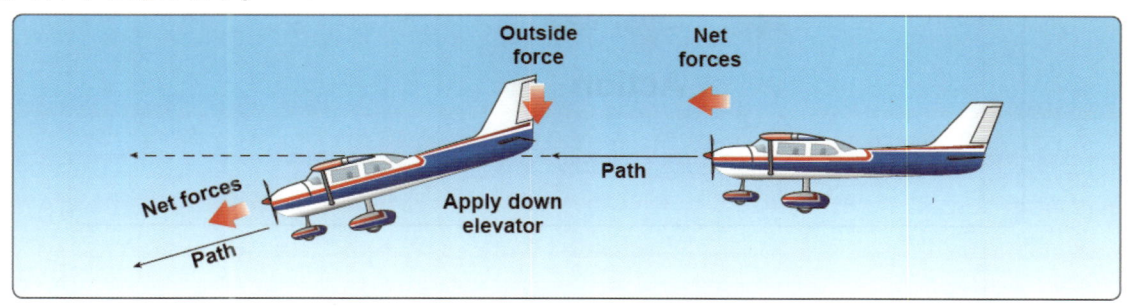

Newton's Second Law, the Law of Momentum

　Newton の二つ目の法則は運動の法則です。これは、物体は力を受ければその方向に加速し、その加速は加えられた力に比例し、物体の重さに反比例する。この法則は加速にも減速にも適用されます。この法則は飛行機のフライトパスや速度を変化させる能力をつかさどり、それをコントロールするのは飛行機の姿勢（pitch、bank）と推力の増減です。速度を速めたり、減速したり、上昇したり降下に入ったり、旋回したりなどなど日々のフライ

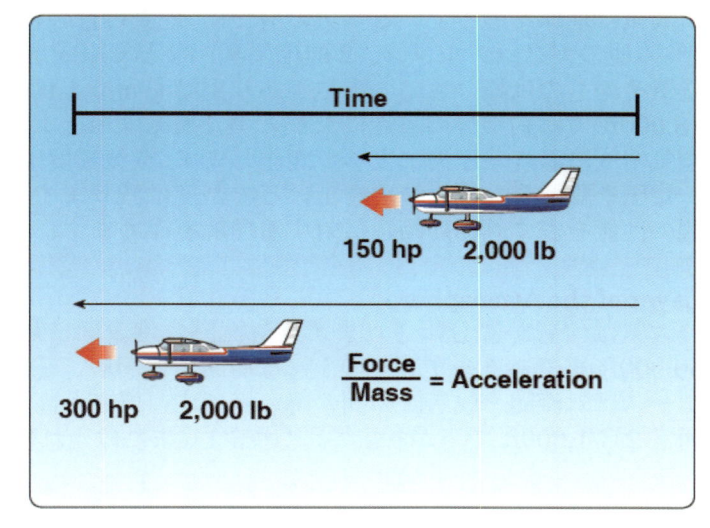

トでパイロットがコントロールする中に生きている法則です。

Newton's Third Law, Law of Reaction　（Newton の 3 番目の法則、作用反作用）

　これは作用と反作用の法則で、全ての力の作用には反対の反作用が存在するというものです。図にあるようにジェットエンジンやプロペラが引く力の反作用として飛行機が前に進みます。この法則はまた、翼で発生する揚力発生についても当てはまります。空気の流れが下に曲げられる、この相対風が受ける下向きの力の反作用として同じ分だけ反対方向（上向き）の揚力が翼に発生します。

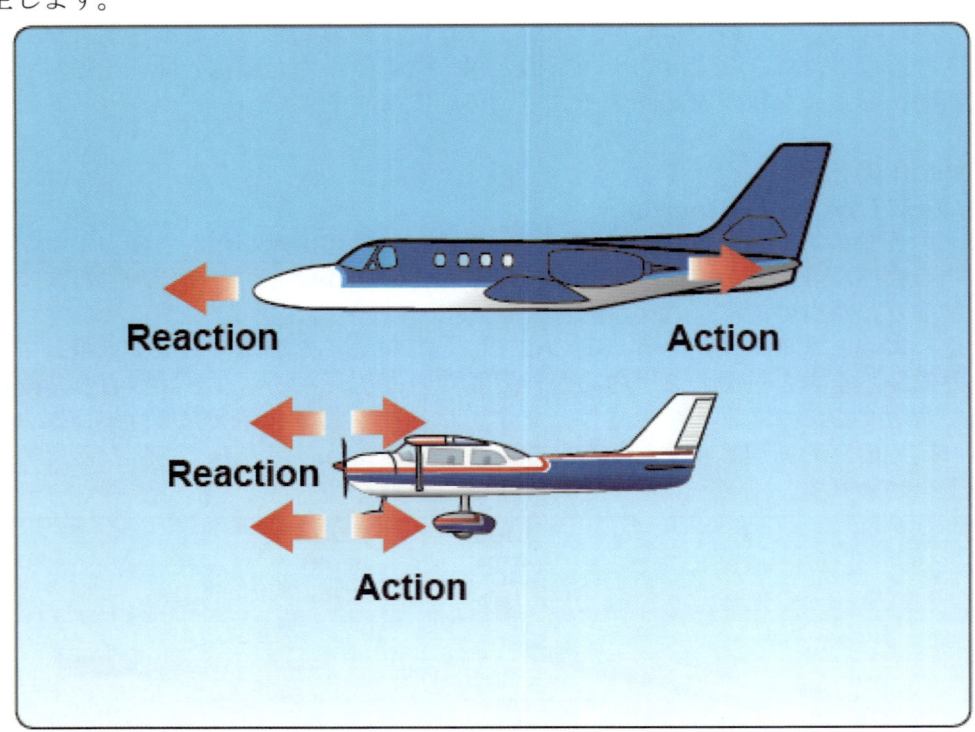

4-4　Atmosphere

　大気は地球を覆っている空気の層です。地表付近の乾燥した空気は 78％の窒素、21％の酸素、1％の他のガス（アルゴン、2 酸化炭素）などで組成されています。
空気そのものは軽いものの重さがあり平均海面で 1 inch² の面積にかかる重さは 14.7 lb. です。18,000ft では約半分の重さになります。大気は地上 1,000mile を超えて存在しています。
空気密度は温度と圧力によって変化します。空気密度は温度に反比例し、圧力に正比例します。一定圧を維持しながら温度を上げると密度は減ります。その反対も同様です。この関係は飛行機の性能を表す計器の指示に対する理解を深めます。

Layer of the Atmosphere

　大気は何層かに分類されます。対流圏は地表面に最も近い部分で、赤道上では地表面から60,000ft まであります。その上に成層圏、中間層、電離層、熱圏、外気圏があります。トロポポーズは対流圏と成層圏の間の薄い層です。厚さも高度もばらつきがありますが、そこまでは通常 2℃/1,000ft で下がります。（通常 1℃またはそれ以下まで）

International Standard Atmosphere（ISA：標準大気）

　国際民間航空機関（ICAO）は国際的な標準として性能計算などの為に ICAO standard atmosphere を設定しました。計器指示と飛行機の性能はこの標準大気を基準に表されます。実際の大気の状態は、この標準大気とは日々違うので、パイロットはこの標準大気からのズレを理解して計器を補正し、性能を修正しなければなりません。
標準大気では平均海面で気圧は 29.92inch（Hg）で気温 15℃となっています。標準の逓減率では 1,000ft 上昇すると 1 インチ気圧が減ります。気温は標準逓減率では対流圏の天井まで 1,000ft 毎に 2℃下がります。全ての航空機の性能は標準大気で比較され検証されるので装備されている性能に係る計器も標準大気に補正表示できる必要があります。逆に実際にフライトするときは、標準大気の環境で飛べることの方がまれで、そのときの大気の状態に合わせた計器表示が必要になります。例えば標準大気では 10,000ft における気圧は 19.92 インチ（29.92 インチ－10 インチ=19.92 インチ）で気温は－5℃（15℃－20℃）となります。もし、気圧・気温が計算予想からズレていれば、その分計器表示の補正が必要になります。

気圧高度

　気圧高度は Standard Datum Plane（SDP：高度を計る Base となる基準面）からの高さになります。飛行機の高度計は精密な気圧計を標準大気の中における高度に変換するものです。高度計の altimeter を 29.92 インチ SDP にセットすれば、検知した気圧の標準大気における高度を表示します。SDP は 29.92 インチの理論上の基準レベルで 14.7psi の気柱の重さとなります。現実の大気の状態ではこの面は平均海面より高かったり低かったりします。気圧高度は飛行機の性能を決定する基として重要であり、また、日本では 14,000ft 以上で標準気圧（29.92”）にセットしたフライトレベルがアサインされます。気圧高度には 2 種類あり、（1）Altimeter setting を 29.92 インチにセットした場合（QNE）の高度計指示と（2）Altimeter setting を当該エリアの通報された altimeter にセットした場合（QNH）の高度計指示があります。

Density Altitude（密度高度）

　Density altitude は気圧高度を気温補正したものです。空気密度が増えれば（密度高度が低ければ）飛行機の性能は向上します。逆に密度が減れば（密度高度が上がれば）飛行機の性能は低下します。密度が増加するということは density alt が下がるということです。密度高度は航空機の性能を計算する場合に使います。標準大気では各高度における空気密度が定まります。空気密度から標準大気における密度高度が算出できます。右図の Koch チャートか、または航法計算盤の density の欄で算出できます。
もし、チャート等がない場合の概算は標準大気からの差 1℃毎に 120ft 加えて算出できます。例えば 3,000ft では標準大気では 15℃－6℃（2℃/1,000ft）＝9℃のところ 20℃だった場合 11℃標準大気より

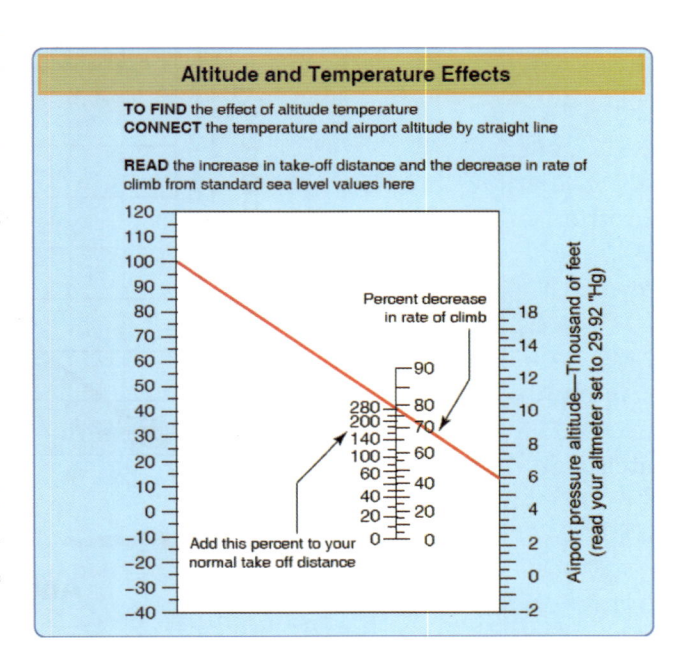

暖かいので 11×120＝1,320ft を加え、3,000ft＋1,320ft＝4,320ft となります。

4-5　Lift

　揚力は常に相対風に対して直角に働きます。揚力は翼に関わって働くのであって地球の重力に対して働くのではないという事実がフライトコントロールに対する習得を難しくしています。揚力は常に上向きとは限りません。パイロットの操縦で飛行機の姿勢が変化すれば地表面に対する相対的な揚力の方向も変わります。

揚力の大きさは空気密度、翼の面積、飛行機の速度に比例します。また、揚力は翼型と AOA（迎え角）にも関わります。失速角に近づくまでは迎え角が増えれば揚力は増加します。

失速角では揚力は最大となり、それ以上に迎え角を大きくしても、逆に揚力は急激に減少します。

従って、一般的に飛行機は迎え角と速度で揚力をコントロールします。

Pitch/Power Relationship（Pitch と Power の関係）

　下図はフライトパスと、速度をコントロールするときの pitch と power の関係を表しています。一定の揚力を維持するためには、減速した場合 pitch を増やさないといけないことが分かります。

パイロットはエレベーターを使って pitch をコントロール、つまり AOA をコントロールします。エレベーターにバックプレッシャーをかけると尾部（尾翼）が下がり、nose が上がり翼の AOA と lift が増えることになります。

ほとんどの場合、エレベーターは尾部にあり、下向きの圧力がかかっています。この下向きの力は飛行機の性能（速度）からエネルギーを奪っています。従って、CG（重心位置）が飛行機の後方の近くにある場合下向きの力は小さめになります。この結果、下向きの力に使われるエネルギーは小さくてすみ、エネルギーを飛行機の性能を向上させる方に回せます。

所望の速度を得るためや維持するために必要な推力は throttle でコントロールします。

Power（推力）で速度をコントロールし、フライトパスを精緻にコントロールするのは pitch で行います。ある一定の揚力を維持しようと pitch を変えれば、同時に速度を維持するために推力を調整することが必要であり、その逆もまったく同様です。（推力を動かすと pitch も変化が必要になる）この

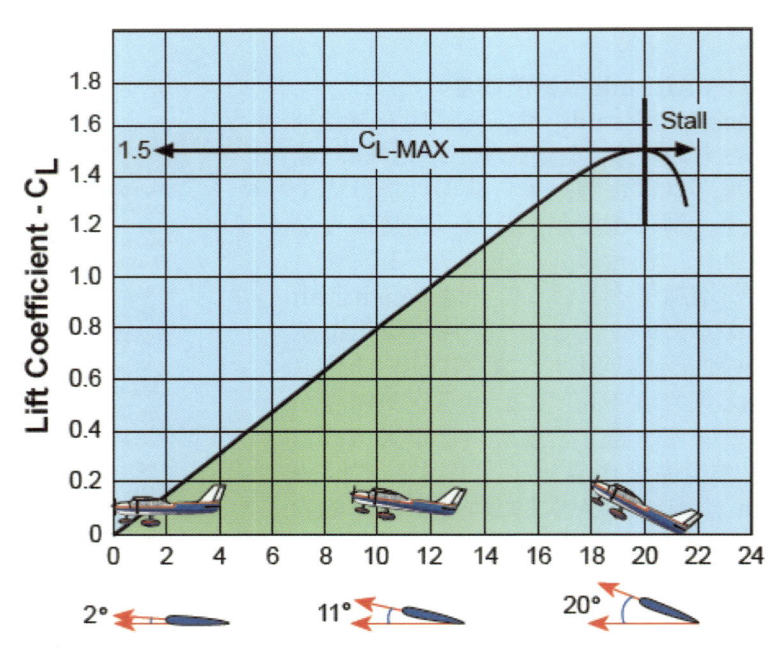

pitch と power の密接な関係を理解することは飛行機の安定した操縦を実施する上ではとても大切です。

　高度一定で level フライトをしているときに、速度を増加させようとするときは drag に打ち勝つために推力を上げる必要があります。推力を上げ速度が増えると揚力が増えます。このため上昇しようとするのを抑えるために pitch を下げ AOA を減らします。
減速するときは、drag の値より thrust を小さくします。速度が減ると揚力が小さくなり、高度が下がろうとするので、これを支えるために pitch を上げ AOA を増やす必要があります。

4-6　Drag Curves

　誘導抗力と有害抗力をグラフにすると下図のようになります。全抗力は誘導抗力と有害抗力を足した赤い線で drag curve といいます。必要推力または必要 power と drag の関係を表す図でグラフ A はジェット機のもので、グラフ B はプロペラ機を表しています。
この章では主にプロペラ機について話を進めます。

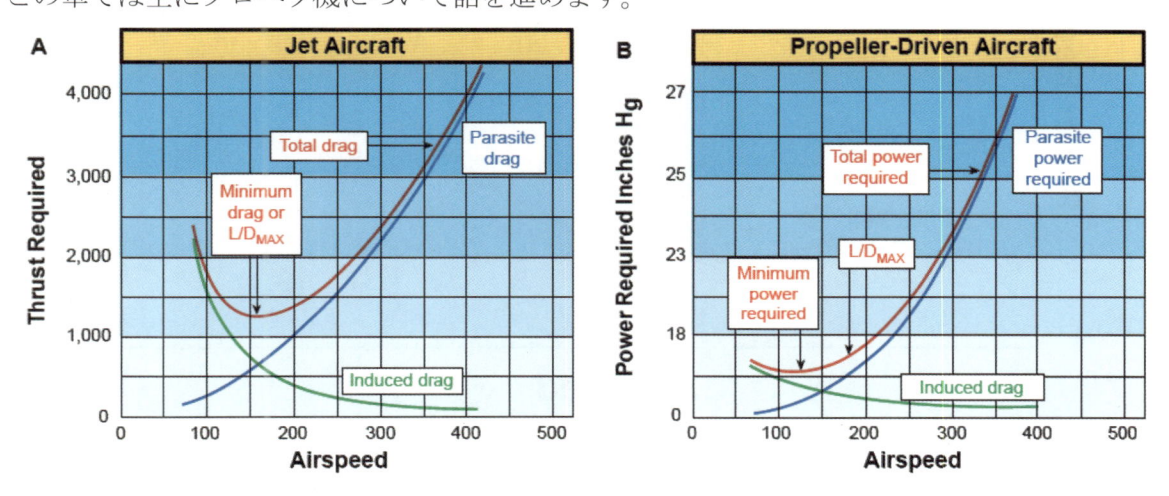

　Drag カーブを理解することは、性能に関するいろいろなパラメーターを知り飛行機の限界事項を知るうえで有効です。Drag を知ることは飛行機の速度を維持するための power を知ることとなるので drag カーブは Required Power カーブということができます。Required power カーブは水平飛行時に drag に釣り合い飛行機を一定速度で飛ばすための推力を表しています。
一般的にレシプロエンジンのプロペラは 80%〜88%が最も効率がよいとされています。
速度が増加するとプロペラの効率はピークになるまではよくなります。このピークを過ぎるとプロペラの効率は悪くなっていきます。160 馬力の出力のあるエンジンで 80%の power 約 128 馬力が利用可能といわれています。残りはロスエネルギーとなります。これが速度によって推力が変化する理由です。

Regions of Command

　Drag curve には 2 つの領域があります。Normal command と reverse command 領域です。Region-of-command とは速度を一定にまたは変化させるために必要な推力をコントロールする量であり、希望する速度を得たあと維持するためのものです。
Region of normal command （フロントサイド）は増速するために power を増やさなければならない感覚とも一致する領域です。Minimum drag speed より速い側でのコントロールでパラ

サイト抗力が主にかかわっています。**Region of reverse side**（バックサイドともいう）では、低速を維持するためには、必要な推力を増加しなければならない領域です。このエリアは **minimum drag speed**（最少抗力速度）より遅い速度で発生します。これは主に誘導抗力によります。

図中の 1 では誘導抗力が大きくパラサイト抗力が小さく、2 ではパラサイト抗力が大きく誘導抗力が小さくなっています。

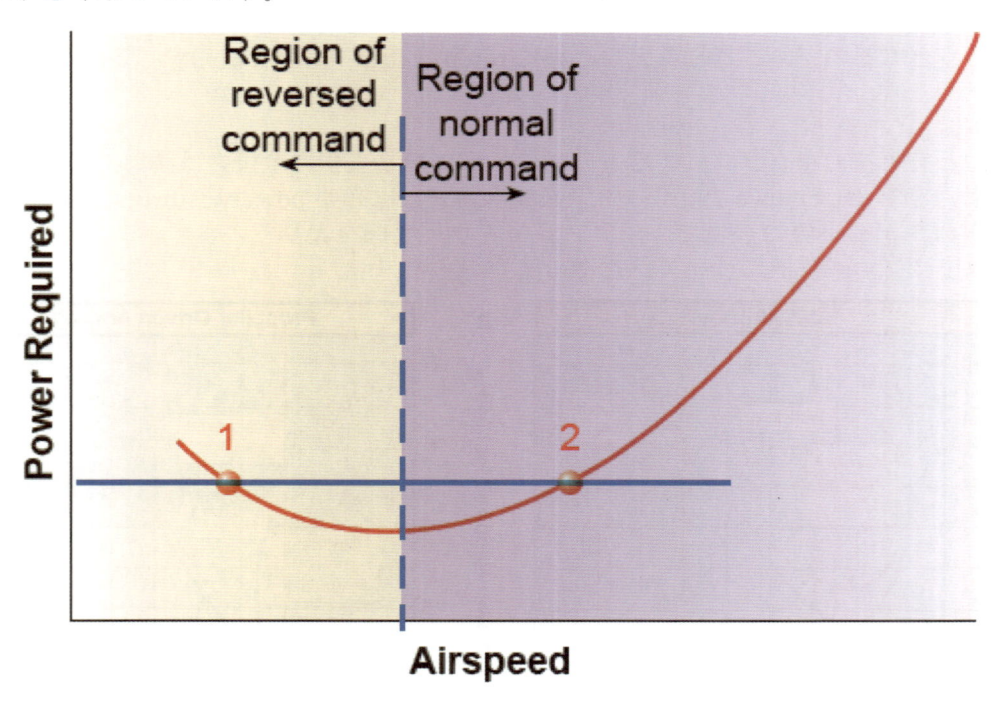

Control characteristics

　フライトの大部分は normal command 領域でコントロールしています。たとえば、上昇、巡航、マニューバー時などです。Reverse side へは離着陸時など低速時に陥りやすくなっています。しかしながら一般的な商業飛行機ではこのエリアは狭く、進入速度より小さい速度になっています。Normal command region ではトリム速度（釣り合っていた速度）を維持しようとする安定性が強く働きます。Reverse 側ではトリム速度を保つのが難しくなります。（負の安定）飛行機は速度を保つようには反応しません。従ってパイロットはこの reverse 側で operation するときは特に注意を払い、緻密なコントロールが求められます。

Reverse 側が大変難しいとか危険だというわけではありません。このエリアで機をコントロールする場合は慎重なモニターとコントロールが必要だということです。

4-7　Speed Stability

Normal Command

　通常 normal command 領域の特徴について、図中の点 A で解説します。A 点では水平定常飛行中で揚力は重力と等しく power はこの速度を維持するのに必要な値にセットされている状態とします。この状態で power setting を変えずに突然速度が増加した場合（風などで）グラフから分かるようにその位置では釣合う部分より推力が不足することになります。飛行機は自然と減速し元の power と drag が釣り合う場所へ戻ろうとします。逆に power

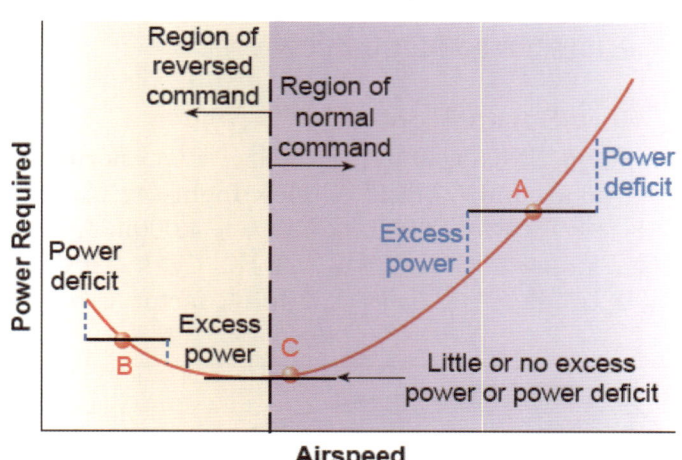

を変えないのに減速した場合、推力の余剰が生じます。飛行機は自然と増速し、元の power と drag が釣り合う位置へ戻ろうとします。飛行機を適切にトリムアップすると更にこの自然の復元性（元にもどる安定性）が増します。飛行機の前後軸に沿った静安定はこのようにトリムアップされた状態へ戻る特徴があります。

C のポイントで水平定常飛行している飛行機は、少し速度が増加したり、減速しても、そのまま変化した速度の位置にとどまります。というのはカーブの傾斜がなだらかで速度が多少変化しても、power の余剰、不足があまり生じないからです。このことは安定性が中立ということになります。（飛行機の速度が変化した場合、変化した速度にとどまる）

Reversed Command

　Reversed command 領域はカーブの点 B の位置です。飛行機が点 B で水平定常飛行しているとします。揚力は重力と同じで、power も必要な推力にセットされているとします。何らかの原因で B 地点より速度が増えた場合、余剰推力が発生します。結果速度は更に増えるように作用します。もし、速度が B 点より下がったら、推力が不足し、更に減速傾向となります。これは速度の変化に対して、それを発散する／安定性が負になっているといえます。飛行機の前後方向の静の安定性はオリジナルのトリムがとれた状態を維持しようと働くのですが、負の安定域の低速では AOA が大きくなり誘導抗力が更に大きくなるため更に安定しない方に働きます。

4-8　Trim

　パイロットが常にコントロールに力を入れ続けなくてよいように空力的なバランスを調整する装置です。一つにはトリムタブというものがあります。トリムタブはエルロン、エレベーター、ラダーの後縁にある小さなタブで、ヒンジで動くようになっています。ある機体ではトリムタブの代わりに stabilizer 自体が adjustable になっているものもあります。トリムは飛行機の操縦を行う main の舵面を保持したい方向と逆の方向に動かしてコントロールします。トリムタブに当たる空気の流れによって生じる力が、タブがついている main の舵面を動かして飛行機のアンバランスな状態を修正します。

トリムは空気の流れで機能することから飛行機の速度の影響を受けます。

飛行機の速度変化は re-trim を必要とします。きちんとトリムがとられた飛行機では擾乱などで速度が変化しても元の状態に戻ります。パイロットにとってトリムを最適に保つことは大変重要です。トリムアップすることで飛行機のコントロールと格闘するワークロードを減らし、他のことに注意力を割くことができます。

4-9　Slow-Speed Flight（低速飛行）

　飛行機が失速速度近い低速での飛行、または normal の着陸直前に backside でフライトするケース、go-around の初期段階、slow-flight など低速で飛ぶ状態を slow-speed-flight と呼びます。飛行機の重量が 4,000lb なら揚力も 4,000lb 必要であり、これよりも揚力が小さい場合、飛行機はレベルフライトできず、降下していくことになります。このことはパイロットが飛行機を意図して降下させていく上で重要な factor であり、飛行機の総合的なコントロールで使います。

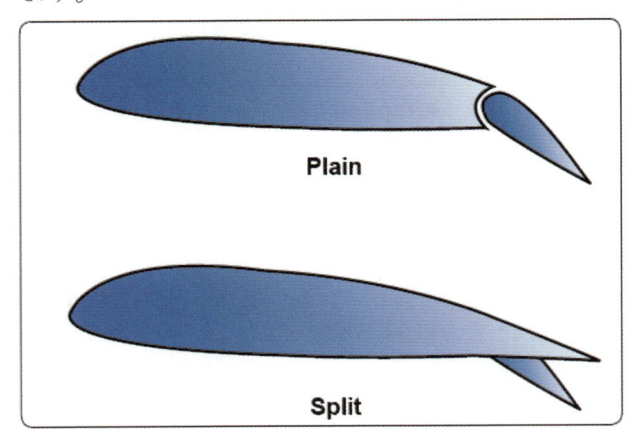

低速では、必要な揚力を得るために、AOA を高くしますが、flap や他の高揚力装置を使って翼のキャンバーの形を変えるか、翼の表面を流れる境界層の剥離を遅らせることが必要となります。Plain と split flap が最も一般的な翼のキャンバーを変える装置です。

　例えば、flap を出さない状態での失速角が 18° の翼で flap を出すことで CLmax を大きくし、この状態では 15° で stall するものの、flap を出して最大 lift 位置にした場合は flap を出さないで 18° にしたときより大きな揚力が得られます。

翼回りの境界層の剥離を遅らせる方法はいくつか採用されています。（吸い込む方法やそのエリアを掃くように剥離を抑える方法です）。General aviation の小型機分野で最もポピュラーに採用されているのはボルテックスゼネレーターです。小さなメタルチップを翼にくっ付け（通常舵面の前縁に）小さな渦を作らせます。この渦が境界層の流れとミックスし強いエネルギーを持った流れになります。この結果他の境界層剥離を遅らせる装置と同じような効果が得られます。

Small Airplanes（小型機）

　ほとんどの小型飛行機は 1.3Vso をやや上回る進入速度となっています。例えば 50kt で stall する飛行機（Vso50kt）は通常 65kt で approach します。ところが同じ飛行機でありながら final segment を 90kt で approach することも可能です。Gear は通常 minimum descent altitude に達したときか、glide slope intercept 時に下ろします。パイロットはこの phase で flap を intermediate 位置まで下ろします。この speed は先の speed stability の図の A 点に相当し速度の安定性が良くなります。

　この速度領域ではパイロットが power setting はいじらずに 、僅かに pitch 変化で機をコントロールし、このことによる若干の速度変化が pitch を元に戻す方向に働き、更に速度も元に戻ることを予期しながら飛行機を操縦できます。この手法ではパイロットのワークロードを軽減できます。飛行機は着陸前の final approach では通常、landing speed まで減速します。65kt（1.3Vso）まで減速するということは図の C 点に相当します。この位置で正しい速度を保つためには、pitch と power の的確なコントロールが必要となります。Stability は中立なので速度は元へ戻ってくれず変化したままにとどまる傾向があるので pitch と power のコーディネイトのとれたコントロールが必要になります。この段階で一般的には final flap にセットする手順となっており更なる速度の的確なコントロールが求められます。この configuration の変化は低高度で pitch が大きく変化する可能性があるからです。この段階で数 kt 減速させてしまうと、back side に入り、パイロットが的確な操作を行わなければ、不安全な降下率となると同時に速度も更に低下する危険な状態に陥る可能性があります。速度の負の安定領域にある場合適正な power と pitch の操作は極めて重要です。

Large Airplane（大型機）

　大型機では 1.3Vso 近辺で final approach segment の大半を飛行することが一般的です。ということは speed stability 図の C 点に近いところで final のほとんどを飛ぶということで、的確な速度コントロールが求められます。場合によっては速度の deviation に対応するためにターゲットの power を外れ比較的大きな出し入れ（増減）をして速やかに速度調整を行う必要があります。

例えば 1.3Vso つまり L/Dmax（最大揚抗比）速度近辺である power set で進入しているとします。若干 power を引いて（下げて）ターゲットの速度より少し下げてしまった場合、power を若干（引いた値に相当する程度）増加させてもなかなか速度は元にもどりません。図の flat なカーブの部分に相当する領域にいるからです。一般的に数 kt 変化させるのに必要と思われる power よりさらに大きめの power を入れて加速する必要があります。ターゲットの速度になったら、目安の power にセットします。

4-10　Climbs

　飛行機を均衡のとれた状態から上昇させるのは余剰の power または推力によります。余剰推力は与えられた速度で水平飛行をするのに必要な推力を差し引いた分です。

Power と thrust は時として入れ替えて使われます（間違って同義語として扱われてしまっていますが）上昇性能を語るとき両者を区別することが重要です。力学上、仕事とは力がある距離働いた結果であり時間には関係がありません。仕事＝力×距離。推力とは仕事率のことで、一定時間に行われる仕事量を表しており、力を加えることによって発生した速度を表現します。飛行機が静止している状態では、プロペラが大きな推力を発生しても仕事をしたことになりません。飛行機が速度をもって空気中を移動したときはじめて飛行機が仕事をしたことになります。

　離陸時、飛行機は stall 速度近くで飛んでいるにもかかわらず失速しません。理由は、余剰 power（thrust を発生させるための）がこのフライト領域で使われているからです。したがって離陸中 ENG が故障した場合、thrust の減少分を、pitch と速度調整で補わなければなりません。与えられた離陸重量での、上昇角は thrust と drag の差または、余剰推力によります。余剰推力が無いときはフライトパスの上昇傾斜は 0 となります。飛行機は定常水平飛行を続けます。Thrust が drag より大きいときは、余剰推力の量に応じて上昇できることになります。

Thrust が drag より小さいときは thrust の不足により降下していくことになります。水平飛行している飛行機は、その速度を維持するのに必要な量を超える余剰の power で加速します。これは上昇で使われる余剰 power と一緒です。所望の高度に到達し、pitch を下げ高度を維持すると余剰の power が飛行機を加速します。しかし、レベルオフ後直ぐに power を絞った場合、当然ですが加速には時間がかかります。

4-11　Turns

　他の移動する物体と同じように、飛行機も旋回するには横方向の力が必要です。通常の旋回では旋回方向に bank をとることで、上に働く揚力と旋回の内側に働く揚力の分力が必要になります。図のように揚力は2つの直角なコンポーネントに分けることができます。上方へ向かうのは重力を支える垂直のコンポーネントとなります。

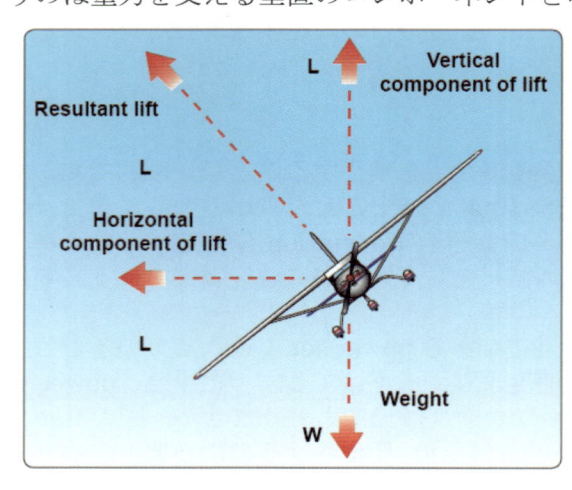

揚力の水平方向成分は遠心力に対抗する力または求心力としてのコンポーネントです。この水平方向のコンポーネントが飛行機を旋回させる横方向の力となります。この横向きの力と同じ大きさで真反対に働くのが遠心力であり、慣性の法則で生じます。

飛行機の速度と bank 角が、旋回半径と旋回率に深くかかわっていることを計器飛行のパイロットは知らなければなりません。

パイロットは必要な旋回率を得るための bank が何度になるのか、また intercept するときのリードがどの程度必要かを算出するのに使います。

Rate of Turn

　旋回率は通常、1秒に何度旋回するかで表しますが、セットされた速度における bank 角によります。もしどちらかが変化すると旋回率は変化します。もし bank 角一定のまま速度を大きくすると旋回率は小さくなります。逆に bank 角一定で速度を小さくすると旋回率は大きくなります。

速度を変えずに bank 角を変えると旋回率は変化します。速度一定で bank 角を深くすると旋回率は大きくなり、bank を浅くすると小さくなります。

Standard rate turn（標準旋回）は 3°/sec でこれを得るのに必要な bank が何度かというような reference に使われます。パイロットは instrument approach 中や holding で速度を減ずると旋回率が変わってくることを明記しなければなりません。次図では一定 bank あるいは一定速にした場合の旋回時の旋回率と旋回半径の関係を表します。ルールオブサムとして standard rate turn は速度を 10 で割り、7 を足すと得られます。90kt で飛ぶ飛行機は 16° が standard rate turn となる bank 角です。（90/10＝9、9＋7＝16）

Radius of Turn （旋回半径）

　旋回半径は速度や bank によって変わります。bank 一定で速度を大きくすれば旋回半径は大きくなり、その逆は vice versa です。

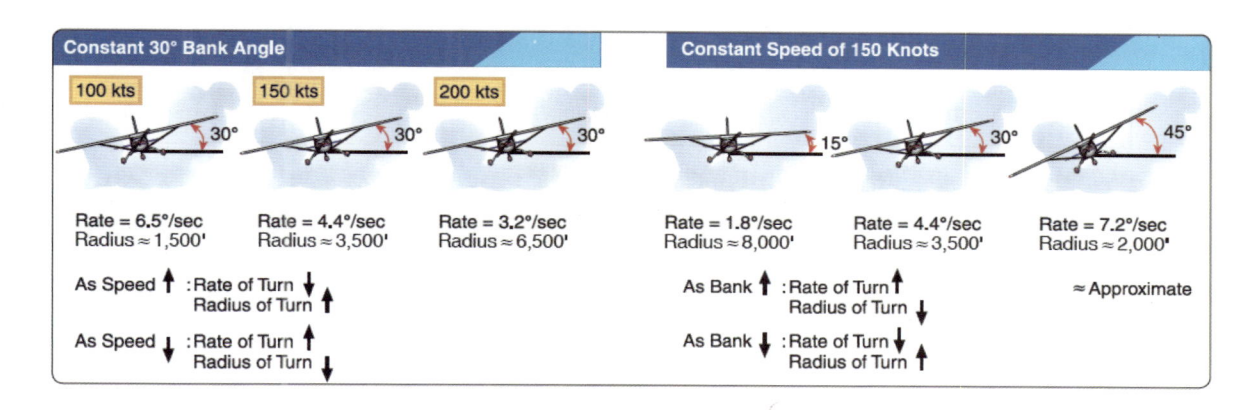

　速度一定で bank を深くすれば旋回半径は小さくなります。逆に浅くすれば半径は大きくなります。
このことは例えば高速で intercept するためには必要な距離は大きくなり、その分大きな lead が必要になるということです。Holding や approach の準備で速度をそれなりに減じているときの旋回の lead は巡航中のそれに比較して小さくてよいことになります。

Coordination of rudder and aileron controls

　エルロンを使うと常に adverse yaw が発生します。Adverse yaw は roll の motion が始まるために aileron を動かしたとき発生します。右旋回のとき右エルロンは上に、左エルロンは下に動きます。左の翼は揚力が増し、右は減少し、右に傾くことになります。ところが左の翼により大きな揚力が発生するために左の翼の誘導抗力が大きくなります。この抗力が機首を旋回と反対の左へ向けさせる方向に働きます。この yaw に対抗するためにラダーを使います。計器飛行で旋回に入るときと止まるときはこの yaw を修正するラダーの適切なコントロールが必要となります。パイロットはコーディネイトのとれた旋回かどうかを turn-and-slip 計の ball または turn coordinator で知ることができます。飛行機が旋回のため傾いたとき、揚力の一部が水平方向のコンポーネントに分散されます。従って、操縦桿のバックプレッシャーを強めなければ、飛行機は旋回中高度を落していきます。垂直方向の揚力が減った分、pitch を 1/2 バー幅分を増やします。トリムを使ってバックプレッシャーを抜くことができますが、旋回を終えた時はこれを取り除かなければなりません。

　Slipping turn は bank に対応した適切な旋回率ではなく旋回の内側に落ちていっている状態です。旋回率に対して bank が深すぎるため、水平方向に分解された揚力が遠心力より大きな状態です。Skidding turn は揚力の水平方向コンポーネントより遠心力の方が大きく旋回の外側へ引っ張られる状態です。bank 角に対し旋回率が大きすぎて揚力の水平方向コンポーネントは遠心力より小さい状態です。

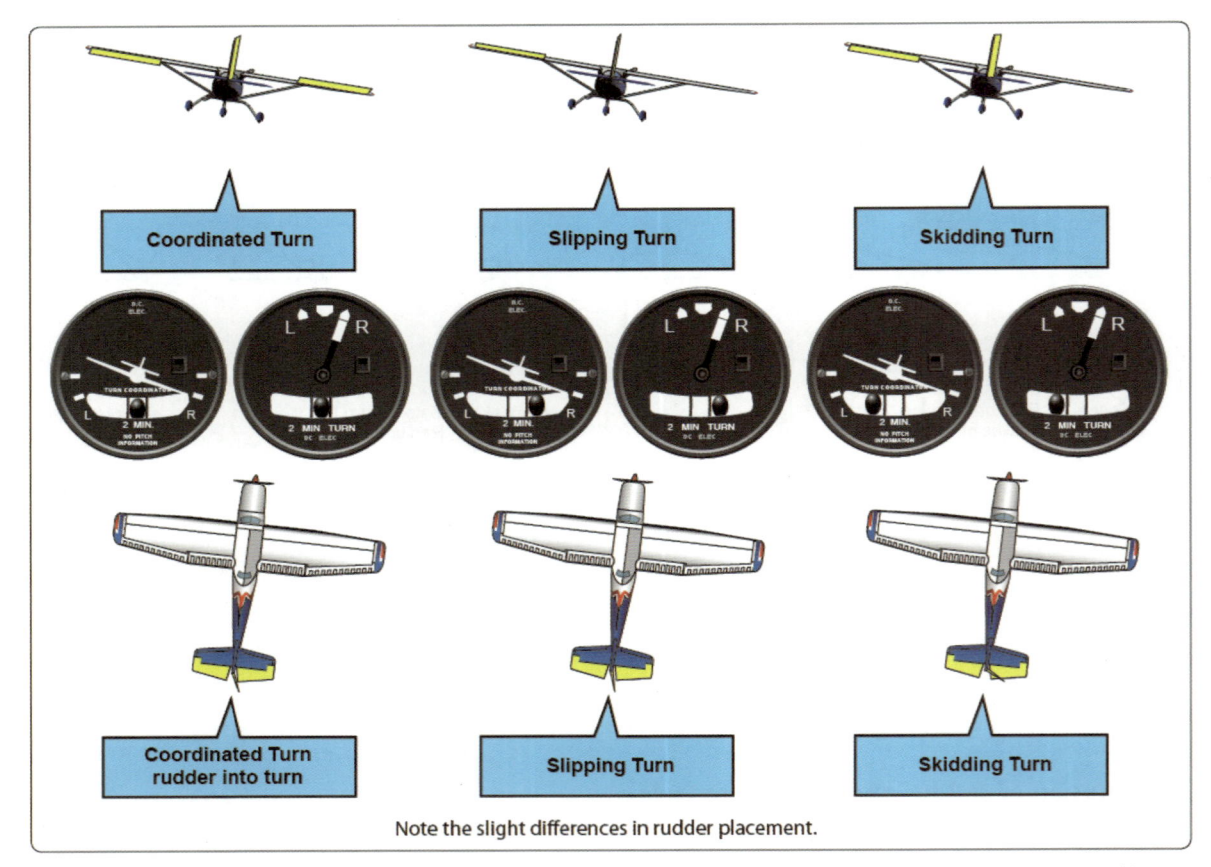

Note the slight differences in rudder placement.

　傾斜計（ボール）は、ターンコーディネーターや、ターン＆バンク計の中に位置し、旋回の質を表しており、本来翼を傾けたときは常にセンターにあるべきものです。もしボールがセンターを外れ、旋回側に寄っているときは、飛行機は slip をしており、旋回している側のラダーに圧を強め（踏む量を増やし）旋回率を増やすか bank 角を減らす必要があります。逆に、ボールがセンターを外れ旋回の反対側へズレている場合は、飛行機はスキッドをしており、旋回側のラダープレッシャーを緩めるか、bank 角を深める必要があります。飛行機が適切にリギングされていれば、wing level でボールはセンターにあるはずです。ラダーや、エルロンのトリムを使ってセンターにします。誘導抗力の増加（高度維持のために迎え角を増加したことにより発生）は power 設定を変えなければ若干の速度減につながります。

4-12　Load Factor

　飛行機を直線飛行から旋回や引き起こしなどをすると構造的にストレスがかかります。この力の量を load factor（荷重）で表します。Load factor は、飛行機に働く空力的な力の飛行機の重量に対する比（揚力／重量）です。例えば load factor が 3 ということは飛行機の構造にかかる総荷重が飛行機の重さの 3 倍ということになります。飛行機を設計するとき、通常の運航環境で予想される最大の荷重を決定することが求められます。

この最大の荷重が「制限荷重」と呼ばれています。

飛行機は設計時に取りうる制限荷重でいろいろなカテゴリーに分けられています。（例：Normal、Utility、Acrobatic）。飛行機の安全運航を維持するため、最大荷重がかかっても構造にダメージが無く耐えることが求められます。

典型的な空力的な荷重は旋回中に発生するものです。スムースな気流の中をレベル旋回飛行しているとき翼は飛行機の重さを支えるだけでなく遠心力にも抗しなければなりません。bank角が深くなれば、水平方向の揚力は大きくなり、遠心力も増え、そして load factor（荷重）は大きくなります。もし、荷重が大きくなりすぎて迎え角を大きくしても load を支える揚力を十分発生することができなくなった状態のところでは、翼は stall しています。Stall 速度は load factor に直結して 2 乗根で大きくなるのでパイロットは load factor によってフライトがクリティカルな状態になることを知る必要があります。定速の steep turn、翼への着氷、乱気流による垂直方向のガストなどがクリティカルなレベルまで load factor を増加させる可能性があります。

4-13　Icing

　フライト中の最も危険なものの一つに icing（着氷）があります。計器飛行を行うパイロットは飛行機の着氷が起きやすい状況を知っておく必要があります。着氷のタイプ、飛行特性および性能への悪影響、システムへの影響、deice・anti-ice 装置の限界などを熟知する必要があります。着氷の危険に対応する作業は飛行の準備段階から始まっており、フライト中のどこら辺で着氷が発生しやすいかを確認し、また、離陸前には、機体に氷や霜がついていないことを確認します。これらの注意深さが、フライト中の deice や anti-ice の有効な活用につながります。気象状態は急激に変化することがあり、パイロットは飛行中、計画変更が必要な場合は、これを適切に判断できなければなりません。

Types of Icing
Structural Icing

　Structural icing は飛行機の外部に付く氷の蓄積によります。機体構造や表面に付く氷は過冷却水滴が機体表面に衝突し、形成されます。この水滴を集め急速に氷蓄積が発達しやすいのは小さくかつ尖った部分です。これが、icing indicator としてコックピットの前に突き出した尖ったチューブが着氷インディケーターとして機能できる理由です。この突起物が機体に着氷が始まる最初の部分の一つになります。尾翼の方が主翼より薄く着氷しやすくなっています。

Induction Icing

　吸気口の着氷は燃焼室に送り込む空気量の減少につながります。レシプロ機で induction icing の最も一般的な例はキャブレター icing です。水分を含む空気がキャブレターのベンチュリー中を流れるときに気温が低ければこの現象が起きることをほとんどのパイロットが経験したことがあるはずです。この現象によりベンチュリーの壁と throttle plate（throttle を調整すると開閉角度が調整される板）に着氷しエンジンへの空気流入を制限してしまいます。この現象は外気温が−7℃〜21℃の間で発生します。このトラブルはエンジンの排気ガスを熱源とするキャブレターヒーターを使用することで氷を溶かし、氷の形成を防ぎます。一方フュエルインジェクションのエンジンでは、着氷しにくくなっていますが、それでも吸気が氷でブロックされてきたら影響は受けます。メーカーはノーマルシステムにトラブルが発生したとき用にalternate（代替）の吸気ソースを準備しています。
ターボジェット機では、空気をエンジンに吸い込むエリアでは圧力が低下し、周りより温度が下がります。着氷のマージナル域（着氷の可能性が出てくる領域）の場合この温度逓減によりエンジンインレット部へ着氷する十分な温度まで下げられてしまい、エンジンへの空気の流入を邪魔してしまいます。更に危険なことは、形成された氷が剥がれエンジンに吸い込まれた場合、ファンブレードを傷つけ、コンプレッサーストールを起こし燃焼室の火を消してしまう可

能性があることです。防氷システムを作動させた場合、溶けて流れ出した水が防氷していない部分で再度凍り付き、激しい場合はエンジンへの空気流入に影響したり、流れを乱したりすることでコンプレッサーやファンブレードに振動を発生させエンジンにダメージを与えてしまう可能性もあります。その他の影響としてはエンジンの性能を測定するための probe（EPR のソースなど）がエンジン内にありますが、これに着氷してしまうことで、エンジン計器表示が誤表示しセットが困難になったり、トータル power ロスにつながることもあります。

氷のタイプは見え具合で clear、rime、mixed に分けることができます。氷のタイプはその形成される大気の状態、フライトコンディションなどで変化します。機体への強度の着氷は飛行機のコントロールや性能に大きな悪影響を及ぼします。

Clear Ice

　過冷却水滴が比較的ゆっくり氷付いて形成される、光沢のある透明の氷は clear ice と呼ばれます。クリアーなあるいは光沢のある氷は同じタイプの着氷で生じます。

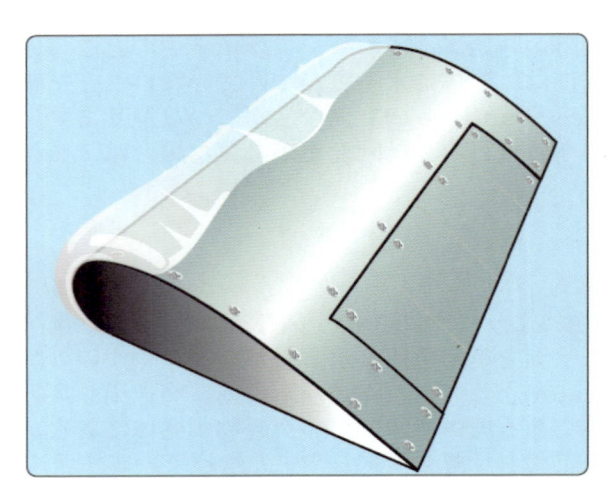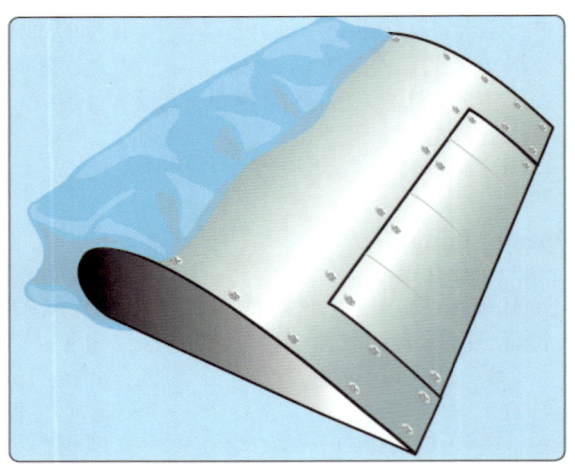

　このタイプの氷は密度が大きく、硬く、透明で氷の形成が見えにくくなっています。

　この着氷が発達すると角のようになることもあります。

　凍結に近い温度で水分が多く大きな水滴の中を飛んでいる飛行機にクリアーice が形成されやすくなります。

Rime Ice

　表面が粗く乳白色で不透明な氷は rime ice と呼ばれ、過冷却水滴が機体表面と衝突して急激に形成されます。

急速に氷付いた rime ice は空気を含み、不透明で、多孔質（穴だらけ）で脆い構造になっています。

低温で、水分が少なく小さめの水滴が、低速で飛んでいる場合に rime ice が形成されやすくなります。

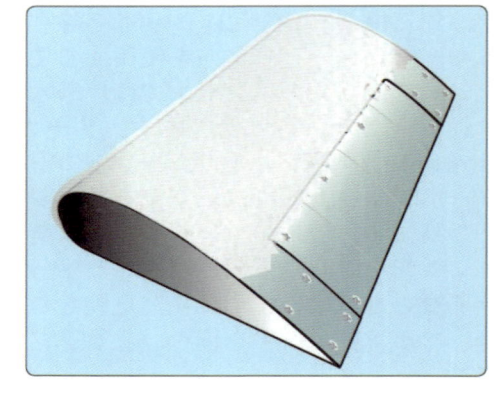

Mixed ice
　Mixed ice は、clear ice と rime ice が混ざった状態で空力的には重大な影響があります。

General Effects of Icing on Airfoils
　機体表面の着氷による最も大きな悪影響は空力性能に関する問題です。着氷は翼の形状を変え、最大揚力係数（C_{L-MAX}）を減らし、ストールする迎え角（AOA）も小さくしてしまいます。小さい迎え角（AOA）で飛行している場合は着氷による揚力係数の変化は小さいか全く影響しません。小さい迎え角で飛行している巡航の場合が該当します。しかし低速で飛行している場合は、C_{L-MAX} は極端に小さくなりストールに至る AOA（迎え角）も小さくなります。巡航では気付かなかった着氷の影響が、進入着陸で迎え角を大きくした状況では、まだ本来は余裕のある速度や限界より低い AOA でもストールに近づいてしまうことになってしまいます。

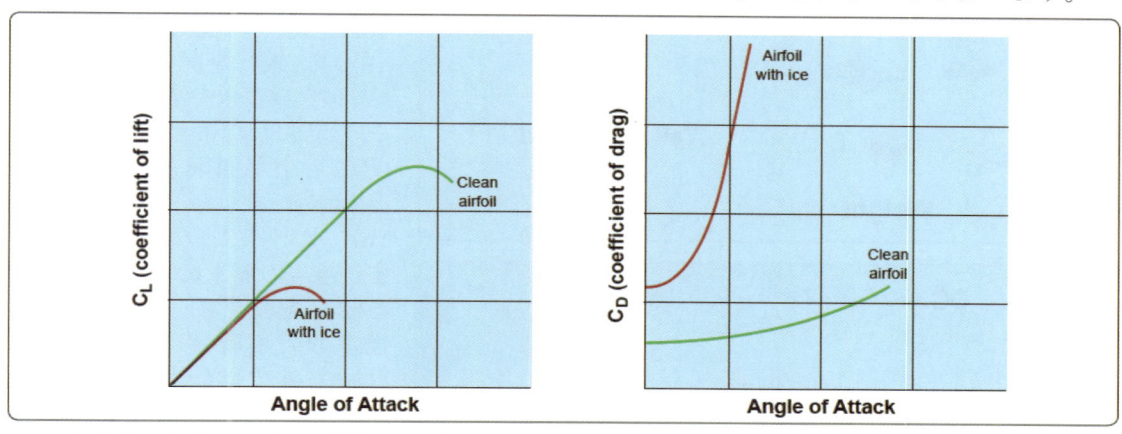

　このようにパイロットは巡航ではあまり感じなかったのに、approach において低速で AOA が大きくなるとより小さめの AOA や比較的高速でも stall が起きてしまう現象で翼への着氷に気づくことになります。翼の前縁部分への薄い層の着氷でも stall speed の増加は著しく、特に表面がラフな場合の影響は重大です。角状の大きな氷も揚力を大幅に下げ、AOA を小さくしてしまいます。氷の蓄積は翼の抗力係数も大きくしてしまいます。小さな AOA でも無視できない大きな抵抗になってしまいます。
　僅かの着氷でも失速を起こす C_{L-MAX} は下がり、AOA は低くなります。2〜3ミリの着氷でも 20％程度の減少は珍しくなく、角状の着氷では 40〜50％低下してしまうこともあります。抗力は着氷で確実に増加します。100％近く増加することは珍しくありません。角状の

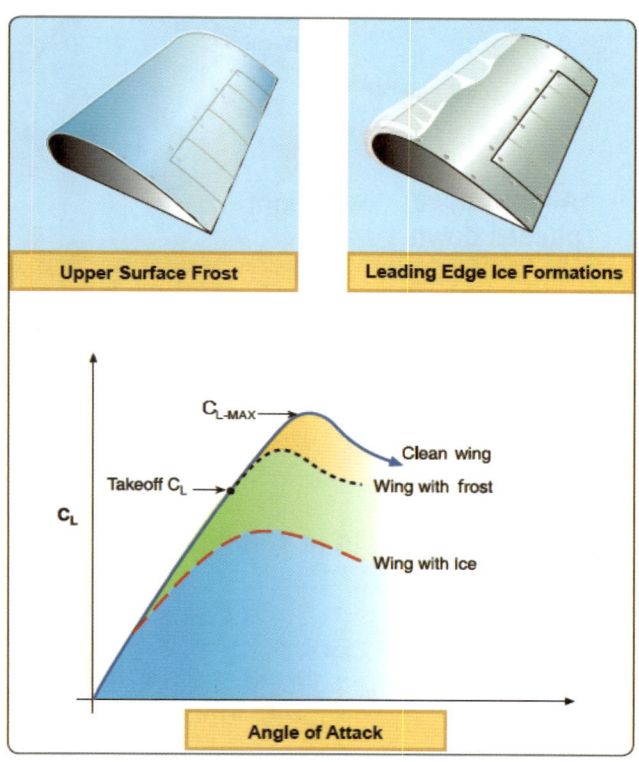

着氷では 200%の増加にもなることがあります。

翼への着氷は図に示したカーブ以外の悪影響をもたらします。翼がストールする前に、翼上面の圧力が変化し、それが後縁にある舵面の表面に影響を及ぼします。更に離陸、進入着陸時には、飛行機によってはフラップを下げたりすることで更に翼が 3 つ 4 つ増えた形状になるので着氷の影響は更に深刻になります。空気の流れに予測不能な悪影響を及ぼす可能性があります。

舵面の表面への着氷はコントロールの動きを制限することがあります。また、氷の重みでリフトオフが難しくなったり、高度を維持できなくなることもあります。従って、飛行を開始する前に機体表面への着氷や霜はきれいに除去しておかなければなりません。更に着氷が原因となる危険な現象は、パイロットが意図しない roll などに入ってしまうことです。通常の着氷の中でも飛行できる認証を受けている飛行機でも強度の着氷時は予想される性能カーブ外で性能が落ちることを理解していなければなりません。roll の upset は空気の流れが剥離し（空力的なストール）エルロンが歪み、roll を制御できなくなった状態です。これらの、強度の着氷による現象は特に顕著な兆候や空力的なストールに気付かない内に発生してしまうことがあります。

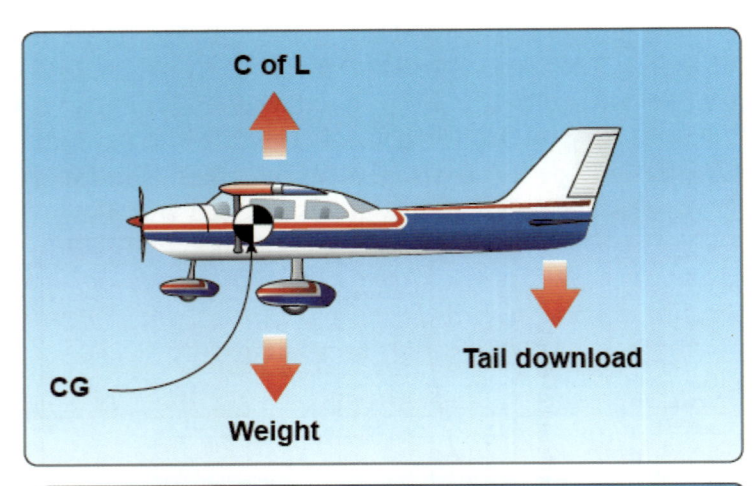

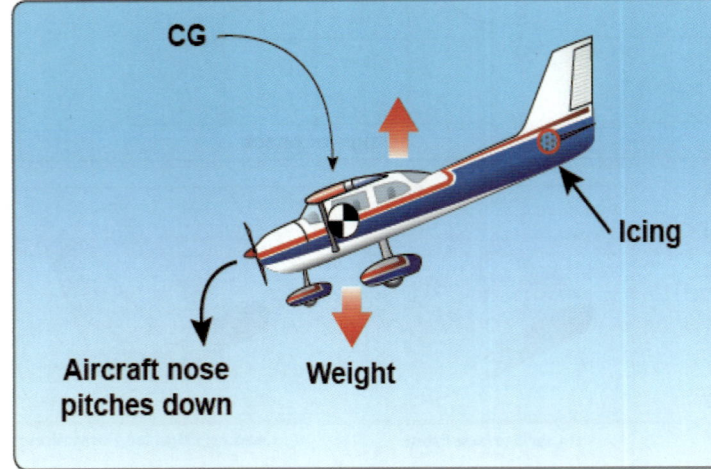

　ほとんどの飛行機は重心位置が空力中心より前にあるため頭下げのピッチモーメントが働きます。尾翼は下向きの力を働かせこれに対抗するモーメントとして作用します。

　Flap を出したり、速度を増やし、尾翼のマイナスの（下向きの）AOA が増えることで翼がストールから遠ざかるようにします。

　尾翼に着氷した場合、flap を full に出しても stall する可能性があります。

　尾翼は主翼に比べ薄いので、氷が付きやすくなります。ほとんどの飛行機でこの尾翼はパイロットから見えないので除氷システムでどの程度氷が取れたかどうか確認できません。従って、パイロットは尾翼の失速の可能性に注意を払うことが、特に進入着陸では大切です。

Piper PA-34-200T のケース

　1996 年 1 月 9 日、パイロットの証言では「滑走路の threshold をクロスするときに flap を 25°に下げたところ飛行機の pitch が下がった」そして「直ちにフラップを戻し、power を増加した。しかし、この時点で飛行機は基本的に操縦不能だった」パイロットは滑走路に落着する前に power を絞り、flap を再度下げた。飛行機は 1,000ft 滑って止まった。この事故でパイロットは重症を負った。

事故調査で分かったのは、強い落着の衝撃で飛行機の前方の胴体、エンジン、翼に大きなダメージを受けていたことと、1／2 インチの rime ice が尾翼の左右の前縁や、垂直尾翼の前縁に付いていたことです。

NTSB は事故の推定原因はパイロットが飛行機の除氷装置を使わなかったために尾翼へ着氷したこととしました。この事故を引き起こした誘因として、着氷気象状態およびこの状況が分かっていながらこの空域へのフライトを意図的に行ったパイロット判断をあげています。

Tailplane stall symptoms

以下の徴候が単一あるいは複数現れたら尾翼の着氷が疑われます。

- エレベーターのコントロールが振動したり、パルスのように動く
- 異常に頭下げが発生しトリムが変わる
- その他の pitch の異変
- エレベーターの効果が逓減している
- 突然エレベーターの力が変化する（もし支えていなければ頭下げの方へコントロールが動く）
- 突然コントロールしない pitch の頭下げが働く

　これらの徴候が現れたら、パイロットは

- 直ちに flap を前のセッティングにもどし、エレベーターを nose-up の方へ引きます
- フラップを浅くしたコンフィギュレーションに見合う速度まで増速します
- 飛行機のコンフィギュレーションに合う power セッティングにします（過大な power set は、かえって尾翼のストールに悪影響を与えます。メーカーの推奨する power setting にします）
- ゆっくりと nose-down pitch に下げます。乱気流中でも状況が許せばそうします
- もし、PNEUMATIC の除氷システムが利用できる場合は、システムを何度か作動させ尾翼の氷を除去します

　一度尾翼が失速すると、同じ flap setting で増速したり、power setting を増加することがストールの状況を悪化させる傾向があります。メーカーが推奨するフラップセッティングに見合う速度を超えた速度で尾翼の着氷が取り除けていない状態では、尾翼の失速や操作しない pitch 下げを生じ、リカバリーができない可能性があります。尾翼の失速は、Vfe（最大フラップ下げ速度）以下で起きる可能性があります。

Propeller icing

　プロペラへの着氷は、翼の場合と同じように空力の理由で推力を低下させ、抗力を増加させます。大量の着氷は、スピンナーやプロペラの径の小さい中心部に近い方に発生します。プロペラの場合は、氷がエンジンに吸い込まれダメージを起こすことを防ぐために除氷システムではなく、防氷システムを利用しています。

Effects of Icing on Critical Aircraft Systems

　機体表面への着氷や燃料系統（キャブレター）への着氷の他にパイロットは飛行機の他のシステムへの着氷についても知っていなければなりません。システムへの着氷の影響は、性能低下や、power 低下を生じなくても計器飛行に対し重大な問題を起こしてしまいます。例えば、飛行計器、失速警報装置、windshield などへの着氷の悪影響です。

Flight Instruments（飛行計器）

　速度計、高度計、昇降計、など様々な計器がピトースタティックポートからの圧を利用しています。着氷で塞がってしまった場合、計器指示は異常となり計器飛行には致命的な影響を及ぼします。個々の影響の詳細については第 5 章で解説しています。

Stall Warning systems

　失速警報システムは必要不可欠な情報を提供します。このシステムには緻密な失速検知ベーンから単純な失速警報装置まで様々なものがあります。このシステムへの着氷は最悪の場合失速警報を発せなくしてしまいます。このシステムが機能しないこと自体が既に危険な状態といえます。ただし、このシステムが正常に機能していても、機体表面への着氷で、低い AOA で翼が失速してしまうので必ずしも有効な警報機能ではなくなっている可能性があります。

Windshields

　コックピットの窓への着氷はパイロットの視界を著しく阻害します。着氷状態でも飛行可能な承認をうけている飛行機はパイロットの視界を確保するために一般的にコックピットの窓に防氷の機能を有しています。
電熱線を埋め込んだものや、除氷液を窓の下からスプレーするタイプのものなど様々です。高性能の飛行機ではバードストライクや与圧負荷に耐えるために電熱線で温め、防氷機能も果たすようにしています。

Antenna Icing

　アンテナは小さくその形状が飛行機の表面の流れに逆らっているため急激に着氷が起きやすくなっています。しかも、防氷のヒーターを内蔵しないものがたくさんあります。飛行中のアンテナへの着氷は振動を起こしたり、電波シグナルを歪めたり、アンテナそのものにダメージを与えたりします。凍ったアンテナが壊れた場合、他のエリアにダメージを与えたり、通信障害や navigation システムの故障につながります。

Summary

　着氷が原因となった様々な事故が発生しています。離陸時の事故は往々にして地上において重要な部分の防除氷を怠った結果発生しています。適切な防除氷の記述がそれぞれのマニュアルに記載があるはずですから、これを厳格に実行すべきです。
着氷域を飛行できる機能を認められていない飛行機を操縦する場合は、絶対に着氷域を避けなければなりません。前述の着氷への対処方法や、着氷域からの離脱方法は、あくまでも予期できずに不意に着氷域に入ってしまった場合を想定しており、決して意図的に着氷域に入るためのものではありません。
着氷域を飛行できることを承認されている飛行機では、一応安全に着氷域での運航ができることになっていますが、着氷装置を過信してはいけません。短時間の僅かの rough な着氷でも非常に危険です。マニュアルに記載された着氷時の運航手順を正確に注意深く実行する必要があります。特に、適切な防氷システムの作動、着氷域での定められた最低速度の遵守などが大切

です。大粒の過冷却水滴の中を飛行するなど自然現象の全ての状態が実験されたわけではありません。雷雲の下などで 50 ミクロンを超えるような大粒の過冷却水滴あるいは半ば凍り始めた水滴に遭遇した場合などは極めて危険です。飛行機の運航マニュアルに記載されている雲中飛行の着氷の徴候を的確に把握し対処できなければなりません。ほとんどの大型のジェットでも強い着氷域は飛行禁止となっています。

この章では着氷の問題に関しては、概要を述べたにすぎません。このほかに着氷に関する専門のガイドがあるので参考にしてください。

第 5 章
Flight Instruments
航空計器

Introduction

　正確な飛行計器により、パイロットが常時地上の目視を維持することから解放されたときに、飛行機は合理的な輸送手段となりました。飛行計器（flight instruments）は、安全な飛行を行うためには欠かせないものでありパイロットがその正しい使用法を知っていることは重要です。VFR飛行を行うために必要な基本計器は速度計 ASI（Air Speed Indicator）、高度計（altimeter）、コンパス（磁石）（magnetic direction indicator）です。
IFRで飛行するときはこれに加え、ジャイロを使った rate of turn indicator、slip-skid indicator、気圧補正機能のある高度計、秒刻み時計、ジャイロ式姿勢指示器（人工的水平儀）、ジャイロ式方向指示器などが必要になります。

　IMC 下で飛ぶときは外が見えなくても正確に飛べる航法計器や姿勢・方向を表す計器が必要です。この章で説明する計器類は、航空法で定められている計器飛行に必要な計器類です。最近の飛行機に装備されている計器は日々進化を続け所謂グラス計器が主流となっていますが、導入部分として計器の基本的な仕組みを学ぶために、旧表示形式の計器も参考に使いながら、空盒計器、コンパス system、ジャイロ計器等のグループに分けて説明します。また、IFR フライトの出発準備点検（preflight）において計器を確認するポイントについても述べたいと思います。また、この章では、Avionic（航空電子機器）として EFIS（Electric Flight Instrument）、GPWS（Ground Proximity Warning System）、TAWS（Terminal Awareness Warning System）、TCAS（Traffic Collision Avoidance System）、HUD（Head Up Display）等々最近 general aviation の飛行機でも装備されているものについても解説します。

5-1　Pitot/Static Systems

　Pitot pressure、いわゆる全圧は、飛行機の周りを流れる空気の流れに向かう穴の開いたピトー管で感知（センス）します。飛行機の configuration によりますが、ピトー管は対気速度計（ASI）や飛行機の air data コンピューターにつながれています。

◎　Static pressure

　Static pressure（静圧）はピトーstatic 関連計器である altimeter（高度計）や Vertical Speed Indicator（VSI 昇降計）と同様に対気速度計でも使われています。
Static pressure は機体の一か所以上でセンスされています。

　幾つかの種類では機体の外に突起させて取り付けたものや、または次頁の図のように icing 防止のため電熱線を使った統合型のピトー管の中に組み込まれたものがあります。
この static port に関しては、フライトテストで判明した機体の周りを流れる空気が乱れにくい場所に機体の両側に穴を設けてセンスします。両側にセンスする穴をもつことで lateral な飛行機の動きで生じる誤差を減らします。Static port の周りも電熱で全体の icing 防止や穴つまり防止を行っています。

　IFR フライトで使う空気圧を利用した3つの主計器が、対気速度計（ASI）、精密高度計（altimeter）、昇降計（VSI）です。3 つの計器とも static pressure（静圧）を利用し、ASIはピトー管からくる両方（全圧、静圧）を利用します。

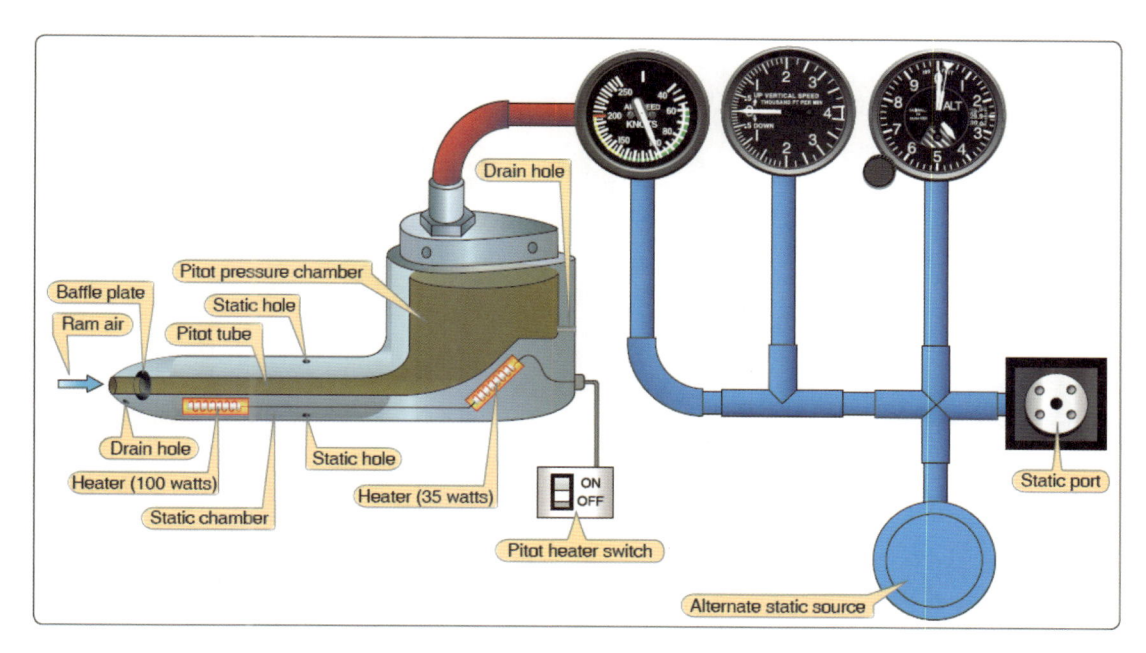

◎　Pitot Static 管の閉塞（Blocked pitot system）

　ASI や VSI の不具合はほとんど pitot tube や static port の閉塞によるものです。水分やほこり、たまには虫がこれらを塞いでしまうことがあります。崇城大学でも 2014 年の夏の訓練中にトンボを真直ぐピトー管の中に吸い込み ASI が正常に機能しなくなったことが経験されています。

飛行前点検でピトー管のカバーが外れていることや static port の穴がきちんと開いておりダメージ等がないことをしっかり確認する必要があります。

かつては駐機中、虫防止のためにピトー管にカバーを付けたまま外し忘れてフライトし大変な目にあったケースが相当あります。飛行機は速度が分からない状態で操縦するのは大変難しく、失速に陥る可能性もあります。A320 が大西洋上空でピトー管の不具合から速度計、VSI の表示がおかしくなり高々度から一気に墜落したケースも、まだ記憶に新しい事故例です。

　ピトーチューブの水抜き用の穴がブロックされた場合ピトーシステムは一部または完全にブロックされてしまいます。Tube に空気が流れ込めずに全圧がセンスできなければ ASI（対気速度計）は機能しなくなります。全圧がブロックされたまま drain hole が開き static pressure と同じになれば ASI の中で全圧と静圧の差がなくなり速度表示は 0 に落ちて行きます。

もし、ピトー管の入り口と drain hole の両方がブロックされてしまった場合、ASI は上昇降下で高度計のように表示されてしまいます。

◎　Static system の閉塞（Blocked Static System）

　Pitot 管は詰まっていない状態で static system が閉塞すると、対気速度計は誤った指示をします。Static port が閉塞した高度より上空では実際の速度より小さく表示されます。というのは static system にトラップされた静圧が実際の高度の圧力より高いからです。逆にトラップした高度より低い高度にいけば、実際の速度より大きく表示されてしまいます。

Static system の閉塞は高度計や VSI（昇降計）にも影響を及ぼします。完全に閉塞した場合 VSI は 0 になってしまいます。

Primary の static port が閉塞した
ときのために働く alternate の
static port がある機種もあります。
Alternate の static port は通常
cockpit にあります。機体の周り
を流れる空気による venturi 効果
のため機内の気圧は外気に比べ
低くなります。

Alternate の static port からの圧
を使う場合は以下の変化があり
ます。

1．高度計は実際よりやや高め
　に表示する
2．対気速度は実際より速めの
　表示になる
3．VSI（昇降計）は一瞬上昇を
　示し、その後もし高度が一定
　なら 0 に落ち着く

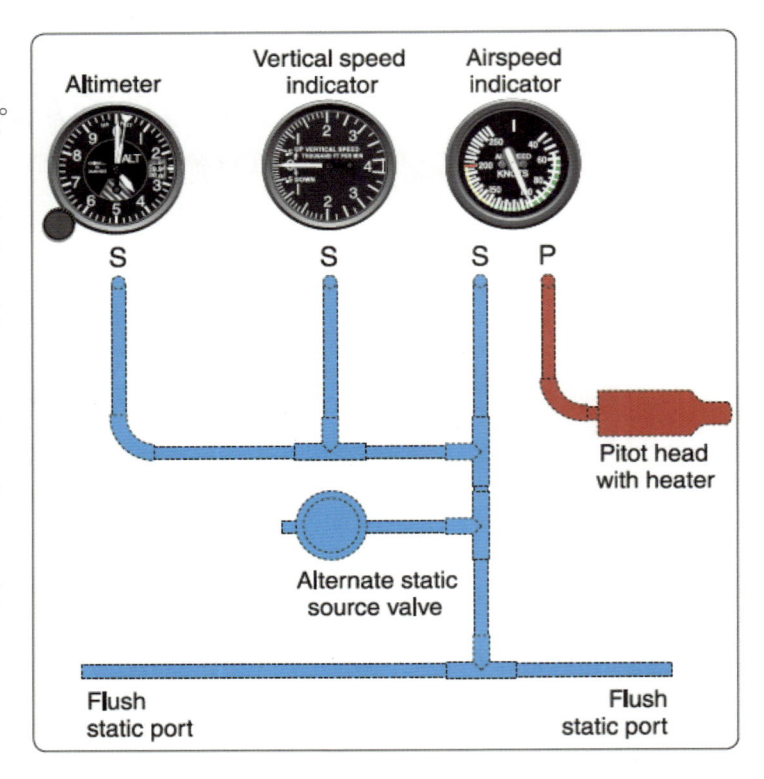

◎　**飛行状況による影響**

　Static port はできるだけ機体の周りの空気が乱れない位置に設置されています。しかしなが
らある特定の場合、例えば gear と flap を出して AOA が高い姿勢になっているような場合、
port 回りの空気が乱れ高度計や速度計に誤差が生じます。これらの計器の精度は大変重要なの
で、耐空検査時に static system の position error を検査します。

Pilot Operation Hand book（POH）や Aircraft Flight Manual（AFM）には、gear/flap を操
作時に apply すべき補正法が記されています。

◎　**Pitot/Static instruments**

精密高度計（Sensitive Altimeter）

　精密高度計はアネロイドバロメーターで、外
気の絶対圧を測り、ある気圧高度からの高さを
feet あるいは meter で表示します。

Principal of Operation

高度計の気圧を検知するエレメントは図のように波型のある青銅製のアネロイドカプセルで空気を抜いたものを複数積み重ねたものです。

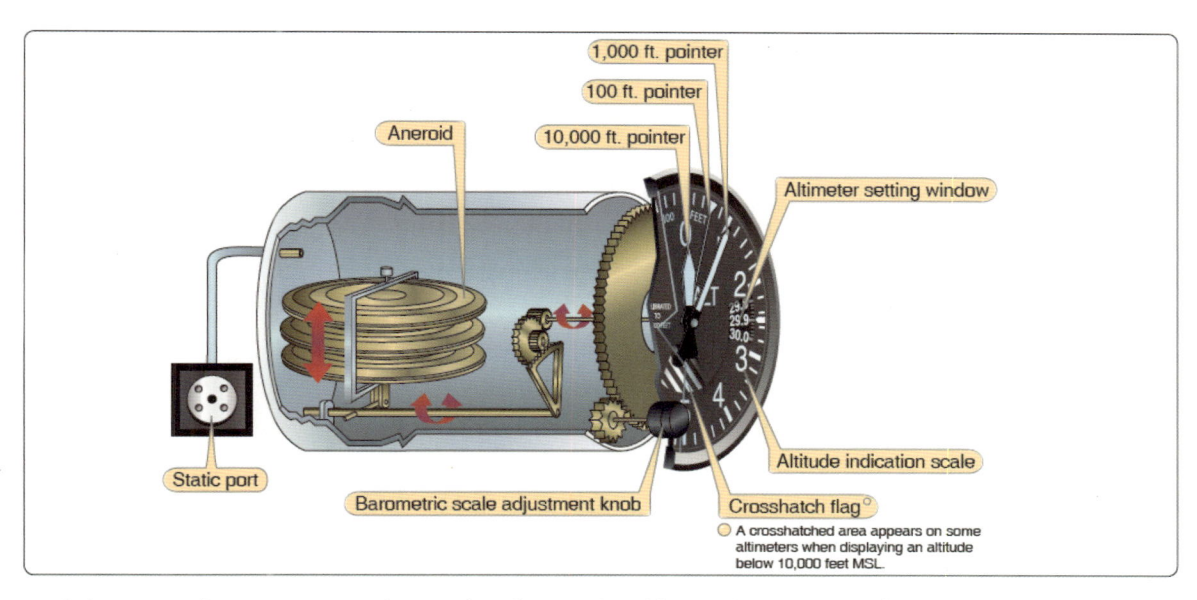

空気圧がアネロイドのスプリングで膨らむ力に抗して働きます。結果、気圧によってその厚みが変化します。いくつかのアネロイドを積み重ねることで計測できる高度範囲を広げています。

10,000ft 以下ではストライプの入った segment が表示されます。この高度より上ではマスクがかかりはじめ 15,000ft を超えると stripe は完全にカバーされます。

他の仕組みとしてドラムタイプがあります。これは高度を表す針は一本だけです。針が一回転すれば 1,000ft で数字は 100ft 単位、20ft 毎の目盛があります。ドラムは 1,000ft 毎に表示されポインター（針）を動かすよう歯車が組み込まれています。この高度計を読み取るときは、最初にドラム（中央の数字窓）で 1,000ft 単位を読み、次にポインター（針）で 100ft の単位またそれ以下を読み取ります。

精密高度計は barometric scale を reference pressure に adjust するための小窓があり、ここで基準になる高度（気圧）をセットすることができます。この小窓は Kollsman window と呼ばれ小さく表示を見ることができるようになっています。高度計についているノブを回して

28.00 から 31.00 インチ（または 948〜1,050mb）の間で adjust できます。

ノブを回すと、barometric の scale とポインター（針）両方が動きます。1 インチの変化は 1,000ft の変化に相当します。これが標準大気における 5,000ft 以下の標準的な変化率となります。

Barometric scale を 29.92 インチか 1,013.2mb にセットした時は気圧高度が表示されます。パイロットは飛んでいる地域の気圧に adjust し高度を表示させます。そうすることで、飛んでいる場

所の海面上の高度を表示することができます。

◎ Altimeter Errors（高度計誤差）

精密高度計は標準的な気圧変化の中で標準的な高度を表すことが可能です。しかしながら、大半のフライトにおいて non-standard な condition による誤差が発生します。パイロットはこれらの誤差を修正できなければなりません。誤差にはメカニカル的なものと固有のものと 2 種類あります。

Mechanical altimeter Errors

Pre-fight チェック時、altimeter を local の altimeter setting に合わせて高度計の状態を確認します。高度計は測量された高度を示さなければなりません。もし、75ft 以上の差があるようなら、資格のある工場で再補正する必要があります。標準大気における気圧と温度からの乖離でも誤差が生じる可能性があります。

Inherent altimeter Errors

飛行機が標準より暖かい空気の中を飛んでいるとき空気の密度は薄くなり、一定間隔の気圧レベルの間隔は広くなります。5,000ft の高度表示で飛んでいても、その高度となる気圧レベルは標準大気の温度の場合の高度より高くなり、冷たい空気の中で飛んでいたときより高くなります。もし、飛行機が標準大気より冷たい空気中を飛んでいる場合、空気密度は濃く、気圧レベル間の線（等高線）は狭まってきます。高度計 5,000ft の表示で飛んでいても、その真高度は暖かい空気の中にいた時より低いことになります。

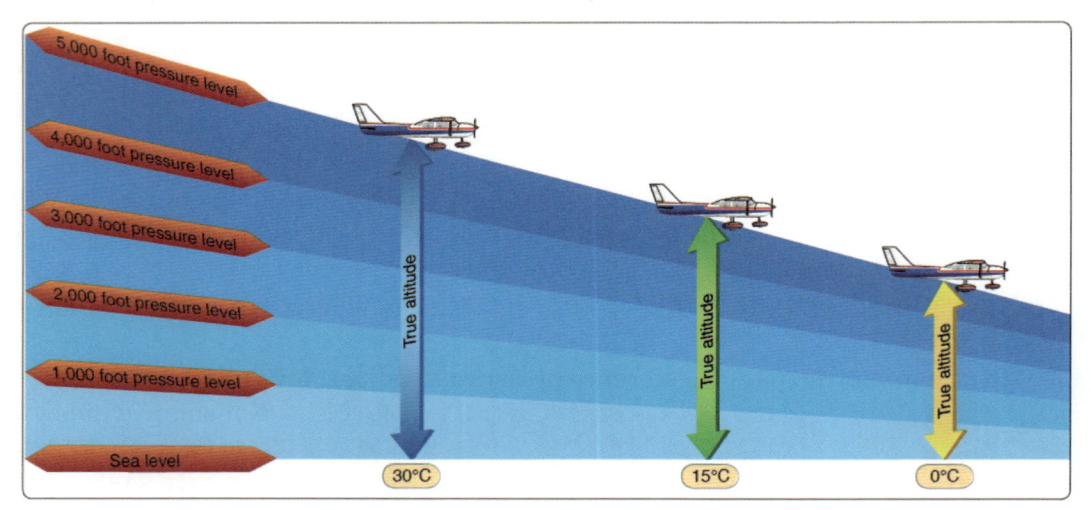

Cold Weather Altimeter Error

正しく調整された気圧高度計は ISA（標準大気）の標準温度、気圧では、MSL（平均海面）上の真高度を表します。Non standard な気圧のときは、飛んでいる local area の altimeter setting を使って修正します。標準大気より暖かい空気中では常に真高度は高く、冷たい空気中での真高度は常に低くなります。

冷たい空気の中で運航しているときは障害物から安全な高度を取れていない可能性があります。極端に寒冷な中を飛ぶときパイロットは表を使って補正する必要があります。

Reported Temp ℃	Height Above Airport in Feet													
	200	300	400	500	600	700	800	900	1,000	1,500	2,000	3,000	4,000	5,000
+10	10	10	10	10	20	20	20	20	20	30	40	60	80	90
0	20	20	30	30	40	40	50	50	60	90	120	170	230	280
-10	20	30	40	50	60	70	80	90	100	150	200	290	390	490
-20	30	50	60	70	90	100	120	130	140	210	280	420	570	710
-30	40	60	80	100	120	130	150	170	190	280	380	570	760	950
-40	50	80	100	120	150	170	190	220	240	360	480	720	970	1,210
-50	60	90	120	150	180	210	240	270	300	450	590	890	1,190	1,500

IFR フライトにおいては以下の制限の中で調整を行います。

・ATC からアサインされた高度（例えば maintain 5,000ft）にこの温度補正を追加してはいけません。もし、パイロットが指示された高度が気温の関係で障害物上安全な高度を取れていないと思ったときはアサインされた高度を reject すべきです。

・もし、IFR のチャートに記された高度（例えば procedure turn altitude、final fix altitude 等）に補正を加えている場合は管制官にその旨伝える必要があります。

ICAO の寒冷地補正テーブル

　気温が相当に低いときは obstacle clearance を考慮する上で、高度計の誤差は無視できない大きさになります。極端な寒冷地を飛ぶときパイロットは最低安全高度を引き上げるべきでしょう。障害物との距離が少ないときは高度を上げるべきです。Air data を使うほとんどの FMS は低温補正をするようにプログラムされています。これらの system を使用するパイロットは自動的な補正を知っておく必要があります。FMS による補正でも手動で補正する場合でも、ATC にアサインされた高度からズレている旨を伝えておく必要があります。

さもないと、他の飛行機との高度間隔が狭まって危険な状態になってしまいます。テーブルは温度が極端に低いときにどの程度差があるのかを ICAO が提供しているものです。テーブルの使い方は実際の温度を左で選択し、上の行で空港または運航している場所からの高さを選択します。FAF の高度から空港の高度を差し引きます。この左と上からのコラムの交叉部分の数値が低温で生じる誤差です。

例：−10℃で FAF が空港より 500ft 高い場合、当該空港に altimeter setting した高度計の表示より 50ft 低い高度を飛んでいることになります。

寒冷補正のテーブルを使う場合、気温によるエラーは reporting point からの高さと reporting point の温度の両方に比例します。IFR approach では reporting station の高さは空港の高さとして予測します。ここで注意しなければならないのは、補正値を算出するベースは reporting station における気温であって、飛行機の飛んでいるところの気温ではないということと、高度は IFR チャート記載高度ではなく reporting point からの高さだということです。

Airport Elevation	496'
Airport Temperature	−50℃

IFR　approach chart から

Minimum procedure turn Alt	1,800ft
Minimum FAF crossing Alt	1,200ft
Straight in MDA	800ft
Circling MDA	1,000ft

　　Minimum procedure turn 1,800ft を温度補正の例にとります。一般的に高度のデータは 100ft の単位に切り上げます。チャートの procedure turn の高度 1,800ft から空港の高度 500ft を引いて 1,300ft になります。Correction チャートの 1,000ft と 1,500ft の間になります。Station の気温は－50℃なので 300ft と 450ft の間を interpolate します。500ft で 150ft の差になるので 0.33ft/ft となり 0.33ft × 300=99ft ≒100ft したがって 300+100=400ft の修正となります。与えられた condition では、1,800ft MSL（reporting station 上 1,300ft）は 400ft の補正が必要となり、2,200ft 高度表示で実際には 1,800ft を飛んでいることになります。

Minimum procedure turn Alt	2,200ft
Minimum FAF crossing Alt	1,500ft
Straight in MDA	900ft
Circling MDA	1,200ft

となります。

◎　Non Standard Pressure on an Altimeter

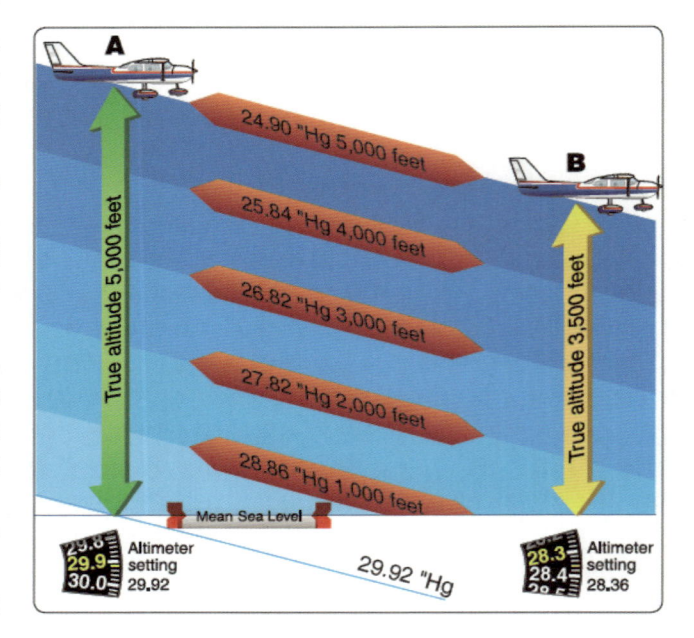

　　一度セットした altimeter setting をそのままにしておくのは危険です。何故なら気圧は常に一定ではないからです。少し離れたところへ飛んだだけで気圧は大きく変わっている可能性があります。Altimeter setting 29.92 インチの空域から気圧の低いところに移った場合に、もしパイロットが altimeter setting を再調整しなかった場合、実際の飛行機は低い高度を飛ぶことになります。

　Altimeter setting はこれを補正するためのものです。高度計の表示が 5,000ft で図中の A 点では真高度（平均海面上 MSL）を表していたのに、B 地点では 3,500ft になってしまいます。

　高度計は常に正しい値を表示しているわけではないということです。

　"高温から低温、高気圧から低気圧へ向かうときは要注意" ということです。

　「Low Low Dangerous」ともいいます。

Altimeter Enhancement（Encoding）

　　空域内ではパイロットだけが正しい高度を知るだけでは不充分で、管制官も飛行機の正確な高度を知る必要があります。この情報を発信するために一般的に飛行機には encoding altimeter が装備されています。ATC transponder が Mode C の場合、encoding altimeter は 100ft 単位で flight level を認識できる一連のパルスを送ります。この一連のパルスは地上のレーダーに捕捉され、管制卓にあるレーダー画面にアルファベットと数値のデータとして飛行機のそばに表示されます。管制官は飛行機の識別と飛んでいる高度を知ることができます。

　　Encoding altimeter 内のコンピューターは 29.92 インチを基準とした気圧高度を計測したデータをトランスポンダーに送ります。パイロットが飛んでいる地域の altimeter setting に barometric scale を adjust してもトランスポンダーに送られるデータは影響を受けません。このことで Mode C を備えた全ての飛行機が共通の気圧高度基準とする data を発信するようにしています。ATC 側の装置で local の気圧補正を行うことで修正した高度表示ができるようになっています。

◎　RVSM（Reduced Vertical Separation Minimum）

　　Local の気圧が 29.92 インチ以上の場合、14,000ft 以上では全ての飛行機は standard altimeter setting（29.92 インチ）にセットして高度は flight level で表現します。FL140 から FL290 までは飛行する方向が西向きか東向きかで 1,000ft の垂直間隔をとり FL290 以上では 2,000ft の間隔をとって飛行するルールになっていましたが、この RVSM（Reduced Vertical Separation Minimum）の導入で 1,000ft 間隔が適用できるようになりました。ただし、高々度における高度間隔を小さくする試みは、それなりのリスクを含むことから、この RVSM を適用して飛行できる許可を受けるために必要な規定が国土交通省の通達として発行されています。飛行機の高度維持能力の精度の他に、AFM の整備（RVSM 運航の記載）、また飛行機の装備としては高度保持機能（ALT Hold）、高度がズレたときの警報（Alt Alert）、などの装備が必要で、乗務員の訓練、高度計に不具合が出たときの対処法まで定められています。
RVSM の許可を得られなければ FL280 以下で飛ぶことになります。

◎　Vertical Speed Indicator　（VSI）

　　VSI（Vertical Speed Indicator）は VVI（Vertical Velocity Indicator）とも呼ばれ、formally には rate of climb indicator（昇降計）として知られています。気圧の変化を表示するもので、一定の気圧レベルからのズレの具合を知らせます。計器内部には速度計と同じようなアネロイドが格納されており、static system に vent されています。ただし、ケースはオリフィスを通して vent されており、アネロイドの中よりケースの気圧の変化が遅れるようになっています。飛行機が上昇するとき、気圧は小さくなります。ケース内の空気圧はアネロイドを押し付け、ポインターを上昇側に動かし、rate of climb を ft/min で表示します。飛行機が level off すると気圧は変化しなくなります。ケース内の気圧はアネロイドの中の気圧と同じになり、ポインターは水平位置または 0 を表示します。機が降下をするとアネロイドは膨らみポインターを下に動かし降下を表示します。
VSI のポインターの表示は数秒遅れて表示されますが、高度計の変化よりす早く反応し、パイロットが上昇降下の傾向をとらえるのに有効で、level flight をするときに役立ちます。
もっと複雑に複合した昇降計で Instantaneous Vertical Speed Indicator　（IVSI）と呼ばれるものがあります。これは 2 つの加速検知を使って空気ポンプを駆動し、pitch の上下で瞬時に差圧を発生させる仕組みになっています。 pitch 変化を検知して作られた圧は、高度変化による差圧が作動を始めると消滅します。

◎　Dynamic Pressure Type Instruments
ASI（Air Speed Indicator）

　　ASI は飛行機が飛ぶことによって受ける dynamic pressure を示す計器です。
Dynamic pressure は外気の静圧と飛行機が飛ぶことによって受ける total または ram pressure との差圧です。これらの両方の pressure はピトー管で検知します。

　　速度計の構造は、図のように薄い波型の青銅製のアネロイド、またはダイアフラムでピトー管からの空気圧を受け取ります。計器ケースは密閉され static port につながれています。ピトー圧が増えたり static 圧が減ったりしますとダイアフラムは膨らみます。この変化が rocking シャフトを通じて gear を動かしこれが、計器の指示ポインターを動かします。
ほとんどの場合計器表示は kt または nautical mile/hour となっています。中には statutes mile/hour で表示するものや両方を表示するものもあります。

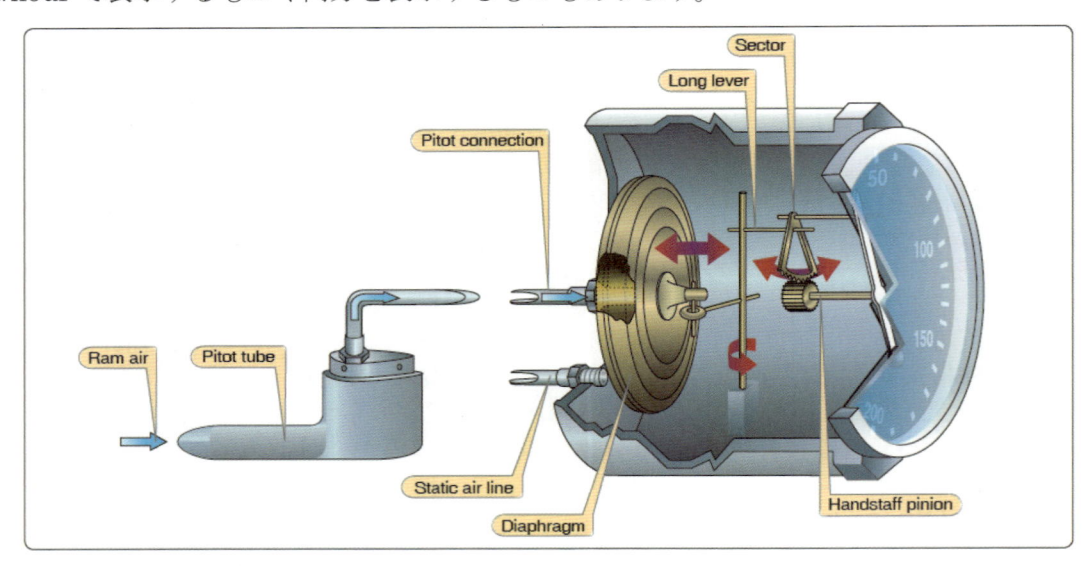

◎　Types of Airspeed　（速度計の種類）
高度の表現にもいろいろあるように、速度表現も種々あり、IAS（Indicated Airspeed）、CAS（Calibrated Airspeed）、EAS（Equivalent Airspeed）、TAS（True Airspeed）があります。

IAS　（Indicated Airspeed）
　　速度計に示される速度で、計器の誤差や system のエラーは修正されていません。

CAS　（Calibrated Airspeed）
　　CAS は飛行機が空気中を飛ぶことによって生じる計器と position error（センサーの位置誤差）を修正したものです。POH や AFM にはグラフが図示され gear や flap の configuration を変化させたとき IAS を修正し CAS を求められるようになっています。

EAS（Equivalent Airspeed）
　　EAS は CAS をピトー管の内部の圧縮誤差を補正したものです。EAS は標準大気の平均海面上では CAS と同じになります。CAS は高度が上がるにつれ実際より速くなるので、圧縮誤差を差し引く必要があります。

True Airspeed　（TAS）
　　TAS は CAS に気圧と温度を補正したものです。標準大気の平均海面では TAS と CAS は同じです。CAS に気圧高度補正と温度補正をして TAS を出します。
飛行機によっては、速度計の計器内部にアネロイドと温度補正装置を付けているものもあります。この場合、速度計の針は実際の TAS を表示します。

TAS 計は真対気速度と IAS（指示対気速度）の両方を表示します。これらの計器は従来の速度表示と小窓部分にサブダイヤルの表示部があります。計器の横にあるノブを回して外気温と飛行している気圧高度を合わせます。これでサブダイヤルに TAS が表示されます。

Mach Number

ジェット機は音速に近い速度で飛行します。この領域では IAS は温度などの関係で速度表示としては不適切になってしまいます。そこで Mach number で音速に対する比率で表す計器が適切

に表示でき、これが実際に使われています。

Maximum Allowable Airspeed

ある程度の高速で飛ぶ飛行機には速度計に maximum allowable 速度が表示されるものがあります。
赤のストライプの入ったポインターが制限速度を示しています。高度が高くなり、空気密度が小さくなるとこのポインターも下がるようになっています。

Airspeed Color Codes

パイロットがチラッと見ただけで現在の速度領域がどのようなものか分かるように速度計は色分けされています。下図に色マークの意味を紹介します。

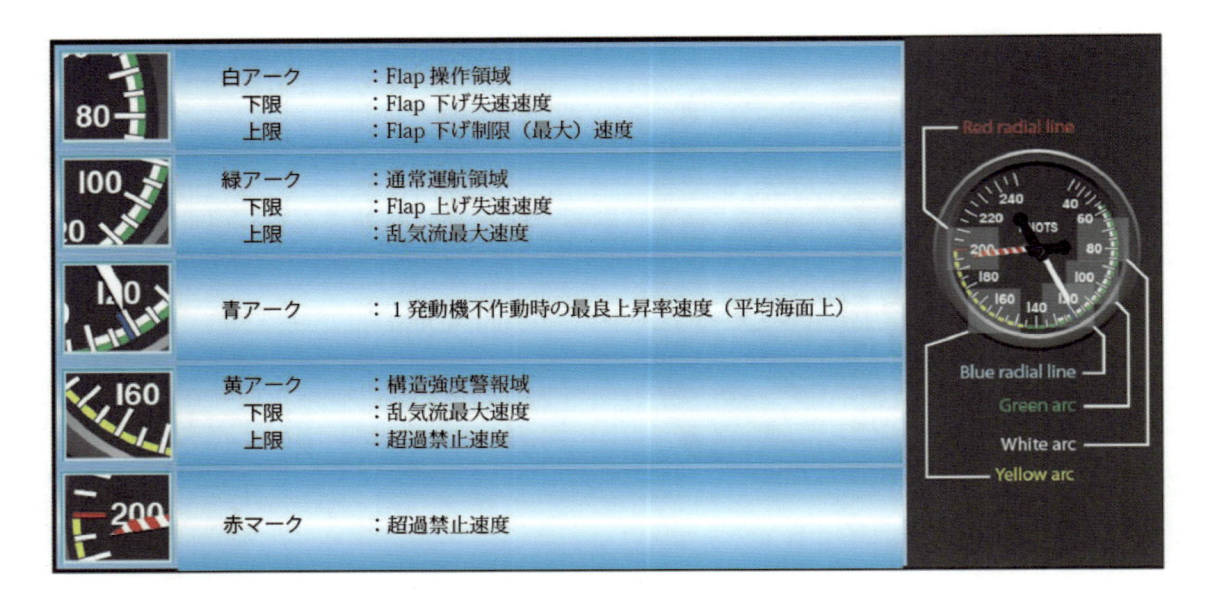

5-2　地磁気を利用した計器（Magnetism）

　地球は宇宙空間を回転する大きな磁石であり、目に見えない磁場で作られる磁力線で包まれています。これらの磁力線は北極から出て南極で入ります。

磁力線は 2 つの大事な特徴があります。自由に動くようにした磁石は地球上ではこの磁力線にアラインします。また、この磁力線を電気の導体が横切るとき、電流を誘発します。飛行機に装備されている方向指示のほとんどはこの 2 つの性質を利用しています。

◎　The Basic Aviation Magnetic Compass

　最も古く、シンプルな方向指示器はマグネットコンパスです。また、VFR でも IFR でも必要です。

Magnetic Compass Overview

　鉄を含む物質のマグネットは、地球の磁力を検知します。その大きさにかかわらず、全てのマグネットは両極、north pole と south pole を有しています。あるマグネットの磁場に別のマグネットを置いた場合違う極同士は引き合い、同じ極同士は反発します。

飛行機のマグネットコンパスは左図のようになっており、小さなマグネットがメタルの浮きに

付いておりボールの中にシールされ、ケロシンのような透明の液体が充填されています。カードと呼ばれる目盛付のスケールがこの浮きを包んでおり、ガラス小窓から見えるようになっています。ラバーライン（基線）が目盛を縦にクロスしています。カーディナルな方向は文字で N、E、S、W で東西南北を表し、その間を 30° 毎に数値が記されています。ただし下一桁の"0"は省略されています。例えば、6 は 60°、33 は 330° という具合です。数値の下に長短の線があり、長い方は 10°、短い方は 5° を表しています。

Magnetic Compass Construction

　カード付の浮きの部分は中心がピボットに乗っており、スプリングで抑え、硬質のガラス製のケースに入れられています。ピボット上でほとんど重さがかからないように浮いており、充填されている液がカードと浮きが揺れ動きにくくしています。このピボットとケースの仕組みで浮きは自由に回転でき、約 18°まで傾くことも可能となっています。深い bank 角ではコンパス表示は誤差が大きく、予測できません。
コンパスケースはコンパスの液でフルに充填されています。ダメージや温度が上がったときの膨張による液漏れを防ぐためにコンパスケースの裏はフレキシブルなダイアフラムでシールされているか、コンパスの下がメタルになっています。

Magnetic Compass　　Theory of Operations

　マグネットは地球の磁場にアラインし、パイロットはそのスケールのラバーラインのところを方位として読み取ります。パイロットはコンパスカードを裏から見ていることになります。パイロットが北へ向かって飛んでいるとコンパスが表示しているとき、右側が東のはずですが、右側には 33 と表示されており、330°（北西）となっています。この理由は目盛をつけたコンパスカードは地球との関係位置を保持し、コンパスケースとパイロットの方が回っていくのでいつもカードを後ろから見ることになるからです。
飛行機の中で使われている電気とワイヤリングは磁場に影響を与えマグネットコンパスの精度に影響します。これはコンパス誤差とよばれています。コンパスに取り付けられたコンペンセーターを使って航空整備技術者がコンパスケース内の磁場を補正します。コンペンセーターは 2 つのシャフトがあり、その端はスクリュードライバーのスロットになっており、コンパスの前面に近づけるようになっています。それぞれのシャフトは 1 つか 2 つの補正用のマグネットを回します。シャフトの端には E-W のマークがあり、飛行機が東と西を指すときに補正するように働きます。もう一つは N-S を補正します。

◎　Magnetic Compass Errors

　磁気コンパスは計器パネルの中で最もシンプルな計器ですが、いくつかの誤差があり、これを考慮する必要があります。

Variation

　地球は地軸を軸に自転していますが、地図やチャートは両極を通る経度を表す子午線を使っています。地理上の極を基準に計測した方向を true direction（真方位）といいます。地球の磁場をつくる北極は地図上の北極と一致せず、1,300 マイルほど離れています。

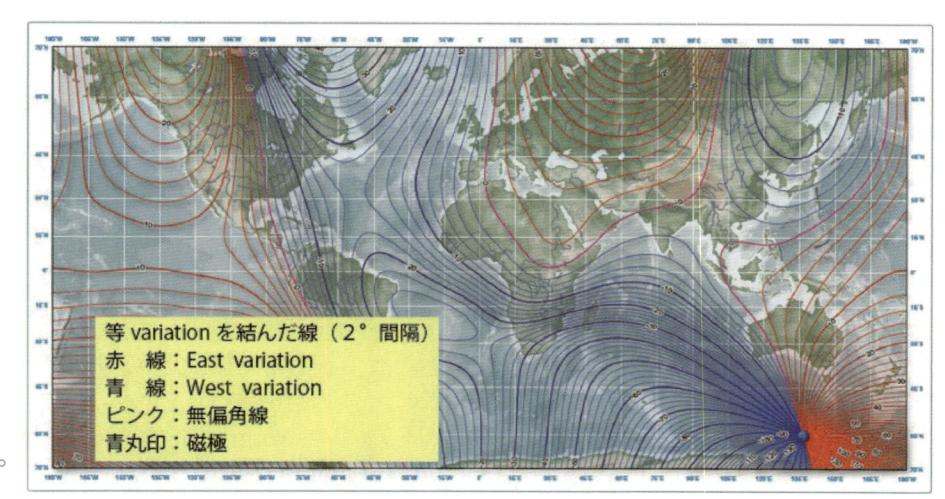

等 variation を結んだ線（2°間隔）
赤　線：East variation
青　線：West variation
ピンク：無偏角線
青丸印：磁極

　　磁北から計測した方位を magnetic direction（磁方位）といいます。航空の世界の航法では、真方位と磁方位の差を variation といいます。同じこの差は地上の航法では declination（偏差）とよばれています。

前図は、その地域の variation が同じ角度の線を引いたものです。シカゴ辺りが agonic line（無偏角線）と呼ばれています。この線上では両極はアラインしており、variation はありません。この線より東で磁北は地図上の北極より西にズレており、コンパスの指示に修正を加えて真方位を出します。

熊本周辺では 7°west です。もし、パイロットが真方位 180°の方向に飛びたいときは variation を足してマグネットコース 187°で飛ぶことになります。

Deviation

　　マグネットコンパスは地球の磁場にアラインしています。飛行機の中の電流や、ワイヤリングやマグネットを含むパーツなどで作られる磁場が地球の磁場に干渉し、deviation と呼ばれるコンパス誤差を発生します。

Deviation は向いた方向によって変わってきますが、地球上の位置には関係しません。Variation は変えることはできませんが、deviation は専門の整備士による調整（swinging compass と呼ばれる作業）で小さくすることができます。

空港によっては、compass rose があり、taxiway やランプ上のその地点では（人工物の）マグネットの

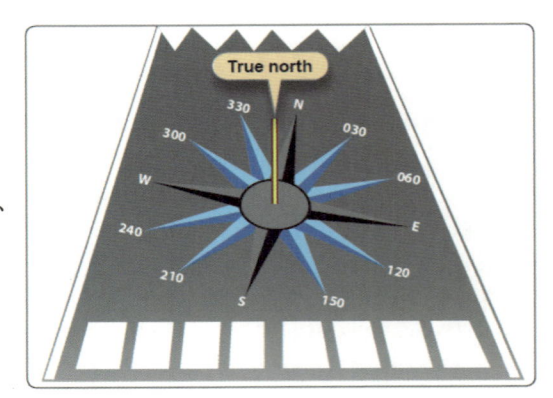

影響のない場所となっています。ここでは、磁北と 30°ごとの線が描かれています。

ここで、航空整備士かパイロットが飛行機をそれぞれの磁方位に合わせて飛行機のコンパスの表示との誤差が最少になるように調整します。

取り除くことができなかったコンパスのエラーはコンパスカードのエラーカードに記録しコンパスカードの近くに置いておきます。サンプルの表から、パイロットが 120°に飛行したいときに radio が on なら、123°のコンパス HDG で飛べばよいことになります。

FOR	000	030	060	090	120	150
STEER						
RDO. ON	001	032	062	095	123	155
RDO. OFF	002	031	064	094	125	157

FOR	180	210	240	270	300	330
STEER						
RDO. ON	176	210	243	271	296	325
RDO. OFF	174	210	240	273	298	327

　　Variation と deviation を修正するときは、正しい順番で希望するコースに修正をします。

Step1　Magnetic Course を決めます。

　　True course（183°）±Variation（＋7°）＝Magnetic course（190°）

ここでコンパスカードの 190°近辺の deviation を確認します。

Step2：Compass Course を決めます。

　Magnetic Course（190°）±Deviation（−2° correction card から）＝Compass course（188°）

注：コンパスカードに表記されている数値の途中の場合はインターポレートします。

結果 183° の true コースを飛ぶには 188° のコンパスコースで飛ぶことになります。

Compass course から true course を出すときは逆に算出していきます。

Northly Turning Errors

　コンパスのフロート部の重心はピボットよりも下にあります。飛行機が旋回のため傾くと、地磁気の伏角（磁極が地面の下にあるため引きつけられる磁石の極が下に傾く）のため旋回している方にフロートが swing することになります。その結果、見せかけの北向きの旋回を示します。従って北向きの旋回をするときはコンパスカードのリードを考えて所望の HDG に到達する前に旋回をストップします。このコンパスエラーは極に近づくにしたがって大きくなります。このリード量を算出するルールオブサムとしては、15° に緯度の半分を足した角度分手前で旋回を止めることです。（例えば、飛行機が北緯 40° あたりに居るなら 15° ＋20° ＝35° 所望の HDG より手前でストップします）

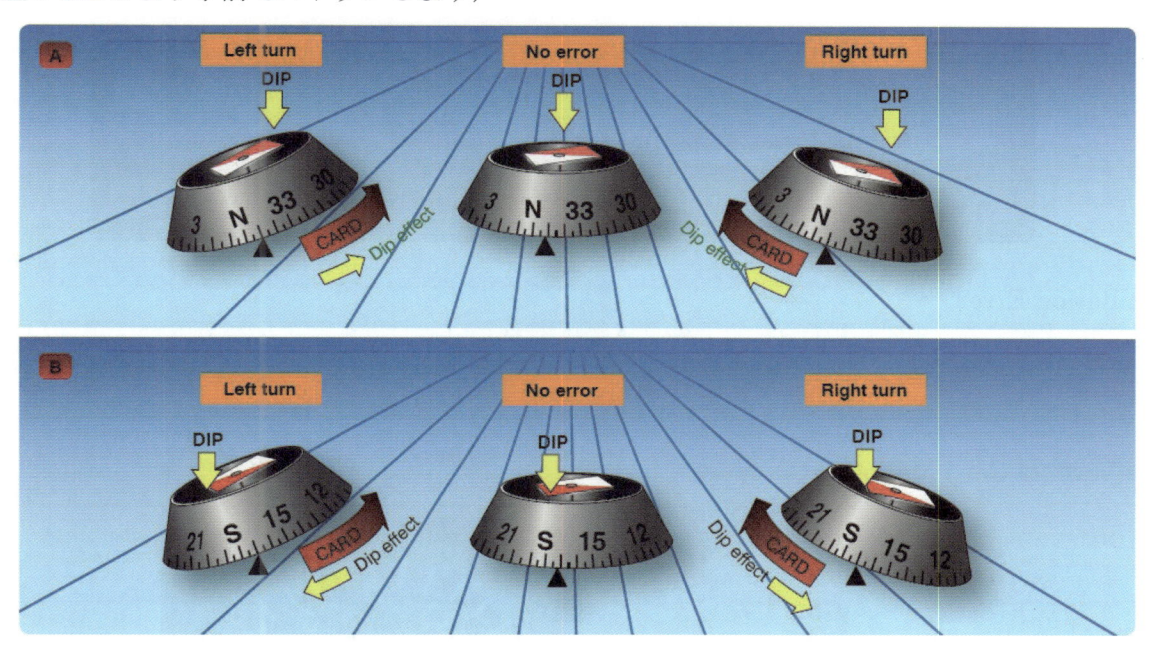

Southerly Turning Errors

　南向きに旋回するときは、コンパスフロートのアッセンブリーの回転が遅れる方向に力が働きます。結果として旋回の誤差が生じます。コンパスカードやフロートは所望の HDG を過ぎてから旋回を止めます。北向きの旋回で生じるエラーと同じように極の近くではエラーが大きくなります。この遅れの誤差の為に、所望の HDG を通り過ぎてから旋回をストップします。ルールオブサムで 15° に緯度の半分をプラスした分だけ周り過ぎて roll-out します。

　（例えば：飛行機が緯度 30° あたりで飛んでいるとします。この場合ターゲットの HDG を 15° ＋15° ＝30° を過ぎたところで旋回を止めます）

Acceleration Error

　飛行機を加速したり減速した場合、磁場の伏角と慣性力がマグネットコンパスのエラーを起こす原因となっています。ぶら下がるタイプのフロートがピボットに乗せられているのでコンパスカードの後端は加速時には上がり、減速時には下に下がります。加速するとき、東か西に向いている場合は北へ旋回しているように誤指示をします。減速するときコンパスは南に旋回しているように示します。この error の方向を覚えるのに "ANDS"（Acceleration-North/Deceleration-South）という言葉が便利です。

Oscillation Error

　振動によるエラーは他の全てのエラーのコンビネーションであり、コンパスカードが飛んでいる前後方向に揺れ動くことで発生します。ジャイロ式 HDG 計をマグネットコンパスの値を使ってセットするときは揺れ動く表示の平均値を使います。

The Vertical Card Magnetic Compass

　フロートタイプのコンパスは前述のエラーが全てではなく、それ自身が読み取り時の混乱を助長することがあります。カードの裏を読む形なので簡単に間違った方向に旋回をしがちです。　東の方向というのはパイロットの西側に書かれています。Vertical カードのマグネットコンパスはこの混乱を防ぐようにできています。このコンパスの目盛は東西南北の letter と 30° 毎の数値、5° 毎のマークとなっています。

ダイヤル表示盤はマグネットに歯車シャフトでつながって回転し飛行機の絵の nose 部分が現在の

HDG を指示しています。渦巻きの電流はアルミ製ダンピングカップに導かれ、マグネットの振動を減衰させます。

◎ The Flux Gate Compass System

　以前に記述したように、地球の磁力線の流れのなかでは 2 つの特徴があります。一つはマグネット（磁石）がこの磁力線にアラインすること、もう一つはこの磁場の中を電線が横切ると電流が誘発されるということです。

Slaved gyros を駆動する flux gate compass は、この誘導電流の特徴を利用しています。Flux valve は図のように小さく分かれたリングで、ソフトな鉄製でマグネットの flux を敏感に受け止めることができるようになっています。

　地球の磁場による誘導電流を 3 つの支柱に巻き付けたコイルで検知します。フレームの中心部の鉄のスペーサーに巻き付けたコイルには 400Hz の交流が流れています。この電流の交流波形のピーク（山の部分）にあたるとき、地球の磁界をこのフレームでは検知できなくなるよう強い磁場ができます。しかし、電流がピークを過ぎ弱くなってくるとフレームは地球の磁界を拾えるようになります。このとき 3 つのコイルを横切る地球の磁界が電流を造ります。これらの 3 つのコイルに流れる電流は HDG が変化すればそれぞれ変化します。

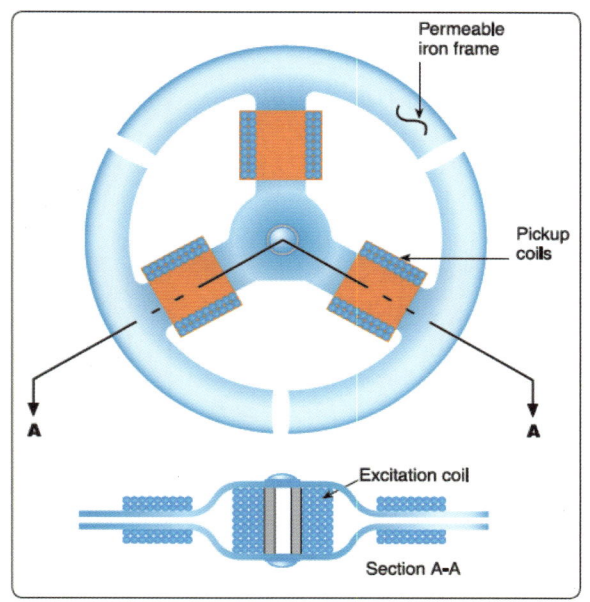

　3 つのコイルは計器の中にある 3 つの同じタイプの小さなコイルに繋がれてシンクロしています。シンクロする働きで Radio Magnetic Indicator（RMI）や Horizontal Situation Indicator を回転させることになります。

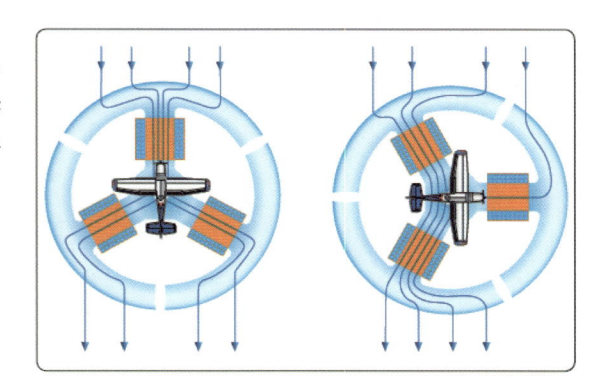

◎ Remote Indicating Compass

　Remote indicating compasses は球形の HDG 指示器のエラーと制限を修正したものです。コースとの位置関係が直感できる絵で表したよう（pictorial）な 2 つのパネルと slave コントロールと補正ユニットです。

絵図的に navigation コースとの位置関係を表す計器を一般的に HSI と呼んでいます。

Slave コントロールと補正ユニットはプッシュボタンで slave ジャイロにするかフリージャイロにするかを選択します。

このユニットには slave メーターと 2 つのマニュアル HDG-drive ノブがあります。最近の計器ではこの slave meter はほとんど見かけなくなっています。

フリージャイロの時は、このノブを押して適切な HDG にマニュアルで回して合わせます。

マグネット slave のトランスミッターとして離れた場所に置かれています。通常は電磁的な影響を受けにくい翼端に置かれています。これはフラックスバルブを有し、これが方向をセンスします。地磁気を拾い上げ、それを増幅して HDG 計器ユニットに送ります。このシグナルが HDG 計器内にあるモーターのトルクを発生させ、ジャイロユニットがトランスミットされたシグナルにアラインするまで動かします。この magnetic slave transmitter が HSI に電気的に

Pictorial navigation indicator (HSI)

Slaving control compensator unit

Slaving meter

つながっています。リモート表示のコンパスはいろいろなタイプがあるのでここでは、基本的なシステムについてのみ記述します。計器飛行を実施するパイロットは自分の飛行機に搭載されている計器の仕組みについて熟知する必要があります。

計器パネルは様々な表示部が増えてきており、メーカーではこれらを集合させて表示させる方向に進化してきています。

右図ではコンパスカードはフラックスバルブで駆動し、2 つのポインターは ADF と VOR によって駆動されています。

更に最近ではグラスコックピットになれば、姿勢指

示器と navigation 情報、地図、速度、高度、速度などほとんどの計器飛行に必要なものが集合計器の中に組み込まれるところまできています。

Gyroscopic Systems

　機外の水平線が見えない状態においては、ジャイロの 2 つの特徴（空間に対して動かない性質、プリセッション特性）を利用したジャイロ計器を利用することで安全に飛行できるようになりました。これらのシステムは、姿勢指示器、HDG 計器、レート計などであり、これらの計器と power を表す計器を使って飛行します。これらの計器は周囲を重くした小さな wheel

（回転盤）でできているジャイロを内蔵します。この wheel が高速で回されているときは、回転の軸周り以外の方向に動かそうとした場合これに抵抗し動かさないようにする力が働きます。Attitude（姿勢指示器）と HDG 計器はこの動かない原理を使っています。飛行機が動いても計器の中で一定の姿勢を維持することで姿勢などを表示します。ターンインディケーターやターンコーディネーターなどはプリセッションの特徴を利用しています。この場合、ジャイロ軸に対して方向を変える率に比例して動く量が変わることを利用しています。

◎　Power Sources

製造メーカーは飛行計器にレダンダンシーをもたせ、単一の故障でフライトの安全が脅かされることが無いようにしています。計器飛行で利用する計器は、分離された複数の電源あるいはニューマティック（空気圧を利用したシステム駆動力）を駆動力として利用しています。

Pneumatic Systems

ニューマティック　ジャイロは wheel（回転盤）の周辺にある切込みに空気噴射を当てて駆動しています。数多くの飛行機で、この空気の流れは計器ケースから空気をバキュームすることで計器のケースに空気が流れ込むようにし、その空気が流れこむ部分を wheel を回転させるノズルにすることで実現しています。

Venturi Tube Systems

上述のケースから空気を抜き出すニューマティックポンプを有しない飛行機では、飛行機の外部に装着したベンチュリーチューブを使って計器ケースから空気を吸出します。

ベンンチュリー管の中を通って流れる空気流は細くなった部分ではベンチュリーの原理で速く流れ、圧が下がります。この位置に計器ケースに接続するチューブをつなぎます。

2 つの attitude 計器は、約 4 インチの吸引で駆動でき、ターン・スリップ計は 2 インチあればよいので、途中に吸引力を下げる needle valve が取り付けられています。計器の中に流入する空気はビルトインのフィルターを通して入ります。このシステムはベンチュリー管が着氷で詰まると最も必要な時に計器指示を失うことになってしまいます。

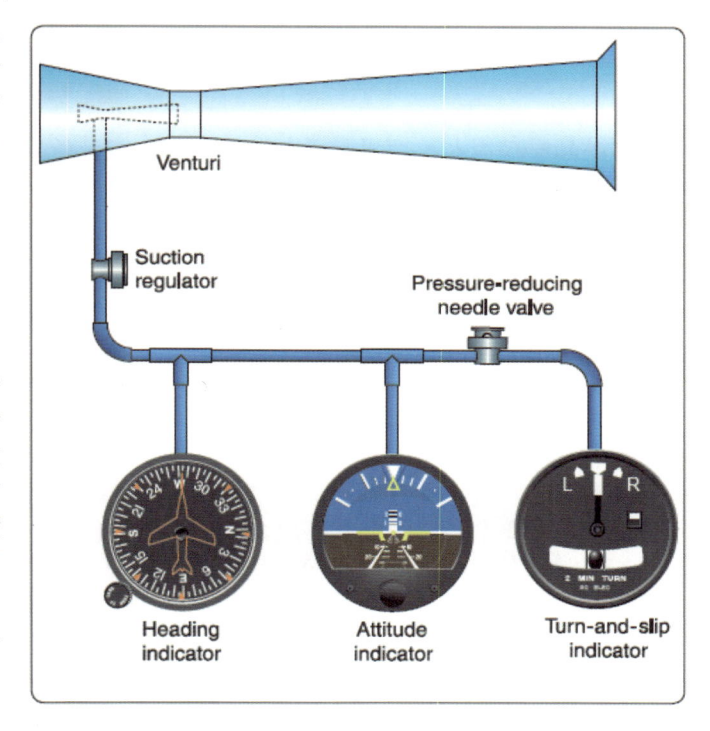

Vacuum Pump Systems
Wet-Type Vacuum Pump

長年、スティール羽根のエアーポンプが計器ケースから空気を抜くために使われてきました。このポンプの羽根は少量のエンジンオイルを空気に混ぜて一緒にポンプの中に入れることで潤滑されています。

　飛行機によってはこのディスチャージした空気を翼や尾翼の除氷ブーツを膨らませるために使ったりしています。ブーツのゴムが劣化しないように、オイルを取り除く必要があります。バキュームポンプは計器ケースから吸引すべき空気量よりも多くの空気を吸い込みますので、途中で吸引力を弱めるためのリリーフバルブが取り付けられています。このバルブにスプリング力がかかり、計器内が必要な低圧を維持できるように働きます。この吸引力の値が計器盤のゲージに表されているものもあります。センター・エアーフィルターからフィルターを通した空気が計器ケースに流入します。飛行機が比較的低高度で飛んでいる限りジャイロを充分高速で回転させるだけの空気が供給されます。

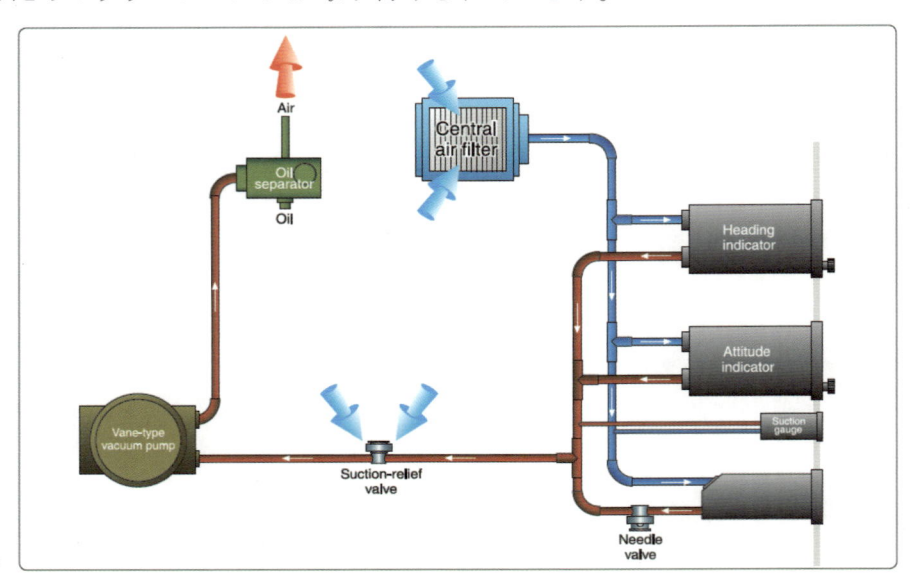

Dry Air Vacuum Pump

　高度が高くなると、空気密度が低くなり、より多くの空気が計器に送り込まれなければならなくなります。高高度を飛ぶ飛行機ではオイルを混ぜてディスチャージするタイプは使われていません。スティール製の羽根は潤滑する必要がありますが、特殊加工したカーボンスライドで作られた羽根をカーボンケースに収めたものは自分の研磨微粒子が潤滑油の代わりになります。

Pressure Indicating Systems

　次ページの図は、general aviation で使われる双発機の pneumatic 計器システムのダイアグラムです。2 つの dry air pump では壊れやすいカーボン羽根を傷つけないようにフィルターで異物を取り除いた空気を取り込みます。ポンプから出た空気はレギュレータでシステムに利用する適切な圧に調整され過剰な圧はブリードオフされます。その後ポンプで混じる可能性のある異物をフィルターで除去してマニホールドのチェックバルブに流れます。
　もしエンジンが一基止まっていたり、ポンプが一つ壊れている場合はチェックバルブがシステムを分離し、計器は可動しているシステムで駆動されます。
　計器のジャイロの回転に使われた空気はケースの排気口から出ていきます。プレッシャーゲージはこの計器を通ることで圧が落ちた分を計測しています。

Electrical Systems

　多くの general aviation の飛行機では、pneumatic attitude 計器（姿勢指示器）を使い rate 計に電気を使うか、またはその逆もあります。計器によっては、その駆動源をダイヤルで示すものもありますが、パイロットは飛行機オペレーションマニュアルで計器駆動の power が何かを知り、計器故障の場合にどうすればよいかを知らなければなりません。直流駆動の電気計器

は飛行機のシステムによりますが、14 ボルトか 28 ボルトで稼働します。
交流電気は attitude ジャイロや autopilot を動かすのに使われます。直流（DC）システムしか
ない飛行機では、ソリッドステートで直流を交流に変換するインバーターで 14 ボルトか 28 ボ
ルトの直流を 3 相 115 ボルト、400Hz の交流に変換して交流（AC）計器を動かします。

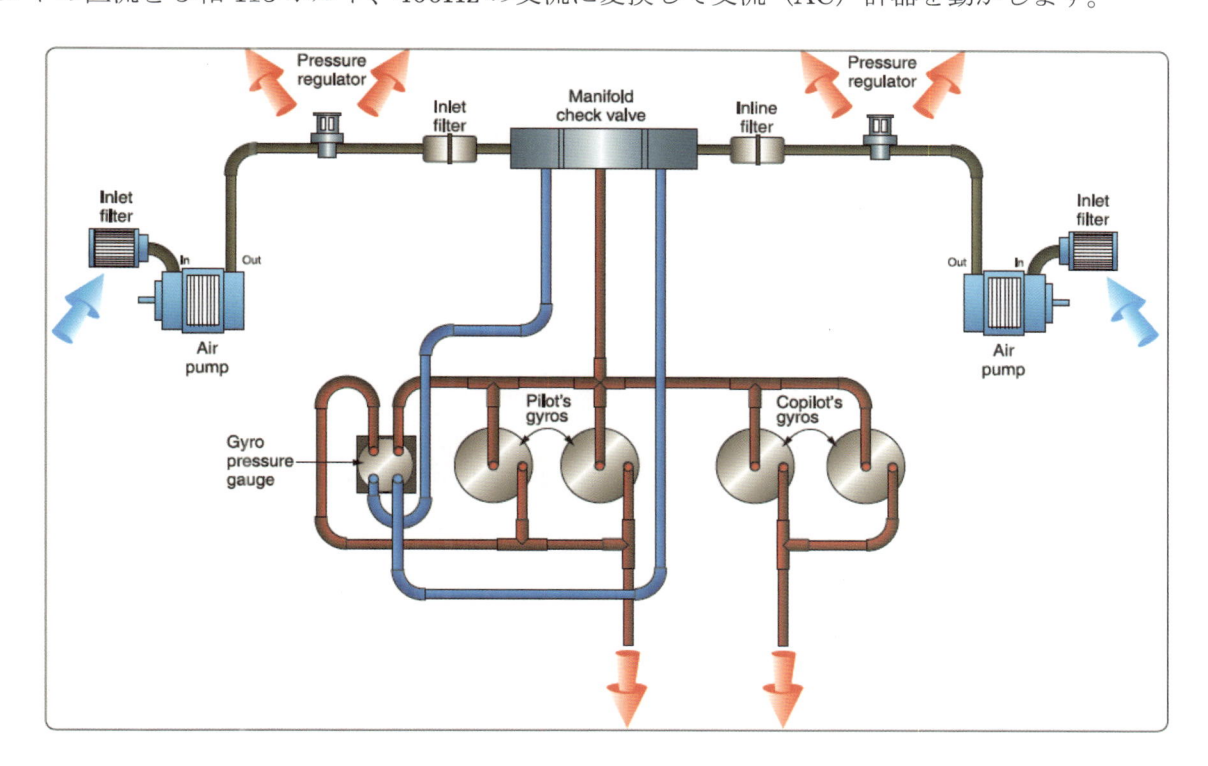

◎　Gyroscopic Instruments
Attitude Indicators

　初期のころは Attitude Instrument（AI）は
人工水平儀と呼ばれ後にジャイロ水平儀と呼ば
れましたが、現在はもっと適切に attitude
indicator（姿勢指示器）と呼ばれています。
この中のメカニズムは、小さな真ちゅう（黄銅）
製で縦方向の回転軸の車輪が外周の刻みに空気
流をぶつけるか、または電気モーターで高速回
転させられています。このジャイロは 2 つのジ
ンバル（ジャイロを乗せる直角に交わる台座）
に組み込まれ、飛行機が roll や pitch を変えて
もジャイロは宇宙空間に対し同じ姿勢を維持で
きるようにできています。

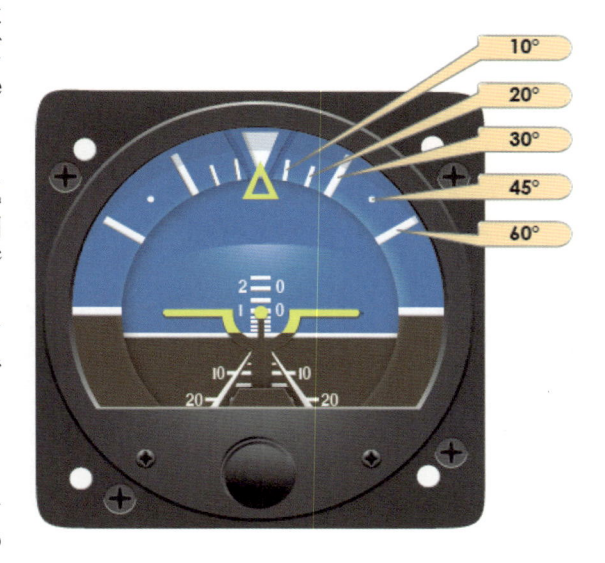

　水平のディスクがジンバルに取り付けられ、
それはジャイロと同じ面を維持し、飛行機はそ
の周りを pitch や roll をします。初期のころの

計器は、水平を表すのはバーでしたが、今はディスクで水平を表し、pitch と bank 角の両方を表示します。上半分は blue で空を表し、下半分は brown で地表面を表します。計器のトップに bank 角を表すバンクスケールがあり 10°、20°、30°、45° と 60° を表示しています。小さな飛行機のシンボルは計器のケースに取り付けられ、飛んでいる飛行機の水平線との関係位置を示しています。

下部の中央にあるノブを使って、飛行機のシンボルを上げたり下げたりでき、速度が変化したときのピッチトリムの変化を調整します。飛行機と翼を表すシンボルの幅は、約 2° の pitch 変化に相当します。Attitude indicator が正しく機能するために、飛行機が旋回したり、pitch が上下してもジャイロは垂直に保たれなければなりません。この計器で使われているベアリングは飛行機が動いてもジャイロが同じ位置を保てるように摩擦をできるだけ小さくなるようにしていますが、僅かな抵抗でもジャイロ軸に力がかかりプリセッションを生じ、ジャイロを傾かせてしまいます。この傾きを最少にするために、計器ケースの中でジャイロが垂直位置からズレて傾いた場合に力が加わる erection メカニズムがあります。この力の作用で回転している wheel はもとの垂直位置に戻ります。

旧型の人工水平儀では pitch と roll に許容範囲があり、通常 pitch は 60°、bank は 100° まででした。この許容値を超えるとジンバルがケースに当たり、ジャイロのプリセッションが発生し、でんぐり返りしてしまいます。この制限値があるので、これらの計器は大きく制限を超えてマヌーバーをするときに、ジャイロを垂直位置にケージングするメカニズムを有します。新しい計器はこのジャイロがひっくり返ってしまう制限値はありません。従ってケージング機能もありません。

飛行機のエンジンを始動した直後は、pneumatic や電力が計器システムに供給されはじめた段階ではジャイロはまだ立ち上がっていません。重力のプリッション力を利用して自力で立ち上がるメカニズムが機能しジャイロが垂直位置に立ち上がります。この立ち上げに 5 分ほどかけますが、実際には 2〜3 分で完了しています。

Attitude indicator にほとんど誤差はありませんが、erection system の機能する速さによっては、急激な加速で若干の nose-up、急減速で若干の nose-down の表示となる場合があります。また、180° 旋回をした後、pitch と bank が僅かに傾くことがあります。これら特有の誤差は水平直線飛行をしている間に短い時間で自動的に修正されます。

Heading Indicators
　磁気コンパスはバックアップ用として使われる計器です。固有のいろいろな誤差を生じてしまうので、信頼性のあるジャイロ式 HDG 計器がこれを補います。

HDG 指示器で使われるジャイロは attitude indicator と同じように 2 つのジンバルにマウントされていますが、回転軸が水平方向で飛行機の垂直軸まわりの動きをセンスできるようになっています。ジャイロ式 HDG 計でも slave 式でないものは北を検知できないので、磁気コンパスを見ながら適切な HDG をマニュアルでセットしなければなりませんでした。地球はコンスタントに 1 時間 15° 回転していますので、ジャイロが宇宙空間に一定の姿勢を保持している場合、1 時間に 15° ずつ HDG がズレていくことになります。従って、このタイプの計器を利用する場合、15 分に一度は磁気コンパスとクロスチェックして HDG を修正することがスタンダードなオペレーションでした。

Turn Indicators

　Attitude 計と HDG 計はジャイロの rigidity（宇宙空間に対し姿勢を維持）特性を生かしたものですが、rate 計、ターンアンドスリップ計などはプリセッションを利用します。プリセッションはジャイロに力をかけて軸を動かそうとしたときに、それと 90° ズレた方向に動く性質です。

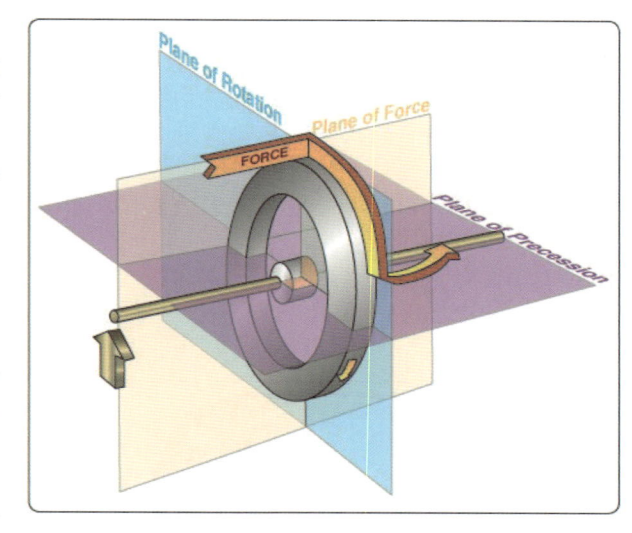

Turn-and-Slip Indicator

　飛行機に装備されたジャイロ式の計器は、ターンを表す針とボール、ターンアンドバンク計で、最近ではターンアンドスリップ計と呼ばれています。

　計器の中に、シールされた曲がったガラスチューブの中に黒いボールを入れた傾斜計が組み込まれ液体が充填され急激な動きをダンプしています。このボールは相対的な重力を示すことで旋回時の慣性力を表示します。飛行機が水平直線飛行中はボールを動かす慣性力は何も働きませんので、ボールは 2 つの線の中のセンターにあります。深い bank に入れ旋回し、重力が慣性力より大きいとボールは旋回の内側へ転げ落ちます。もし浅い bank で旋回し、慣性力が重力より大きければボールは旋回の外側へ転げ上がります。傾斜計は bank 量を表すわけではなく、また、slip を表すわけでもありません。それは単に bank 角と yaw のレートの関係を表しています。

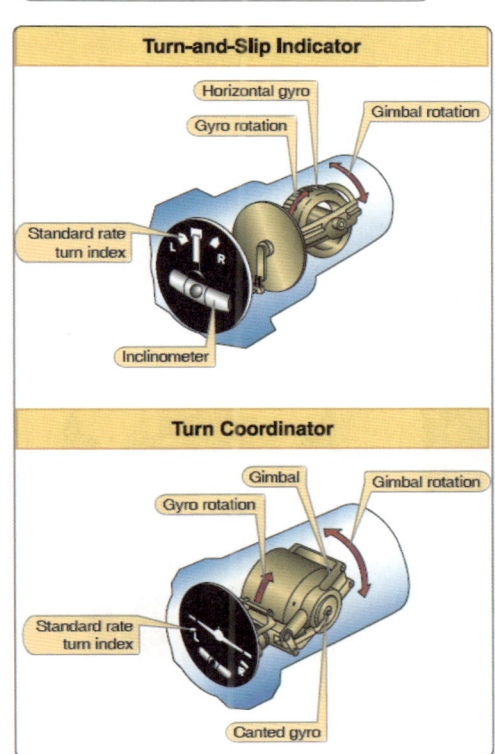

　ターンインディケーターは空気または電気で駆動する小さなジャイロで作動します。ジャイロは一つのジンバルにマウントされ飛行機の前後軸と平行な回転軸となっています。飛行機が yaw したり、垂直軸周りに旋回すると、このプリセッション力が発生しジャイロとジンバルを動かします。

キャリブレートするスプリングで調整され旋回率を表示します。ドッグハウスマークの所まで針が動くと standard rate turn（標準旋回）をしていることになります。

目盛が「2 MIN TURN」でマークされているものと高速機では「4 MIN TURN」でマークされているものがあります。

いずれにしてもドッグハウスに針がアラインすればスタンダードレートターンをしていることになります。スタンダードレートでは 3°／sec で 2 分で 360°

旋回することになります。2分計では針幅、4分計では2倍幅で3°／sec の旋回となります。

Turn Coordinator

　旧形の turn-and-slip 計の制約は飛行機の垂直軸周りの旋回しか検知できなかったことです。旋回開始時に当然起きる前後軸周りの回転は何も表示できませんでした。

ターンコーディネーターはターン計と同じようにプリセッションで作動しますが、前図のようにジンバルのフレームが飛行機の前後軸から30度上方に角度を付けてあります。この工夫で、roll と yaw の両方をセンスできるようになっています。旋回時、最初にバンクレートを表し、一度 bank が安定すれば、旋回率を表わします。ターンコーディネーターのジャイロは空気か電気で駆動されています。

指針表示ではなく、飛行機のシンボルを後ろから見た表示方式になっています。計器の枠部分に wing-level とスタンダードレート旋回がマークされています。

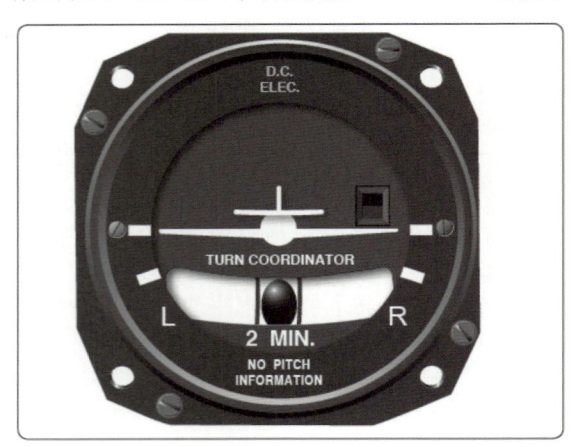

ターンアンドスリップ計と同じように傾斜計がついておりコーディネートボールとよばれており、bank 角と yaw rate の関係を表しています。ボールがセンターにあるときは、旋回のコーディネイトがとれていることになります。ボールが旋回の外側に外れているときは skid しており内側にズレているときは slip しています。ターンコーディネーターは pitch はセンスしません。計器の下部に「No Pitch Information」の表示がなされています。

5-3　Flight Support Systems

Attitude and Heading Reference System（AHRS）

　飛行機の計器表示は新しいテクノロジーで変化しており、各種センサーも格段に進化しています。伝統的なジャイロ式フライト計器も、信頼性を改善し整備費用も下げることができた AHRS（Attitude and Heading Reference System）に取って変わっています。AHRS のファンクションはジャイロシステムと同じで、水平の方向と北の方向を示します。Initial の HDG を知ることで、AHRS はその後の飛行機の姿勢と磁方位が分かります。

レーザージャイロを最初に開発したのは Kearfott 社です。はじめは防衛用の巡航ミサイル開発から始まったものです。ジャイロの精度から複数のタスクとファンクションに活用できることが明らかとなりました。ジャイロの小型化に伴いロボットからおもちゃまで solid-state のジャイロが一般的になり

ました。

　AHRS システムは attitude 計、HDG 計、ターン計など個々のジャイロは不要になりこれに置き代わりました。最近、多くのシステムで AHRS は完成の域にあります。初期の頃の AHRS は高価な inertial センサーとフラックスバルブを使っていました。しかし、今日では航空用の AHRS は特に general aviation の世界では、小さな半導体の広範なテクノロジーを活用し、例えば低価格の慣性力センサーとレートジャイロ、マグネットメーターおよび衛星からの受信機能などを集積しています。

Air Data Computer（ADC）

　ADC は、ピトーシステムからのプレッシャーやスタティックプレッシャー、温度などを使って正確な高度、IAS、TAS、外気温などを計算する飛行機のコンピューターです。ADC のディジタルアウトプットは、EFIS などを含む様々なシステムで利用できます。最近の ADC は、小さな半導体のユニットです。自動操縦装置、与圧、FMS などが ADC からの情報を利用しています。

最新のモデルでは、AHRS と ADC が複合され表示も含め単一のユニットになり重量軽減、コスト削減に寄与しています。

◎　Analog Pictorial Displays
Horizontal Situation Indicator（HSI）

　HSI はフラックスバルブからの信号でダイヤル目盛を動かして方位を表示するもので、コンパスカードとして作動します。この計器は磁気コンパスとナビゲーションシグナル及びグライ

ドスロープをコンバインして表示します。
パイロットが選択したコースと飛行機の位置関係を表示します。
HDG の表示はアジムスカードが回って表示され、図では上部のラバーラインの所で north または、360° となっています。コースは黄色い矢印の頭で 020° を示し、反方位は 200° です。コースのデビエーションバーは VOR/LOC のナビゲーションレシーバーで稼働し、選択した矢印のコースか

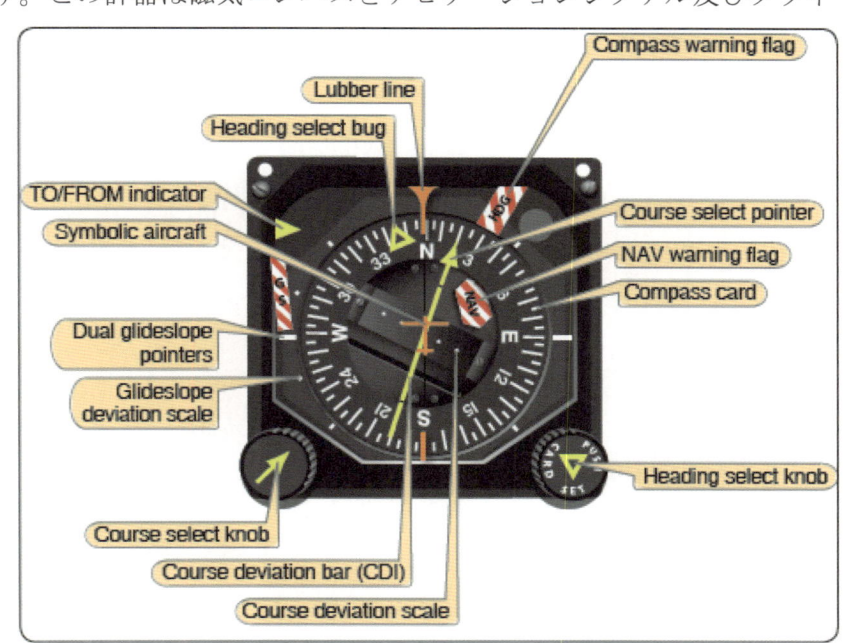

ら左・右のズレを旧形の指針で表示していたものと同じ方法で表示します。所望のコースはコースセレクトノブを回して、矢印のコースインディケーターをアジムスカード上にセットします。これで図解で表すように表示されます。コースから自分の飛行機の関係位置を上空から見下ろしているように把握できます。

TO/FROM インディケーターは「△」のポインターです。コース矢印の頭側に表示されているときは選択したコースでファシリティーに向かうことになります。もし、「△」が矢印の tail 側にある場合、選択したコースで局から離れていくことになります。

グライドスロープのデヴィエーションポインターは飛行機とグライドスロープの関係位置を示します。ポインターがセンターより下にあるときは飛行機はグライドスロープの上にいることになり、降下率を大きくし、飛行機を下げることが必要です。ほとんどのアジムスカードはフラックスゲートのリモート表示になっているのですが、もし、フラックスゲートの無い飛行機や故障などの緊急の運用時は、磁気コンパスと HDG を見比べてコースセレクトノブをリセットする必要があります。

◎　Attitude Direction Indicator（ADI）

進化した attitude 計器はジャイロ式水平と HSI などがコンバインされ、計器の数を減らしパイロットの注意力を離れた計器で分散しないようにしています。ADI はこのようなテクノロジーの進化による一例です。ADI に組み込まれている flight director はこの後解説します。

◎　Flight Director System（FDS）

Flight director は多くの計器をコンバインして一つの表示で飛行機のフライトパスを簡単に表示できるものです。希望するパスに乗り、維持するために計算されたコマンドすべき操舵を提供します。

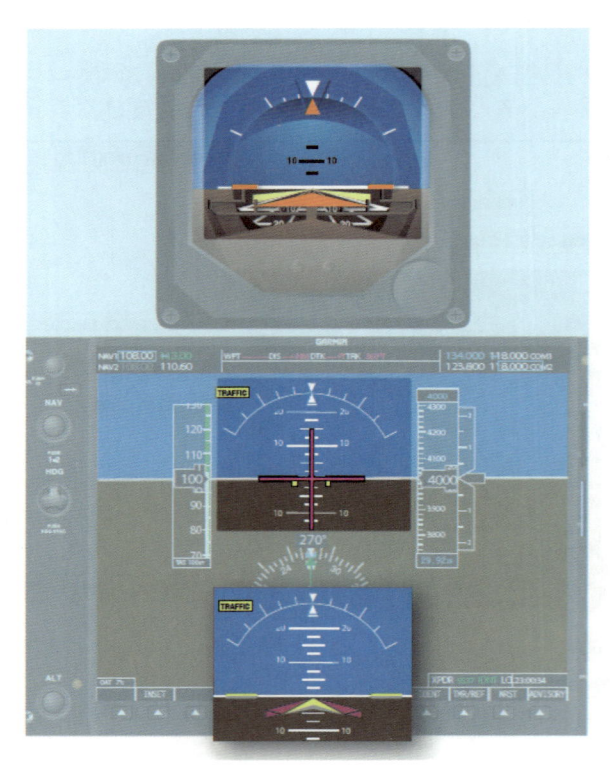

主な FDS のコンポーネントは ADI と flight director indicator、HSI、mode セレクターと FD コンピューターです。フライトディレクターを使うとき、必ずしも autopilot をエンゲージしている必要はありません。FD はパイロットまたは autopilot が follow すべき操舵コマンドを提供するものです。

典型的な FD は 2 つの表示方法があります。一つは水平と垂直のコマンドバーによるものです。コマンドバーは常にセンターに置くように操舵します。2 つ目はコマンドのシンボルにアラインするように操舵するタイプの表示です。コンピューターで計算されたコマンドは計器飛行でパイロットがしなければならない多くの計算から解放してくれます。左図のように ADI 上の黄色の cue は全ての操舵のコマンドを提供します。

ナビゲーションシステム、ADC、AHRS その他のデータソースからの情報を得ているコンピューターで動かします。

　コンピューターはこれらの情報を集積し、一つの follow すべき cue として提供します。これに follow することで 3 次元の航跡が所望のパスを維持できるようにします。
広く利用されるようになりましたが、最初、Sperry 社により開発され、STARS とよばれていました。Airline やビジネスの飛行機で用いられていました。この後 flight director は自動操縦と組み合わせ更に全てのフライトシステムと集積した情報を提供するように進化しています。下図は典型的な FD と mode コントローラー、ADI、HSI アナンシエーターパネルを示しています。

　パイロットはたくさんのモード、VOR/LOC、auto approach、glide slope、ILS などのモードを選択します。Auto mode は飛行機の性能や風を考慮し、自動で pitch を選択し、glide slope に到達したら ILS に乗っていきます。より複雑なシステムでは更にいろいろな mode の flight を direct できます。

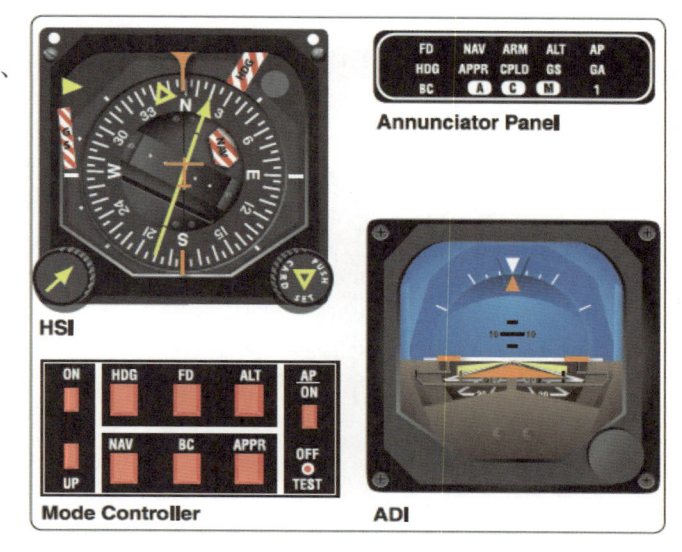

◎ Integrated Flight Control System

Integrated flight control system は様々なシステムを集約し一つの主コンポーネントでコントロールするようにしたものです。

　キーコンポーネントは機体、自動操縦、FDS などを包含する集約したフライトコントロールシステムです。
当初大きなジェット機で集約されていたシステムが、最近では general aviation の世界でもこ

のシステムが使われ始めています。

◎　Autopilot systems

Autopilot は、電気、油圧、ディジタルシステムなどを利用してメカニカル的に飛行機をコントロールするものです。Autopilot は飛行機の 3 軸周り、roll・pitch・yaw をコントロールします。一般的な general aviation の autopilot は roll と pitch をコントロールします。
Autopilot は違う方法でも機能します。まず、位置をベースにしたものです。Attitude ジャイロが wing level からのズレを検知したら pitch または HDG を変更するという具合です。
位置をベースにしたものか、レートをベースにしたものかは利用するセンサーのタイプによります。Autopiot が飛行機の姿勢をコントロールできるためには、実際の飛行機の姿勢情報がコンスタントに提供されていなければなりません。このためにいくつかの違ったジャイロセンサー

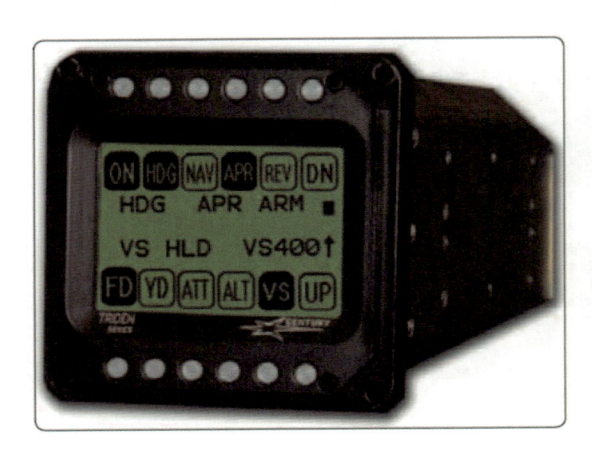

ーを使います。このセンサーのどれかは飛行機の水平線に対する姿勢を示すために使ったり、また他のものではレートを示すのに使ったりしています。
レートベースのシステムはターンアンド bank のセンサーを autopilot で使用します。Autopilot は 3 軸の 2 つのレート情報を使います。垂直軸周りの HDG 変化か yaw と前後軸周りの roll です。これを 30 度傾けたジャイロでセンスできるようにしています。
その他、新しいデジタルの autopilot では位置ベースとレートベースの両方を組み合わせたシステムのものもあります。

　次の図はレートベースの autopilot のダイアグラムです。これはユーザーが単なる wing level 機能から更に機能を追加することが可能です。

◎　Flight Management System （FMS）

1970 年代に飛行機の航法テクノロジーを進化させるものとして開発されました。いろいろ違ったタイプのセンサーからのインプットを受け入れてフライト全般を通してガイダンスを自動的に提供するビジョンが提唱されたのです。
当時、短距離は VOR や ADF を使用し、長距離は INS やオメガ、

ドップラーやロランを使っていました。

短距離では RNAV の機能は利用されていませんでした。長距離ではポイント to ポイントで waypoint をマニュアルで緯度経度を入力して利用していたために waypoint の数も制限がありました。この方法では乗員の出発前のワークロードが増え、データのロードミスも頻発していました。

全ての航法センサーを一つにまとめてコントロールするコンセプトが採用され、CDU がコンピューターへ入力するインターフェイスとして単一のものとして利用されるようになり、様々なセンサーのマネージメントも一つのコンピューターに送られるようになったお陰で、フライトデッキのパネルも減らすことができました。ワイヤリングも削減できています。

全てのセンサーの位置情報を集積し、最も可能性の高い情報として取り扱うようにし、エリアナビゲーションも可能となっています。

マニュアルで waypoint を入力していた問題をあらかじめ load されたデータベースから CDU を使って簡単に選択することができるようになりました。パイロットミスも大幅に削減できています。また、この方法で、waypoint 間をつなぐだけのナビゲーションではなく、ターミナルの SID、STAR、approach まで全て選択できるようになり、procedure（通過高度）なども自動的に入力されるようになっています。これを Flight Management System（FMS）と呼びます。

FMS は所望のトラック、ベアリング、距離、active waypoint、コースのズレ、HSI の表示システム、autopilot／flight director のコマンドシグナルもだします。どこへ行くか、どのように旋回するかの output も出します。

アナログでもデジタルでも output することができます。28 日毎に飛行方式手順を含む航法データベースは update されます。

最近では GPS を導入し、極めて正確な位置情報が、安価に提供できるようになっています。

まだ、小型機ではこの FMS は一般的なシステムではありませんが、徐々に価格の面からも general aviation の世界でも利用できる規模に進化しつつあります。

最寄りの DME 局を自動選択し、計算値の位置や高度補正を行ってより正確な情報に update したり、GPS を使って非常に正確なナビゲーションができるようになっています。

VNAV 機能を備えたものでは、縦方向のフライトプロファイルも計算し、コントロールできるようになっており、RNAV 進入などの計器進入にも対応可能になっています。

最近では、navigation 情報だけではなく、燃料マネージメント、空地のデータリンクなどもできるようになっています。

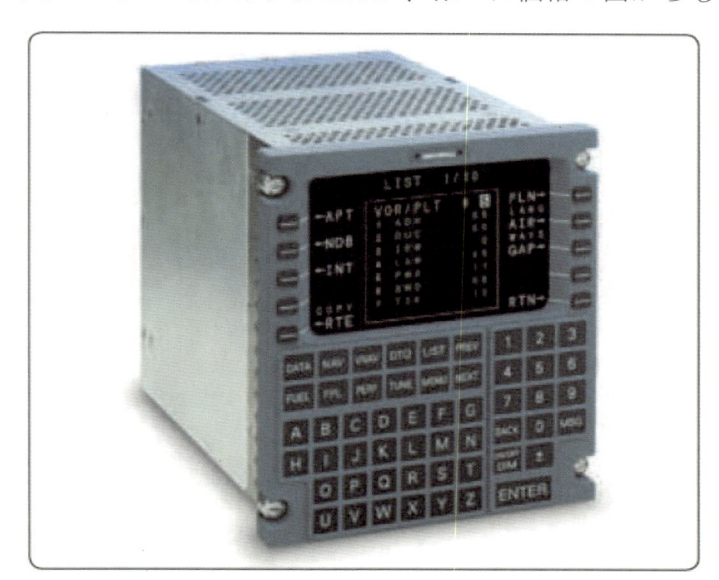

◎　**Electronic Flight Instrument Systems**

最近のテクノロジーではフライト計器の表示方法が elelctronic flight system など新しくなっています。表示部に LCD を使ったもので electronic flight instrument display とか glass flight deck と呼ばれています。General aviation では PFD（Primary Flight Display）と MFD（Multi-Function Display）です。PFD は高度、速度、昇降率、姿勢、HDG、トリム、トレンドの情報を提供します。

グラスコックピットパネルの価格が下がり、有効な機能が向上し利用者が増えています。このシステムは、軽く、信頼性が高く消費電力が小さく、一つの表示部で多くのシステムを表示できる利点がありアナログ計器に比べて多才になっています。

Primary Flight Display（PFD）

PFD は、これまでの 6 つの計器を利用するのに比べてスキャンが簡単で状況認識を向上させます。水平線、速度、高度、vertical speed、トレンド、トリム、旋回率などを表示します。

Synthetic vision

合成ビジョンは飛行機の障害物とフライトパスとの関係位置をビジュアル的に表示するものです。図は Chelton flight System で 5 つの要素で状況認識ができ、空のハイウェイ（航路）と合成して必要なフライトパスを表示します。合成 vision は PFD で使われていますがもっと普通に機外物標のリファレンスを表示するフォーマット形式です。

Multi-Function Display（MFD）

　パイロットの目の前にある計器は PFD に加えて、MFD があります。MFD は primary のフライト情報に追加の情報を提供します。地図情報や、approach チャート、GPWS、気象情報などが MFD 上に表示できます。追加のレダンダンシーとして、PFD と MFD 両方のディスプレーは片方が壊れても reversionary モードで、全てのクリティカルな情報を表示できます。

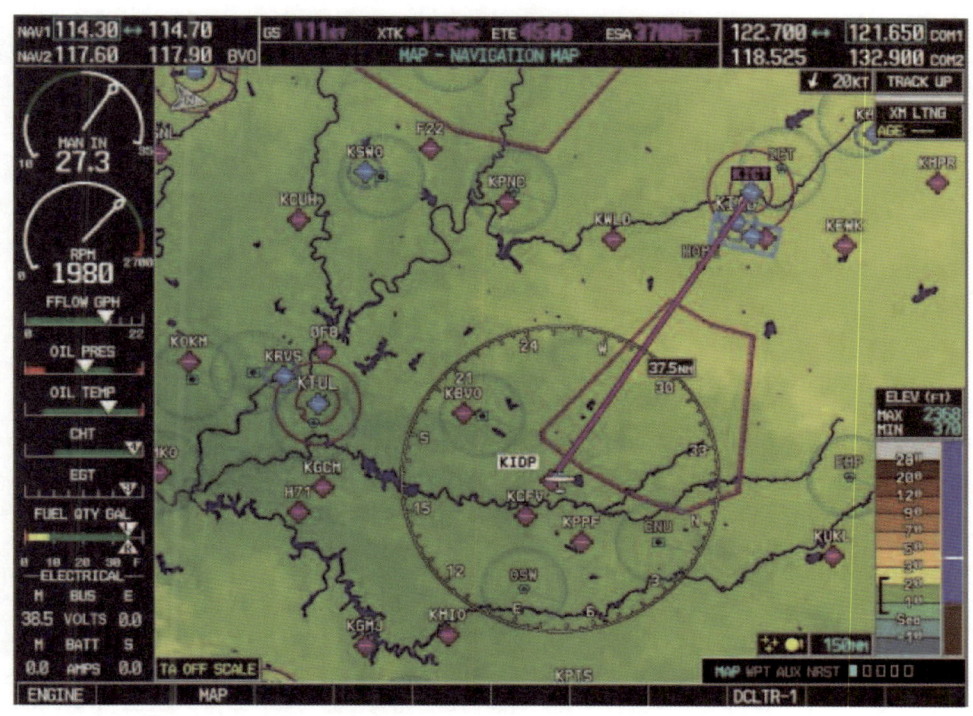

◎　Advanced Technology Systems

Automatic Dependent Surveillance-Broadcast（ADS-B）

　ADS-B はまだ開発途中です。コンセプトはシンプルで、飛行機は定期的に位置情報（緯度・経度・高度など）や速度、あるいは他の情報をメッセージとして送信します。他の飛行機でこの情報を受信し活用することができます。ADS-B の key は GPS で、飛行機の 3 次元の位置を提供することです。

簡単な例としては、air-traffic レーダーです。レーダーは飛行機までの距離とベアリングを計測します。ベアリングは回転するレーダーアンテナで発射した質問電波に飛行機が返答した電波を計測することで分かり、距離はその間の時間を計測して分かります。

一方 ADS-B は、飛行機の position report を聞きとります。これらの position report はサテライトナビゲーションシステムがベースです。飛行機の位置を送信したものを受けとりパイロットに情報として提供します。これの精度は計測具合ではなくナビゲーションシステムの精度によります。また、レーダーのようにその距離によって精度が影響を受けません。

　レーダーの場合、飛行機の速度が変化した時などはトラッキングデータによりある程度の時間計測して初めて分かりますが、ADS-B では送信データを受けて直ちに分かります。

その他、適切な装備があれば NOTAM や WX も得ることができます。

ADS-B を装備している飛行機は機の ID、高度、方向、上昇降下などを連続的に発信しています。これらの情報は地上に送られるだけでなく、ADS を備えている他の飛行機でも受信され、飛んで行く方向などが解析できます。関係する飛行機同士で（両方に ADS が装備されていれば）お互いに進行方向を把握し衝突を回避する方法がそれぞれに表示されます

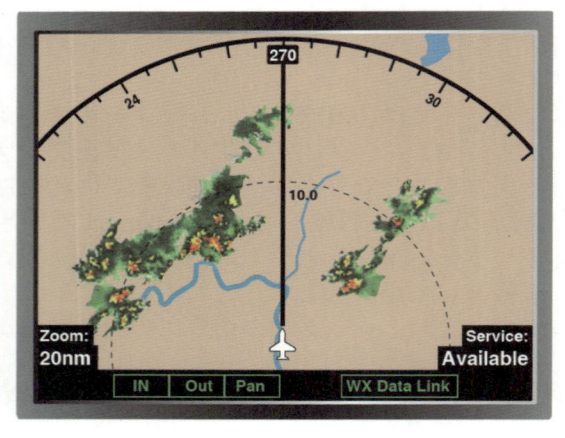

5-4　Safety Systems

Radio Altimeters

　レーディオアルティメターは一般的に電波高度計と呼ばれ、飛行機直下の地表障害物からの正確な高さを表示するためのシステムです。電波を地面に発射し跳ね返ってくる時間を計測します。Primary は進入着陸時、正確な絶対高度情報をパイロットに提供することです。最近の進化した飛行機では、電波高度計は他の機上搭載機器、autopilot や flightdirector などに glideslope capture モードであれば 200-300ft　AGL 以下で情報を供給します。

　典型的なシステムとしては、レシーバートランスミッターユニット、アンテナ、表示部となります。CAT II と III の精密進入では radio altimeter が必要で、DH は radio altitude で判断することになります。

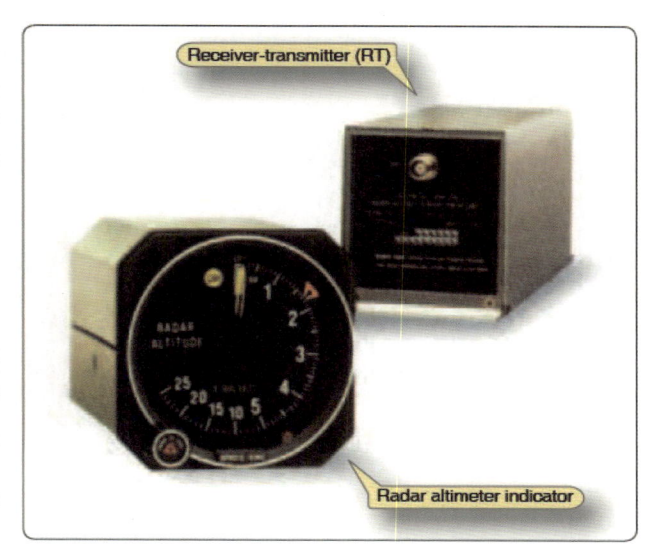

Traffic Advisory Systems
Traffic Information system

　トラフィックインフォーメーションサービスは S-mode トランスポンダーと高度 encoder 情報を基に地上から提供される情報サービスです。Traffic information system は、パイロットに近くのトラフィックを see and avoid するための有効な安全情報を表示するためのシステムです。ディスプレーに位置、方向、高度、上昇／降下、傾向などトランスポンダーを積んだ他の飛行機の情報を表示できます。TCAS は位置や高度を予測し、7nm 以内で 3,500ft 以内のトラフィックを同時に捕捉します。この情報は様々な表示画面で MFD に表示されます。

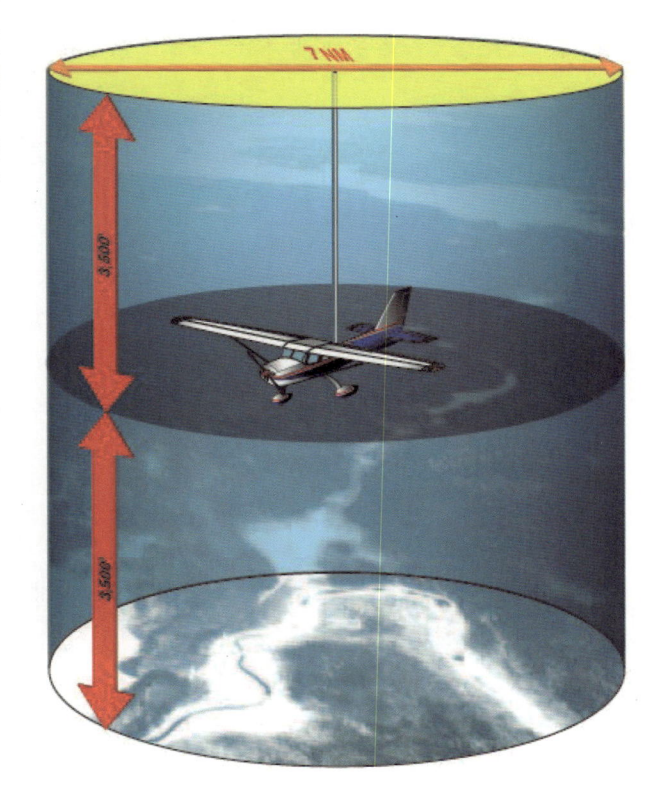

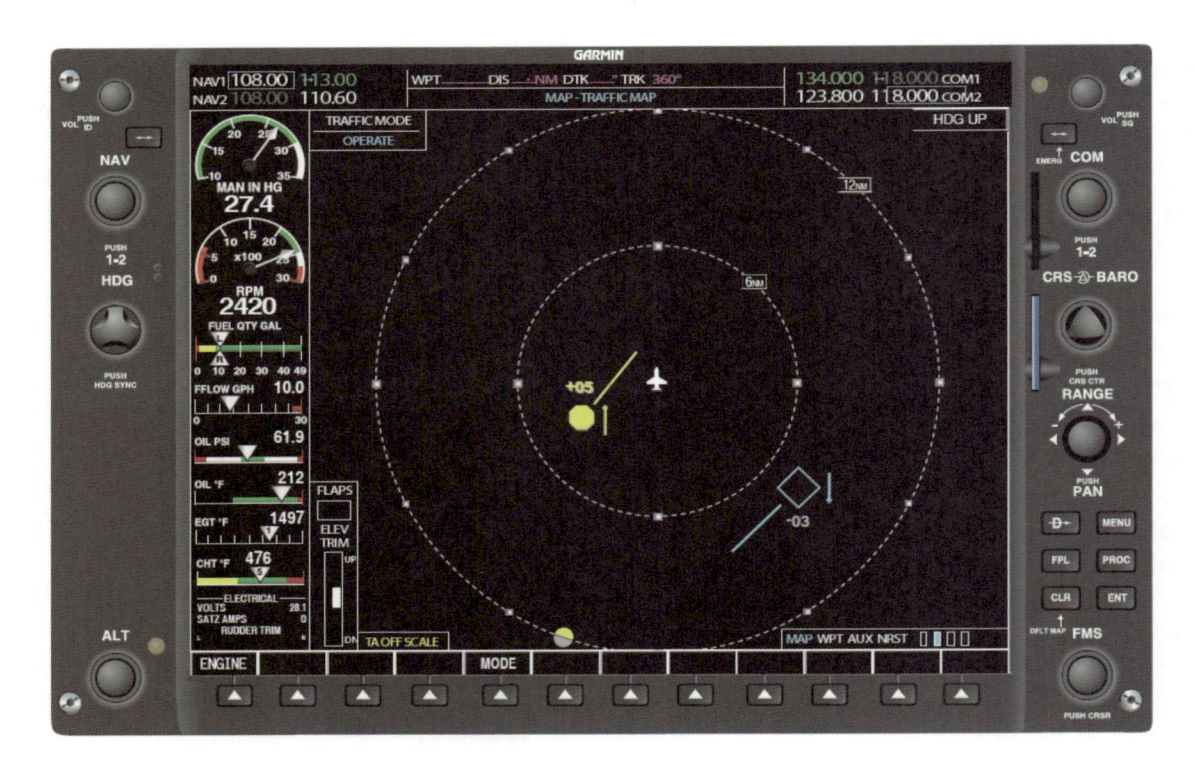

下図はコンセプトのイメージです。Mode-S シグナルが必要です。

Traffic Alert Systems

　Traffic alert system は近くを飛ぶ飛行機のトランスポンダーからの情報を受信し、その飛行機との関係位置を判断します。それは、他の飛行機の 3 次元の位置を提供し、小型機にとってはコスト面でも TCAS の代替手段として有効な装備といえます。

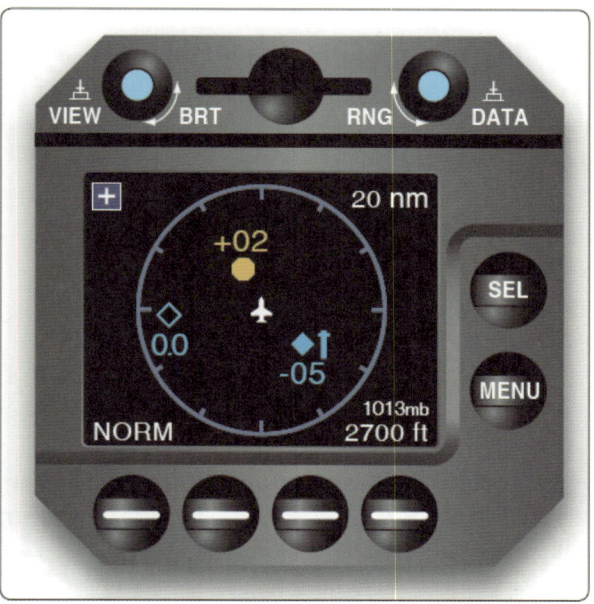

◎　Traffic Avoidance Systems

Traffic Alert and Collision Avoidance System（TCAS）

　TCAS は機上搭載システムで、ATC など地上からの支援による運用から独立したものです。TCAS は空中衝突を最後の水際で防止するため、コックピットで近づく航空機の認知を上げることを目的にデザインされました。

TCAS システムには 2 つのレベルがあります。TCAS I は general aviation の世界とリージョナルエアーラインの為に開発されました。このシステムは、traffic advisory を発してパイロットが進入してくる飛行機を目視で把握できるようにします。TCAS I は大よそのベアリングと相対高度を選択したレンジで表示します。TA alert で他の飛行機との衝突の可能性を知らせます。パイロットはそれからトラフィックを目視し、衝突回避のために適切な action をとります。

TCAS II はもっと複雑なシステムで、TCAS I と同じ情報を提供します。これは近づいてくる飛行機のフライトパスを解析し、空中衝突の可能性を排除するための resolution advisory（回避操作指示）をだします。更に相手機が TCAS II を搭載している場合、お互いにシステムが協力して、回避策をそれぞれの crew に示します。

◎　Terrain Alert Systems
Ground Proximity Warning System（GPWS）

　初期の頃の CFIT（Controlled Flight into Terrain）を減らすためのテクノロジーは GPWS でした。エアーラインで使った 1970 年代の GPWS は電波高度計、速度計、気圧高度計で飛行機と地面の関係位置を判断しました。システムではこの情報を飛行機が地表面に接近する度合いの予測に利用されましたが精度は高くありませんでした。特に通常と違う地形の山岳地帯では地形接近の予測が難しかったようです。

これは 1999 年に DHC-7 が南米でクラッシュしたことでも明らかです。この機体には GPWS が搭載されていたのですが、急激に立ち上がる峰については有効に機能できませんでした。衝突直前まで地面が近づいてくるのを検知できなければ警報が出せない GPWS の限界を超えた弱点でした。しかし、GPWS は gear や flap の状態と地面の関係で安全なコンフィギュレーションでない場合や急激な降下率、glideslope から過度に下に deviation した場合など音声も含めた警報を発します。

一般的に GPWS は hot battery bus に接続され、不用意な SW オフを防いでいます。かつて 4 発の大型ジェットが gear を出し忘れて着陸しようとしたときに、GPWS が警報を発したのですが、乗員はこの警報はミスウォーニングだとして警報を止めようとしました。不幸な結果の後で、GPWS の警報の重要さを認識したようです。

◎　Terrain Awareness and Warning System

　TAWS は GPS の位置決めと地形のデータベースを使ってせり上がってくる地面や障害物の正確な予測を提供します。音と、目に見える形でパイロットが特別に対応する action をとるよう警報を出します。警報は GPS と地形データベースに依存しており、これらを使った位置の精度が予測の正確さを左右します。システムは時間を基準にしており、飛行機の性能と速度で補正します。

（Enhanced GPWS ともいう）

◎　**Head-Up Display（HUD）**

　HUD はナビゲーションと air data（進入速度に対する速度の多い少ない、高度、コースの左右、G/S の上下）をパイロットと windshield の間の透明スクリーンに投影します。HUD のコンセプトは計器パネルから outside へ視線を動かす時間を限りなくゼロに近づけることです。飛行機搭載コンピューターで出せるものは所望のものを HUD にバーチャルに表示することができます。HUD の表示はウンドゥスクリーンの近くの別のパネル上に投影するか、メガネ式のスクリーンに投影します。
飛行機の nose と滑走路の着陸目標地点との関係位置などパイロットが進入中に windshield を通して見るべき情報などを表示できます。

Required Navigation Instrument Systems　（RNP）Inspection
System Preflight Procedures

　飛行前点検で計器のシステムをチェックするのはフライトの全体の時間に比べると、僅かな時間ですが、とても大切な作業で、この重要性を強調しすぎるということはありません。全ての計器飛行に出発する前に、全ての計器とその power ソース（電力、ニューマティックなど）が適切に作動していることを確認します。
＜注記＞旧型の計器システムを搭載している場合、計器の電源を切り替えて作動を確認します。

Before Engine Start
1. Walk around inspection：全てのアンテナとピトー管が異常ないことと、カバーが外されていることを確認します。スタティックポートが汚れていたり、塞がれていたりしていないこと、また、ポートの周りに流れを妨げるようなものが付いていないことをチェックし

ます

2．Aircraft Records：搭載用航空日誌の記録で高度計とスタティックシステムを含む計器類が定められた期間内に適切に整備確認を受け許容範囲であることをチェックします。Emergency Locator Transmitter（ELT）のバッテリーが整備規程通りに交換され記録されていることを確認します

3．Preflight paperwork：出発地・到着地・代替地に必要なチャート、NAV aid の周波数や稼働に関する NOTAM、航法計算盤、フライトログなどがフライト中直ぐに取り出せる準備ができているか確認します

4．Radio equipment：スイッチをオフにします

5．Suction gauge：電気式の計器を搭載している場合、適切なマーキングを示していることを確認します

6．ASI：適切な数値を表示していることを確認します。もし、電気式計器を搭載している場合、予備の emergency 計器もチェックします

7．Attitude Indicator：ケージするタイプなら uncage になっていることを確認します。もし、電気式の計器を搭載している場合、emergency システムをそのバッテリー電源も含めてチェックします

8．Altimeter：Current アルティメーターにセットし空港の標高を表示していることを確認します

9．VSI：ゼロが表示されていることを確認します（電気式計器が装備されている場合）

10．Heading Indicator：Uncage されていることを確認します

11．Turn Coordinator：ミニチュアプレーンがレベルで、ボールがセンターにあることを確認します（地形が平坦な場合）

12．Magnetic compass：コンパス液が full に充填されており、最新のコレクションカードが近くに掲示してあることを確認します

13．Clock：時刻を正しくセットし、動いていることを確認します

14．Engine instruments：電気式であれば適切なマーキングと指示であることを確認します

15．De-icing and anti-icing equipment：availability および液の量を確認します

16．Alternate static-source valve：必要なときに開けられる状態になっていることを確認し、今は完全に閉まっていることを確認します

17．Pitot tube heater：アンメーターで作動をチェックするかマニュアルに記載のある方法で確認します

After Engine Start

1．マスタースイッチを ON にしたとき、ジャイロがスピンアップする音が聞こえます。回転を妨げるような何等かの異音や通常と違う音がした場合は確認を依頼します

2．電気式サクションゲージ：計器の power ソースを確認します。電気的にジャイロが動く計器の場合はジェネレーターとインバーターが正常に作動していることを確認します

3．磁気コンパス：コンパスカードがフリーに動いていることと、液がフルに充填されていることを確認します。コンパスの精度は方位が分かっている滑走路や平行誘導路などに正対した状態で止まっているか、真直ぐ走っているときその表示を確認できます。リモートタイプ（フラックスバルブでリモートに方位カードを回すタイプ）でも同様にチェックします。離陸滑走路に正対したときの HDG の修正値を記憶します

4．Heading Indicator：エンジンを始動した後ジャイロのスピンアップに約 5 分要します。地上走行を開始する前に heading indicator を磁気コンパスに合わせます。Slave コンパスの

場合も、磁気コンパスの表示と比較確認します。電気式の計器を搭載している場合はマニュアルにある手順で確認します

5. Attitude indicator：Heading indicator と同じようにジャイロのスピンアップを待ちます。Horizon bar が水平位置に立ち上がったり、振動が止まってステディーになった状態で計器は正しく可動しています。電気式の場合はマニュアルを参照します

6. Altimeter：アルティメーターをセットし、振動などが無いことを確認します。飛行場の標高と 75ft 以上高度表示が違う場合は修理調整が必要です。ランプと飛行場の標高が違う場合があるので、確認位置まで移動して確認します。アルティメーターセッティングが分からない場合は、高度指示が公示された空港の標高になるようにセットします

7. VSI：ゼロの指示を確認します。ゼロでない場合は計器盤を軽くタップしてみます。電気式の場合はマニュアル記載に従います

8. Engine instruments：適切な表示であることを確認します

9. Radio equipment：適切な作動を確認し所望の値にセットします

10. De-icing and anti-icing equipment：作動確認をします

Taxiing and Takeoff

　離陸までの taxi 中にターンコーディネーター、HDG インディケーター、マグネティックコンパス、attitude インディケーターが正常に機能していることを確認することは安全飛行のためにとても重要なことです。滑走路誤進入は航空の安全を脅かす重大インシデントです。これを防止するためにも、HDG 計器を taxi までに正しくセットし、taxi out 後は誘導路、滑走路方向から自機の位置を正しく把握し、いつでも他機の状況を正確に把握しておくことが大切です。

1. ターンコーディネーター：taxi の旋回中にミニチュアプレーンの適切な表示を確認します。ボールはフリーに動いていること、旋回の反対側に振れることを確認します。ターン計は旋回方向に表示することを確認します。直進中はミニチュアプレーンがレベルにあることを確認します

2. HDG indicator：離陸開始前にもう一度 HDG 計器をリチェックします。滑走路にアラインした状態ではコンパスカードエラーで修正した値の 5° 以内になっているはずです

3. Attitude indicator：horizon bar が直線走行中に傾いていたり、旋回中でも 5° 以上傾くようであればこの計器の信頼性に問題があります。問題がないことを確認しミニチュアプレーンの位置（上下位置）を水平線にアジャストします

Engine Shut Down

　飛行を終えエンジンを止めた後、飛行中に何か計器の異常があった場合、それを搭載用航空日誌に記載します。

第6章
Airplane Attitude Instrument Flying
アティチュードフライト

デジタル計器による計器飛行

Introduction

　Attitude instrument flying とは飛行機を空間の中でコントロールするのに、機外の目視によるのではなく計器を使って飛ぶことと定義されます。
いかなるフライトも飛行機や飛ぶルートに関わらず、基本操縦技術から成り立っています。
有視界飛行では、飛行機の姿勢は、水平線と飛行機の特定部分の位置関係を基準にコントロールします。計器飛行ではこれを計器によって行います。計器を的確に読み取ることで外の物標から得られるのと同じような情報を得ることができます。一度姿勢を維持コントロールする計器の役割を習得できれば、緊急事態に遭遇し更に一部の重要計器が故障しているような状態となっても適切な対応ができるでしょう。

　昨今の avionics の発展は目覚ましく、general aviation の飛行機に EFD が導入され計器飛行をサポートするために利用できる精度の高い計器が数多く提供されています。
最近までは、ほとんどの general aviation の飛行機は、個々の機能をもった計器がそれぞれに装備され、計器だけを参考に見ながら（計器飛行）安全なフライトをするためには各計器類から得られる情報を統合する作業が必要でした。EFD system が開発され利用できるようになってから、これまでの旧式の計器は LCD（liquid crystal display：液晶）スクリーンに置き換えられてきました。最初のスクリーンは primary フライト計器（PFD）として左席（機長席）の前に装備されました。

　2 つ目の Screen は計器パネルのほぼ中央に装備され Multifunction Display（MFD）として情報を表示することとなりました。

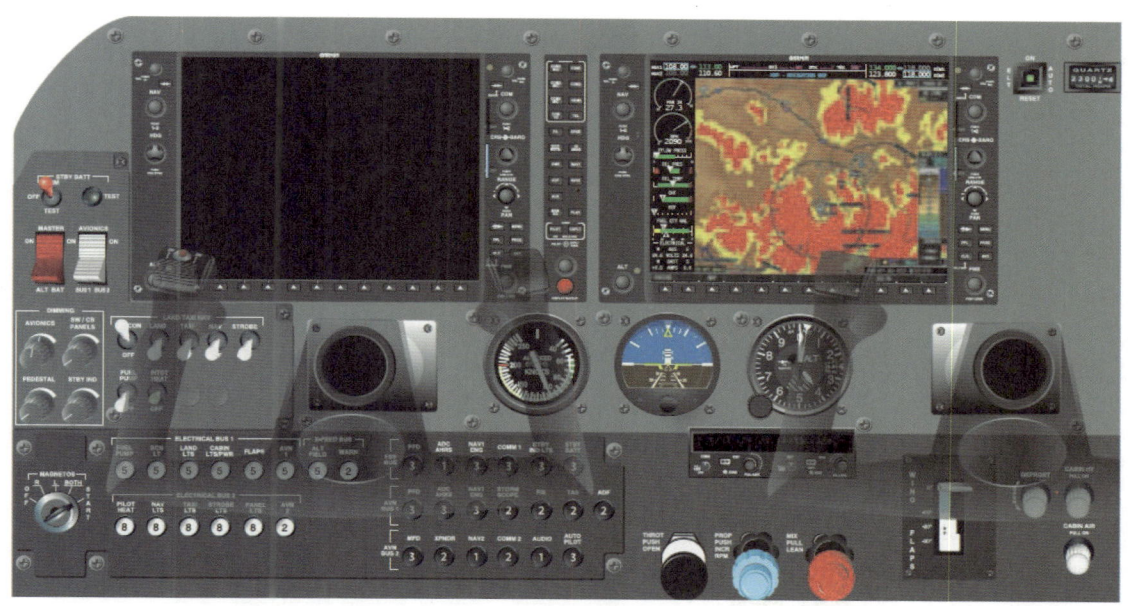

　パイロットはこの **MFD** に **navigation** 情報を表示したり（動く地図として）、飛行機のシステムに関する情報（**engine** モニターなど）、必要となれば **PFD** としても使うことができます。

　飛行機の設計者は、この 2 つの **screen** を装備するだけで、安全性は向上しながらも計器パネルをきれいに片づけることができました。この快挙は半導体を利用することで実現し、またかつてのアナログ計器に比べ格段に故障の頻度が減りました。

　しかし電源故障に備えた場合、バックアップの **emergency** 用計器の装備が必要です。これらの計器は電気を必要としないものや、**attitude** 計などはスタンバイのバッテリーでも駆動できるように備えられています。

　VFR（有視界飛行）で飛ぶ場合、自然界の（機外の）水平線に対する飛行機の特定の位置との位置関係を見ながら操縦します。視界が悪く、水平線が見えない状態で飛行するときはパイロットにとって更に上の技術が必要になります。それは計器だけに頼って飛べる技術です。VFR で normal に飛行するときの key となる情報は全てフライト計器で再現表示することができます。自然界の水平線の代わりを姿勢指示器（AI）の人工の水平線が表示します。

　どの計器がどのように作動するのか、飛行機の姿勢を制御するときにどのような役割をはたすのかという知識は Attitude Instrument Flying を学ぶ上で大切な基礎となります。
パイロットがすべての計器の使い方を理解し、所望の飛行機の姿勢を確立し維持するために利用できるようになれば、いくつかの key となる計器が壊れたり、あるいは本当の計器気象状態になっても、的確に対応できるでしょう。

6-1　Learning Methods
　Attitude Instrument Flying を学習するのに 2 つの基本的な手法があります。それは“control と performance”および “primary と supporting” です。これらの方法は同じフライト計器に依存し、また、パイロットは飛行機の姿勢を制御するために操縦と power コントロールも同じようにアジャストしなければなりません。この 2 つの手法の主な違いは姿勢指示器と他の計器情報に対する重きの置き方の違いになります。

◎　Control and Performance method
　飛行機の性能は姿勢と power の出力を制御してコントロールします。そもそも飛行機の姿勢とは飛行機の縦軸と横軸の地平線に対する関係位置のことをいいます。計器気象状態でフライトするとき、パイロットはフライト計器で姿勢をコントロールし、power 出力を操り所望の performance を獲得します。この手法では、どのような基本計器飛行を行うときでも、それぞれに対応する performance を得るために利用できます。

計器は 3 つのカテゴリーに区分けできます。: Control、performance、navigation です。

◎　Control Instruments

Control instruments は attitude と power 変化を直に表示します。Attitude を表示する計器は Attitude Indicator（AI）です。Power の変化は MAP ゲージか、回転計で直に表されます。

　これら 3 つの計器は小さなアジャスト分も表示が可能で、飛行機の姿勢を緻密にコントロールできます。

飛行機によっては power の状態を表示するのにいろいろなタイプの power 計器が取り付けられている場合があります。Tachometer（回転計）、MAP（マニホールドプレッシャー）、EPR（Engine pressure ratio）、fuel flow、など。

　コントロール計器はどのくらい飛行機が速く飛んでいるかとか、高度いくつで飛んでいるのかというようなものは表示しません。これらのことを把握するには performance 計器を見なければなりません。

◎　Performance Instruments

　Performance 計器は飛行機が獲得した performance を直に表示します。飛行機の速度は速度計で、高度は高度計で把握します。飛行機の上昇性能は VSI（昇降計）を参考に判断できます。他の performance 計器には HDG 計、pitch attitude 計、slip/skid 計があります。

　Performance 計器は加速度の変化を直に反映し、速度や方向の変化として表示します。これらの計器で速度、高度、HDG が変化しているかどうか、水平方向・垂直方向のベクトルが変化しているかを表示します。

◎　Navigation Instruments

　Navigation 計器は、GPS、VOR、NDB、動く地図、localizer、glideslope などを表示します。

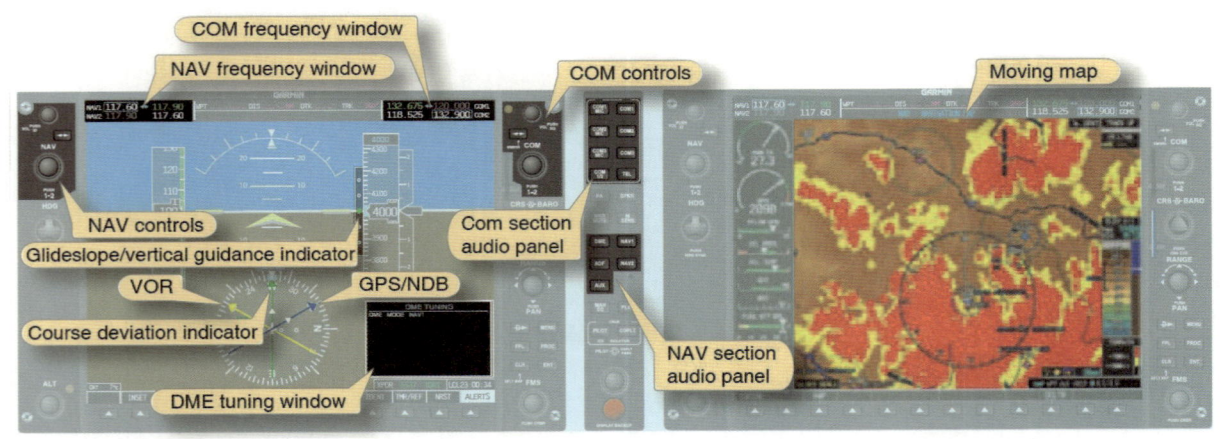

　計器は選択した navigation facility や fix からの飛行機の関係位置を表示します。Navigation 計器はパイロットが機外の物標が見えなくても地上や宇宙（衛星）からの航法シグナルなどであらかじめ設定したパスに沿って飛ぶことを可能にしました。航法計器は横方向と縦のサポートが可能です。

◎　The Four-Step Process Used to Change Attitude

　飛行機の姿勢を変えるためにパイロットは飛行機の pitch、bank、power setting を適切に変化させなければなりません。4 つの step（操作、トリム、クロスチェック、アジャスト）をプロセスの手助けとして習熟します。

Establish

　いつでも飛行機の姿勢を変える必要があり、pitch／bank をアジャストするときは、所望の performance になるように power も連動して設定しなければなりません。pitch と bank を変える時、姿勢指示器（AI）を使って正確にセットします。Power の変更は回転計か MAP ゲージなどを見て確認します。ワークロードを軽減するために、セットしようとする姿勢に必要なおおよその pitch と power に慣れる（覚える）必要があります。

Trim

　Attitude instrument flying で次に大切なことは、飛行機のトリムを取ることです。トリムは所望の姿勢を保持するために操縦桿に力をかけ続ける必要性を取り除くために使います。適切なトリムが取れている場合、パイロットは操縦桿のコントロールプレッシャーを抜くことができ、姿勢を維持したまま一時的に他のタスクに注意を向けることも可能になります。
飛行機のトリムをとることは大変重要であるにもかかわらず、教官の指摘では、トリムがとれていないというのが instrument 訓練生の最も犯し易いエラーの一つとなっているようです。

Cross-Check

　一旦 initial の attitude が変更できたらパイロットは飛行機の performance を確認すべきです。Control と performance 計器のクロスチェックをするには、表示を読み取ることと同じように、パイロットは目視でスキャンをする必要があります。飛行機の姿勢について全体を把握するために、全ての計器が総合的に活用されなければなりません。クロスチェックの間、パイロットはズレの量と修正がどの程度必要かを判断する必要があります。コントロール計器の表示をベースに全ての姿勢変化を実施します。

Adjust

　プロセス最後の step は、クロスチェック中に気が付いたズレをアジャストすることです。僅かな増加でアジャストすべきです。Attitude 計器と power 計器は徐々に少しずつ増やして正確な変更ができるようにします。pitch はミニチュアプレーンのバー幅を参考にすべきです。bank 角は、ロールスケールを参考に、power は回転計かマニホールドを参考にアジャストします。パイロットはこれら 4 つのステップを使って、飛行機の attitude をよりよくマネージメントできるでしょう。このプロセスで犯し易いエラーの一つは、必要な変化量より大きく動かしてしまうということです。パイロットは操縦する飛行機が、どの程度の姿勢変化で所望の performance が得られるのかを習得し、慣れる必要があります。

Applying the Four-Step Process

　Attitude instrument flight において、4 つのステッププロセスは pitch 姿勢のコントロール、bank 姿勢、飛行機の power コントロールに使えます。EFD はパイロットがコントロールを正確に行うことができるだけの精緻な表示をします。

Pitch Control

　Pitch control は attitude indicator（AI）に表示され、その表示は PFD の幅いっぱいに大きく表示できます。表示サイズを大きくすることで、pitch を細やかに修正することが可能になります。AI のピッチスケールは 5 度毎の目盛が刻まれパイロットがほぼ 1/2 度の修正操作ができるようになっています。旧形の AI で飛行機を表していたミニチュアプレーンは glass パネルでは黄色の chevron（山形）で表されます。Chevron は飛行機の nose を表しており、飛行機の performance を所望の値に変化させるときその位置で精緻なコントロールができる正確な pitch が分かるようになっています。所望の performance が得られていな場合、黄色の chevron の先端を見ながら細かく pitch 修正をすべきです。

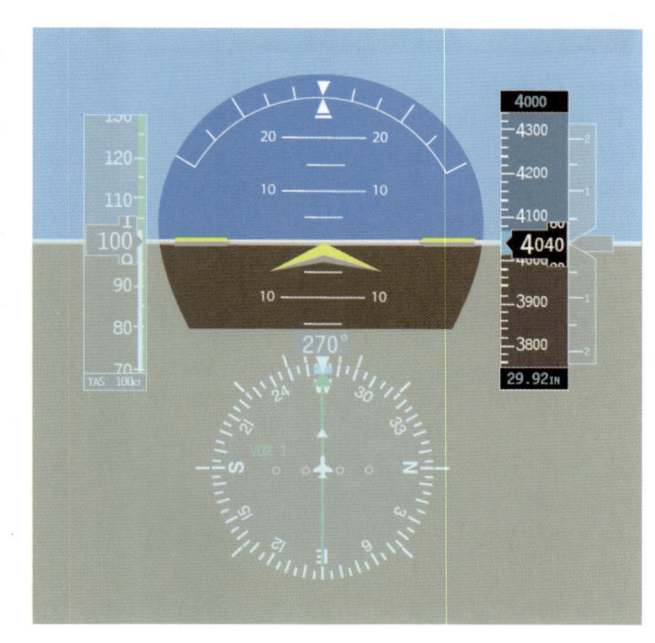

Bank Control

　正確な bank 角のコントロールは AI 上に表示されている roll インデックスと roll ポインターを使って行います。ロールインデックスは 0° 10° 20° 30° 45° 60° と水平線（90° bank）にマークで区切られています。
45° のマークは旧形の AI を改良し追加されています。
ロールインデックスだけでなく、instrument パイロットは turn　rate の計器も活用して standard rate turn（3° /sec）を維持します。ほとんどの計器飛行のマヌーバーは、standard rate turn で行うことにより、快適で、安全で、効率的なものにすることができます。

Power Control

　Power 計器類はエンジンでどの程度の power が作られているかを表示します。それらは、乱気流や不適切なトリムや操舵コントロールの影響を受けません。全ての power の変更は power 計器類で確認し、そして、performance 計器をクロスチェックして行います。

　Power コントロールはフライト訓練の初期段階から学ぶ必要があります。Attitude instrument flying は power コントロールについてはより高い精度を必要とします。経験を積むにしたがって、パイロットは速度変化のために必要な throttle の大よその変化量を習得していけます。パイロットが performance を安定させるために必要な特定の値に power 計器を見てセットすることは必須です。Power をオーバーコントロールする傾向は避けましょう。

　グラスパネル表示で犯しがちなコモンエラーの一つは、微細なデジタルの表示に関するものです。端数まで正確な表示は、パイロットが正確な power セッティングをすることに注意力を払いすぎる原因を作ってしまいがちです。

　Control と power 計器は正確な instrument flying の土台となります。Attitude instrument flying の key は AI で飛行機の所望の姿勢を作り、power 計器で所望のエンジン出力をセットすることです。クロスチェックは attitude instrument flying の必須の要件です。

6-2　Attitude Instrument Flying – Primary and Supporting Method

　Attitude instrument flight をするための 2 つ目の手法は control/power 手法のそのままの延長となります。Control and power 計器と一緒に primary と supporting フライト計器を活用することで、パイロットは飛行機の attitude を正確に維持することができます。この手法は、control/power 手法と同じ計器を利用しますが、飛行機の attitude をコントロールする観点で最も正確な表示をする計器に焦点を当てています。4 つの key エレメント（pitch、bank、roll、トリム）について詳しく見ていきましょう。

Control/power 手法と同様に飛行機の姿勢を変えるときは全て attitude 計器と power 計器（回転計、MAP ゲージ等）を活用します。Performance のために、それぞれの飛行機の姿勢コンポーネントをどのようにモニターするかについて以下に説明します。

Pitch Control

　飛行機の pitch は飛行機の前後軸と自然の水平面との間の角度です。計器気象状態では自然の水平線は利用できないので代わりに人工の水平線を利用します。

飛行機の姿勢を表示できる唯一の計器は PFD に表示される Attitude Indicator（AI）です。姿勢と HDG の reference system（AHRS）は attitude の表示を作り出す心臓部です。AHRS　unitは pitch、bank、yaw 軸の細かな変化を正確にトラッキングする能力があり、PFD を非常に正確で信頼のあるものにしています。

AHRS unit はイニシャライゼイションで飛行機の前後軸と水平線の間の角度を判定します。パイロットが飛行機の nose を表す黄色の chevron の位置をアジャストする必要はありません。

Straight-and-Level Flight

　水平直線飛行では、パイロットは高度、速度そしてほとんどの部分で HDG を一定に維持します。これを実現するための 3 つの primary 計器は高度計、速度計、HDG 計です。

Primary Pitch

　パイロットが一定の高度を維持しているとき、pitch の primary 計器は高度計です。飛行機の速度と pitch 姿勢が一定に維持されていれば、高度は一定になるはずです。高度がズレてしまう原因の 2 つのファクターは乱気流と一時的な注意力の欠落です。ズレが生じたときは pitch を Attitude Indicator（AI）で修正します。小さな deviation は小さな修正で、大きなズレには大きめの修正が必要です。大きな修正は急激な姿勢の変化につながり、空間識失調になることもあるため、これを避けるべきです。スムースにタイムリーな修正で飛行機を所望の姿勢に戻します。

　PFD の表示に注意を払います。TAS が 108kt とすると pitch を 2.5° 上げると 450ft/min の上昇率を生み出します。小さなズレに対し大きく姿勢を変える必要はありません。高度修正のルールオブサムは、ズレた高度の 2 倍の rate を目安にし、500ft/min を超えないようにします。例えばもし高度が 40ft 上昇した場合、2×40＝80ft したがって約 100ft/min で降下し元の高度まで戻すのが適度な修正法ということになります。

　Primary 計器に加えて supporting 計器もパイロットが pitch 姿勢をクロスチェックするのをアシストします。Supporting 計器は傾向（トレンド）を示しますが、正確な姿勢を示すわけではありません。3 つの計器（昇降計、速度計、高度計のトレンドテープ）は pitch 姿勢が変化し高度が変わっていることを表します。もし、高度が一定なら、VSI と高度のトレンドテープは PFD に表示されません。これら 2 つのトレンドが表示された時、パイロットは飛行機の pitch 姿勢が変化したことを知り、アジャストが必要だと気付くことになります。

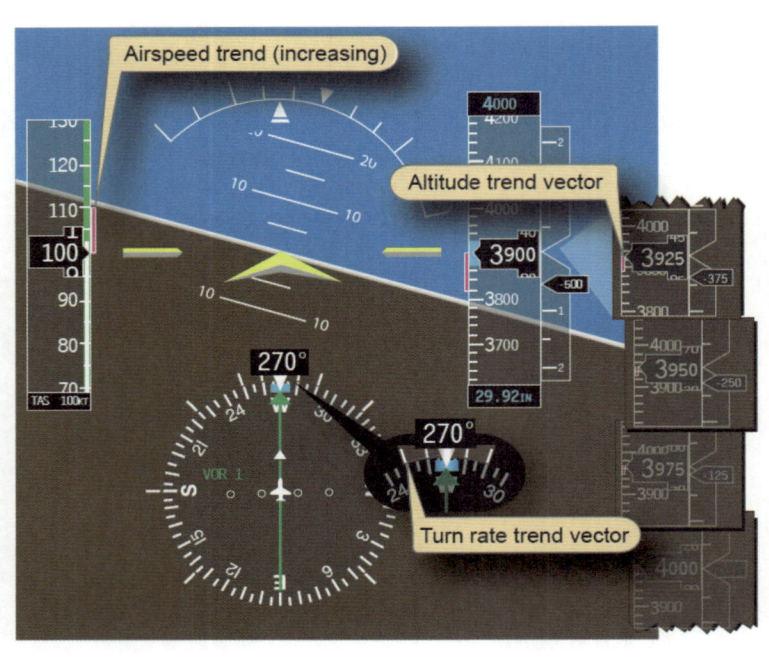

図では飛行機は 500ft/min で降下しています。
これらの supporting 計器をクロスチェックすることでより良い高度コントロールのマネージメントができます。VSI やトレンドテープはパイロットに高度がズレていく方向と大きさの情報を提供します。これによりパイロットは deviation が大きくなってしまう前に pitch 修正をすることができるわけです。pitch が下がれば、速度も増加を示します。逆に姿勢が上がれば、速度が減るのに気付くはずです。

Primary Bank

　IMC（計器気象状態）の飛行では、パイロットはあらかじめ決めていた HDG かアサインされた HDG を維持します。このことから、bank 角の primary 計器は HDG 計です。

HDG の変化は直ちに表示されます。HDG 計が現在の magnetic HDG を表す唯一の計器で、magnetic compass に全てのズレの補正をした値と一致します。

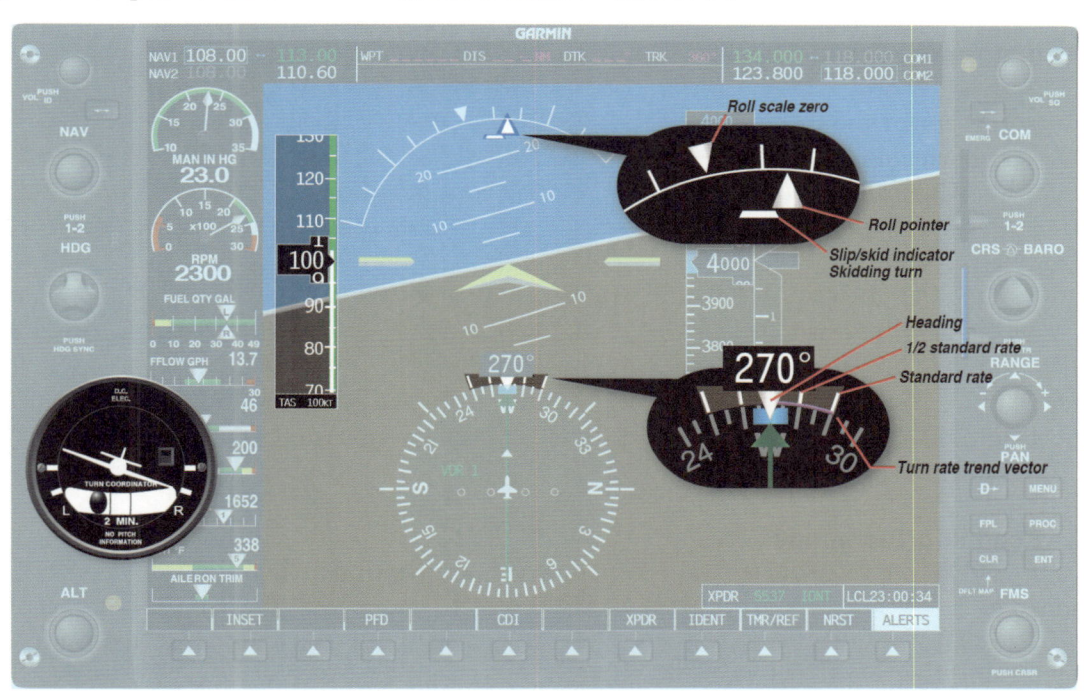

　Bank 角に対しても supporting の計器があります。turn rate トレンドの表示がパイロットに HDG が動き始めたことを示します。Magnetic compass も HDG を維持するのには有効な計器となります。しかしフライトの phase により様々なエラーとなる影響を受けます。

Primary Yaw
　Slip/skid 計は yaw の primary 計器です。これは、飛行機の前後軸が相対風に対して変化したときに表示する唯一の計器です。

Primary Power
　水平直線飛行で power の primary 計器となるのは速度計です。所望の速度をレベルフライトで維持するのは power に焦点があたります。他に直接表示できる計器はありません。

　いろいろな phase における primary と supporting 計器が何かについて学習することは、attitude instrument flying を成功裏にマスターする key となります。どの場面においても primary/supporting 手法が attitude 計器と power 計器の価値を下げることはありません。全ての計器（control、performance、primary and supporting）は統合的に活用しなければなりません。

6-3　Fundamental Skills of Attitude Instrument Flying
　最初に attitude instrument flying を教わるとき、2 つの大切な major なスキルがあります。計器のクロスチェック（cross-check）と計器表示読み取り技術（interpretation）は、計器のみで飛行する場合、安全な飛行機のマヌーバーの基本となります。両方のスキルをマスターしなければ、パイロットが飛行機の姿勢を正確に維持することはできません。

なお、この二つのスキルに操作技術（aircraft control）を加えて、「計器飛行の三要素」といいます。

◎　Instrument Cross-Check

最初の基本スキルはクロスチェック（スキャンニングとも言われる）です。クロスチェックは control と performance 計器の連続した監視です。新人の計器飛行を学ぶ学生にとって飛行機の姿勢と performance をコントロールするために、種々の計器を見て判読できることが必須となります。Garmin G1000 のようにいくつかの configuration でグラスパネルの表示があるために、一つ二つの performance 計器がパイロットの右側に装備された MFD に表示されることがあります。

どうやってパイロットはあちこちにある必要な情報を集めるのでしょうか？クロスチェック（スキャンニング）に特別に推奨される方法はありません。パイロットは各マニューバーphaseで適切な（妥当な）情報が得られる計器がどれかを判断することを学習しなければなりません。訓練を通して、パイロットは所望の姿勢を維持するために primary 計器を素早く確認し、supporting 計器をクロスチェックできるようになります。Instrument 飛行中計器のクロスチェックをストップできる暇はないのです。

◎　Scanning Techniques

ほとんどの飛行機の姿勢情報に関する primary と supporting 計器が PFD に表示されるので、standard のスキャンニングテクニックが活用できます。エンジン計器と同じようにスタンバイフライト計器もスキャンに入れることを覚えることが重要です。Attitude instrument（AI）の表示サイズが大きいので、AI が周辺視界から消えることがなくスキャンのテクニックはシンプルになっています。

Selected Radial Cross-Check

ラディアルスキャンは目が 80−90%の時間 Attitude Indicator（AI）に留まるように設計されています。残りの時間は attitude 計器から他のさまざまなフライト計器へのトランジションで使われています。

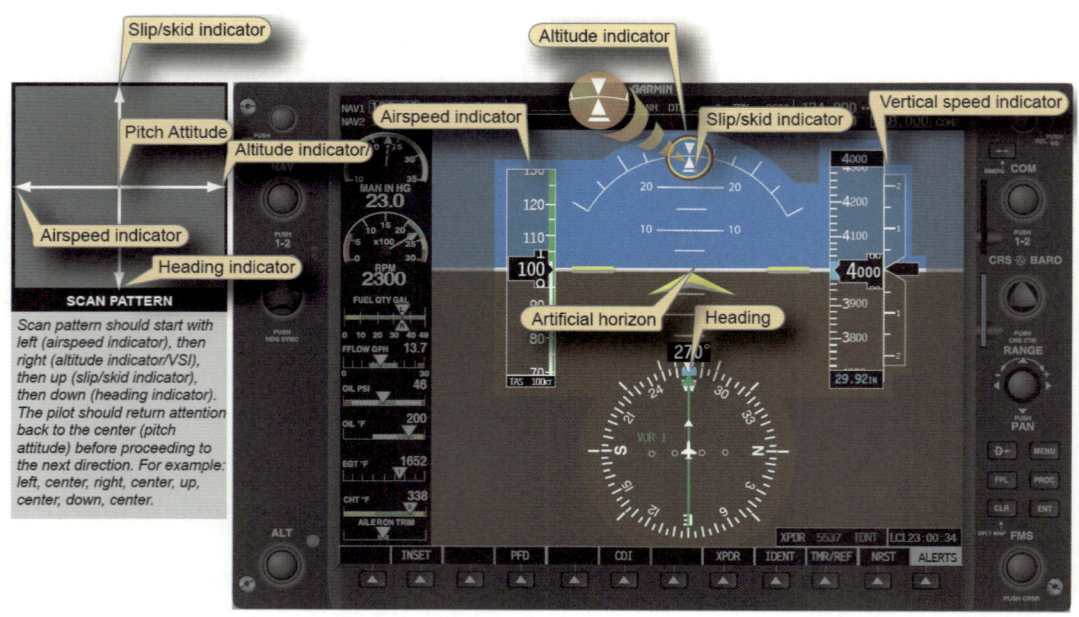

　ラディアルスキャンパターンは PFD のスキャンニングのためにはよく機能します。計器に近接したテープタイプの表示は所望の計器に焦点を当てるのに目をほとんど動かす必要がありません。目をどの方向へ動かしたとしても、伸びた人工の水平線によりパイロットが pitch 姿勢を周辺視界の中に keep することが可能です。この伸びた水平線は一つの計器に fix して他の計器を完全に無視してしまう傾向を大きく減らします。Attitude の表示サイズが大きいので、PFD の他の表示を見ていても常に attitude 表示部分のどこかが見えていることになります。

Starting the Scan

　PFD のセンターにある黄色の chevron からスキャンを始めます。pitch 姿勢をつかみ、そして目を上部の slip/skid 計に移します。スプリットした三角のシンボルがアラインして飛行機のコーディネイトがとれていることを確かめます。

スプリットした三角のトップ（上部）はロールポインターです。スプリットした三角シンボルの下の部分は slip/skid 計です。もし、この下部がどちらかにオフセットしているときは、オフセットしている側のラダーを踏みこみます。Note：飛行機の HDG は変化しません。Turn rate 計のトレンドベクターは表示されていません。

　この辺りをスキャンするとき、ロールポインターをチェックし、望みの roll がバンクスケールに表示されていることを確かめます。ロールインデックスとバンクスケールは attitude 計の上部に常に表示されています。インデックスは 10° 20° 30° 45° 60° と両方にマークされています。望ましい bank 角が表示されていなければ、適切なエルロンで修正します。bank 角が正しいことを確認したら、黄色の chevron に戻ってスキャンを続けます。

左の速度テープにスキャンを移し、速度が所望の値であることを確認し、表示の中心部へ戻ります。右の高度テープをスキャンします。所望の高度が維持されていることを確認します。もしそうでなければ、適切に pitch を変えて修正して結果を確認します。所望の高度が確認できたら、表示の中心部へ戻ります。下の HDG 計器に移り、所望の HDG であることを確認します。HDG が確認できたら、表示の中心部へスキャンを戻します。

また、スキャンの中にエンジン計器を含むことは大切です。もし、エンジン計器が離れた MFD に表示されているのであれば他のものと別のスキャン方法が必要になります。スキャンがこれらの計器をスキャンパターンに組み合わせて改良したラディアルスキャンを実行します。

他のコンポーネントでやりにくいのは、MFD に表示された可動地図のスキャンを含めることです。状況判断とセンターに集めるスキャンを促進するためには、小さなインセット地図にして PFD スクリーンの左コーナーに表示させることです。

Trend Indicator

　グラスパネル表示が general aviation 産業にもたらした進歩はトレンドベクターです。トレンドベクターは、turn rate 計と同じように速度計や高度計に色付きのラインで表示されます。ラインの色はメーカーによってまちまちです。例えば、Cirrus SR-20 はトレンドベクターは赤紅色で、B737 は緑色です。これらのカラーラインは現在の rate を維持すると Cirrus SR-20 では速度、高度、HDG が 6 秒後にどうなるかを、B737 では 10 秒後にどうなるかを表示します。

右図では Cirrus SR-20 のトレンドベクターの色とデータの表示を表しています。

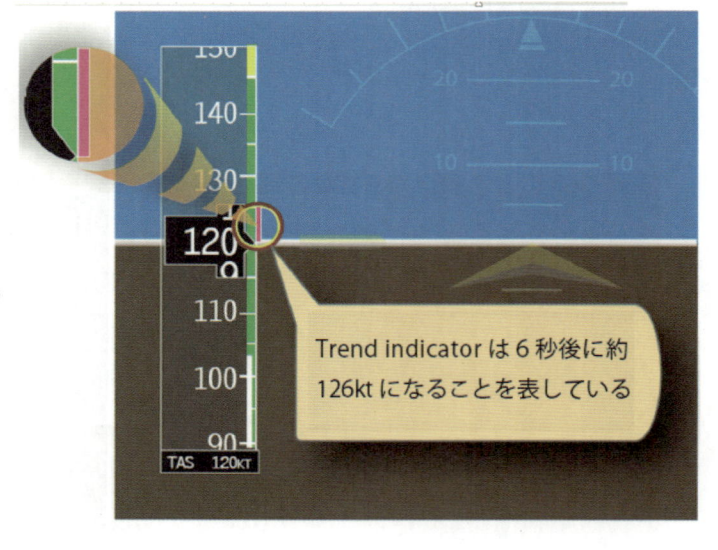

Trend indicator は 6 秒後に約 126kt になることを表している

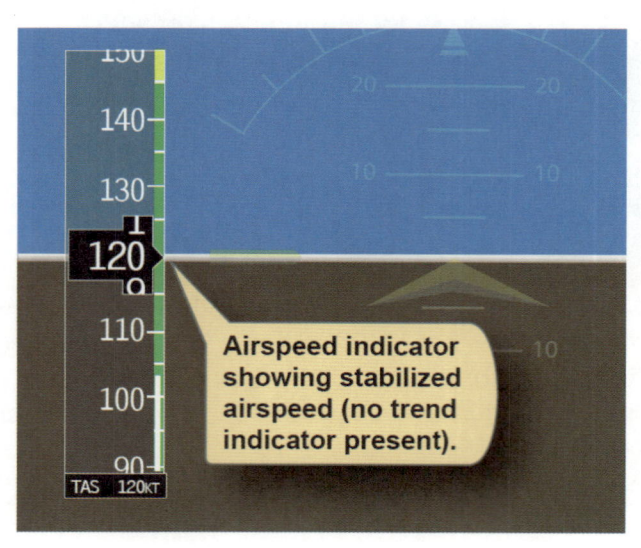

Airspeed indicator showing stabilized airspeed (no trend indicator present).

テープの表示値が一定で変化しなければ、トレンドベクターは表示されません。または、もし、システムの一部不具合でベクターが決められない場合も同様です。

　トレンドベクターは新人の計器飛行証明を取得したパイロットには非常に有効な情報となります。上手なスキャンテクニックを駆使するパイロットは所望のパラメーターからの僅かな deviation をピックアップし、小さな修正で所望の姿勢に戻すことができます。トレンドが PFD に表示されるとすぐに、勤勉なパイロットは所望の姿勢を取り戻すようにアジャストできます。

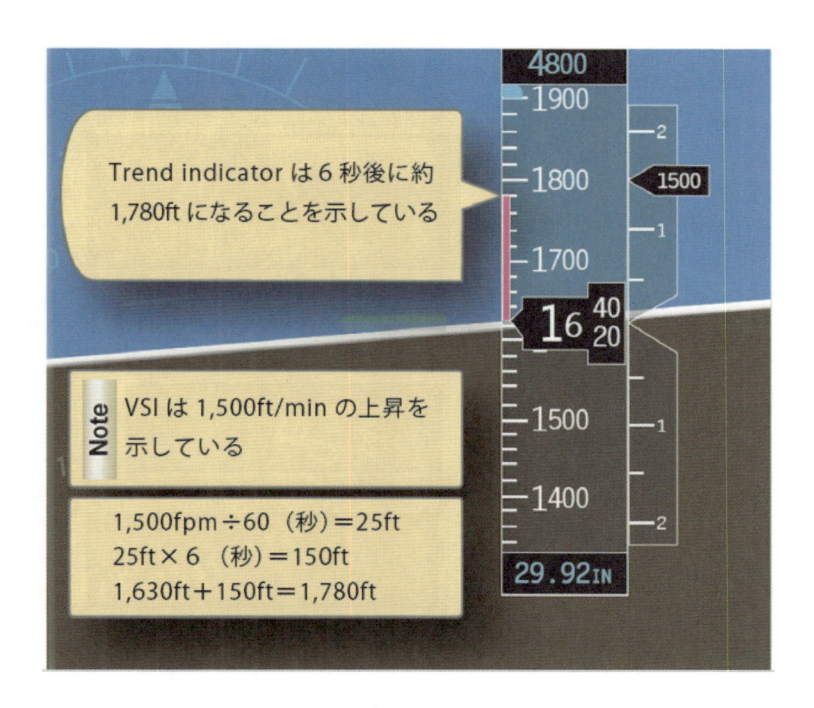

　他に Attitude instrument flying として進んでいるものは turn rate 計です。速度、高度、vertical speed のトレンド表示と同じように、turn rate トレンドも 6 秒後に飛行機の HDG がどうなるかを表示します。HDG 計のトップをチェックするとコンパスローズの外側に 2 本の白線に気づきます。

　この 2 本の白線は 1/2 standard rate turn と standard rate turn を左右両側に示しています。

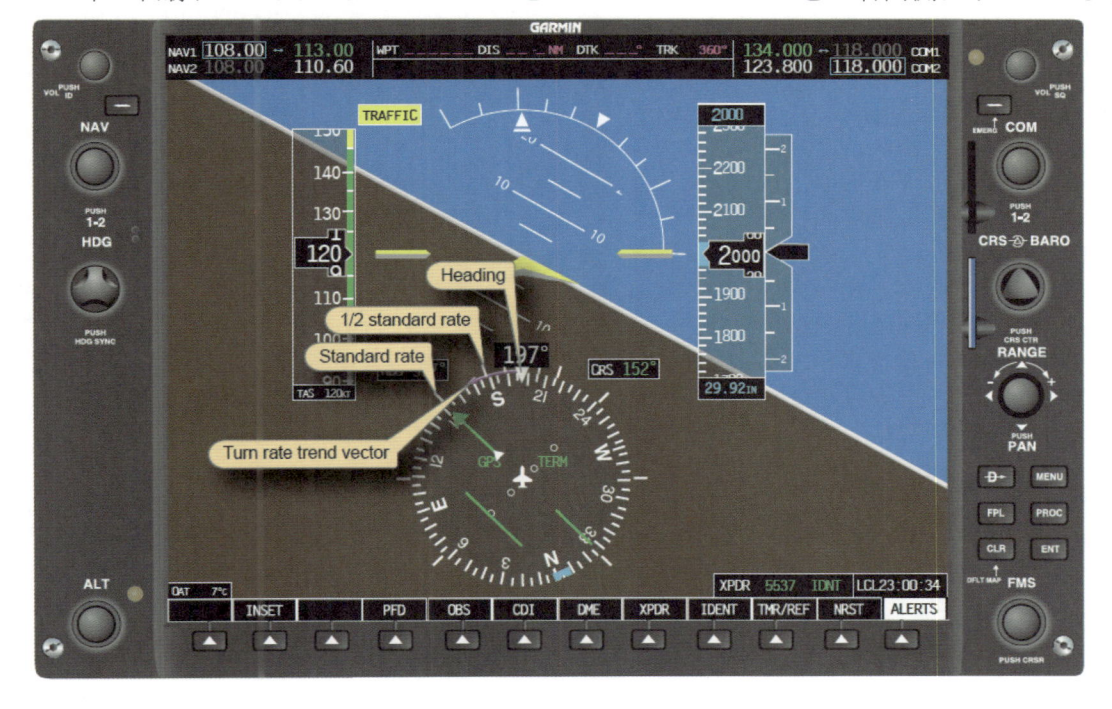

右図は左旋回を開始したところです
が、マジェンタのトレンドインディ
ケーターが rate of turn に比例して
長くなります。1/2 standard rate
turn で開始するためにはトレンドベ
クターを最初の白線に合わせます。
Standard rate turn なら 2 本目に合
わせます。Standard rate turn 以上
で旋回しているときはトレンドイン
ディケーターが 2 本目の白線を超え
て表示されます。このトレンドイン
ディケーターは 6 秒後の HDG を表
しますが、その表示の限界は24° つ
まり 4° /sec を超えては表示されま
せん。飛行機の turning rate（旋回
率）が 6 秒で25° 以上となった場合
はトレンドインディケーターの矢印

の先端は limit についたままになります。
トレンドインディケーターは特定の高度でレベルオフするときや、旋回からロールアウトする
とき、あるいは速度を安定させるとき大変役にたちます。上昇や降下からレベルオフするとき、
vertical speed（昇降率）の 10% 分を lead 量としてレベルオフ操作を開始するというのが一つ
の方法です。
所望の高度に近づいたら、トレンドインディケーターがターゲット高度（レベルオフしようと
している高度）にタッチし続けるようにコントロールします。ターゲット高度に近づくにつれ
トレンドインディケーターは高度が安定するまで徐々に小さく縮まります。トレンドインディ
ケーターはあくまでも補助として使うもので、ピッチチェンジを決める primary 計器ではあり
ません。

6-4　Common Errors

一点集中

　トレンドインディケーターの利用を学び始めたパイロットにありがちなのは、一点集中、あ
るいは一つの計器を凝視するというコモンエラーです。初期のころはトレンドインディケータ
ーだけに目が fix しがちです。トレンドインディケーターだけがパイロットが所望の power や
姿勢を維持するための唯一のツールではありません。よりよいフライトをマネージメントする
ために primary と supporting の計器を一緒に使うべきです。Speed tape の導入で、パイロッ
トは 1kt の値までモニターすることができます。一点集中により、不必要な厳格さで速度を守
ろうとしがちです。速度を 1kt 以内に守る必要はありません。計器飛行証明の実地試験での許
容値ももう少し広くなっています。

Omission

　Attitude instrument flying に関わる他のコモンエラーとしてはクロスチェックからある計
器を省いてしまうことです。PFD とそのコンポーネントの信頼性が高いためにパイロットはマ
グネティックコンパスと同様に stand-by 計器をスキャンから外してしまう傾向があります。ス
キャンから外してしまう別の理由は stand-by 計器の位置にもあります。

パイロットはこれらの system に発生する故障を見つけるためにスタンバイ計器のモニターを続ける必要があります。スキャンを最も省かれやすい計器は slip/skid 計です。

Emphasis

初期の訓練で、ある特定の計器を強調することがよくあり、それを修正しないとそれは習慣になってしまいます。一つの計器の重要性が他に比べて高くなるとパイロットはその単一の計器のガイダンスに頼りがちになり始めます。180°旋回のロールアウトで、姿勢指示器、HDG 計、slip/skid 計、高度計などが確認されなければなりません。もし、パイロットが slip/skid 計をスキャンから省いたら、舵のコーディネイトは犠牲になってしまいます。

第 7 章
Airplane Basic Flight Maneuvers
フライトマニューバー

Airplane Basic Flight Maneuvers Using an Electronic Flight Display

Introduction

　先の章では instrument flying の基礎について記述しました。計器に表示されている情報を判読し、正しい操作をするパイロットの能力は、飛行機のマヌーバーと安全なフライトを維持するために必要です。パイロットはそれぞれの飛行機のメーカーや飛ぶモデルにより違うテクニックが必要だということを認識しなければなりません。飛行機の重量、速度、コンフィグレーションを変えたとき、上手に attitude instrument flying を遂行するためにはテクニックを変化させる必要があります。パイロットは、飛ぶ前にフライトマニュアルの全ての章に精通しておかなければなりません。

　この章では basic attitude instrument flight maneuver について、および Electronic Flight Display（EFD）の表示をどのように解釈して instrument flying を実践するかについて記述しています。通常のフライトマヌーバーに加えてパーシャルパネルについても言及しています。Instrument takeoff を除き、全てのフライトマヌーバーは AHRS（Attitude HDG Reference System）ユニットを使ったパーシャルパネル（simulate か計器を作動しない状態にして）を実践できます。

7-1　Straight-and-Level Flight

◎　Pitch Control

　pitch 姿勢は飛行機の前後軸と実際の水平面との角度です。レベルフライトにおいて pitch 姿勢は速度と荷重によって変化します。訓練飛行では、通常後者（荷重による変化）は小型機では無視できます。ある一定速度では水平飛行中の pitch attitude は一つだけです。低速でレベル飛行を行っているときは nose が上がった状態になります。

逆に高速では pitch 姿勢は nose が下がります。

次の図は、normal な巡航速度での姿勢です。

　　PFD に直接または間接的に pitch を表示するものは attitude indicator、高度計、VSI（昇降計）、ASI（速度計）、速度と高度のトレンドインディケーターです。

◎　Attitude Indicator

　　Attitude Indicator はパイロットに直接 pitch 姿勢を与えてくれます。EFD system の中にある大きくなった姿勢表示はパイロットの situational awareness（状況認識）能力を大きく補強します。ほとんどの AI は PFD スクリーンの幅いっぱいに表示されます。

飛行機の pitch はエレベーターを動かしてコントロールします。パイロットが操縦桿を引いてエレベーターが上がると、黄色の chevron は AI の人工水平線から離れていくのが表示されはじめます。（計器に表示される水平線と自然界の水平線を区別するため、計器の水平線を人工水平線とします）これは、AHRS unit によって地球の水平面と飛行機の前後軸の角度の変化が検知されたからです。

　　PFD スクリーン上の AI が表示するものは機外の目視物標の代わりです。VFR の間、機外の自然の水平線に依存していましたが、計器飛行では PFD の人工水平線に依存します。

　　通常の巡航速度では、黄色の chevron（飛行機を表すシンボル）は人工水平線上にあります。既存の AI と違って、PFD の AI では、黄色の chevron と人工水平線の位置関係を調整することはできません。位置がフィクスされており、いつも AHRS unit で計算された pitch 角を表示します。

AI は pitch 姿勢を示しますが、高度を表示するわけではありません。パイロットは AI だけを使ってレベルフライトを維持しようとしてはいけません。パイロットは pitch 姿勢の小さな上下のズレが飛行機の高度に影響を与えるということを理解することが重要です。そのためには、pitch を徐々に上げ、1 度上がる毎にどの程度高度が変化するかについて会得できる訓練をすべきです。

図は 1 度から 5 度へ変化させています。

次の図では、pitch が 10° の状態を描いています。

いずれにしても、飛行機の速度は減速し、高度は上がっています。

　黄色 Chevron 全体の高さは約 5° で、正確な pitch 調整の参考になります。パイロットが AI を見ながら必要な pitch をつくった後、コントロールにかけているプレッシャーをトリムオフしていくことは操縦の大原則です。トリムを取ってこの操舵圧を抜くことで、安定した飛行を可能にし、パイロットのワークロードを軽減できます。ひとたび飛行機がレベルでトリムが取れたら、パイロットは必要な pitch 姿勢を調整するために、スムースに緻密なエレベーターコントロールをします。

スムースなエレベーターコントロールを習得するために、パイロットは操縦桿をできるだけ軽く（柔らかく）触れるようにしなければなりません。操縦桿を動かすのに親指と、2 本の指（人差し指、中指）で十分です。強く握りしめることは避けなければなりません。操縦桿を強く握りしめると、余計な力が加わる傾向となり、不用意に飛行機の姿勢が変わってしまう原因となります。

正確な修正ができるまで上下にスムースに pitch を変える練習をします。練習を積むことでパイロットは飛行機の姿勢を滑らかに制御するために 1 度単位でコントロールできるようになれます。

エレベーターコントロールの最後のステップはトリムです。舵圧を抜くために飛行機のトリムをとることは、滑らかな attitude instrument flight のために必要不可欠のものです。これを実現するために操縦桿を一時的に手放しにしてみます。そのとき飛行機の pitch 姿勢がどちらに動こうとするかを確認します。再度操縦桿を握り、姿勢を元の位置に戻すためのプレッシャーをかけます。次にコントロールプレッシャーをかけている方向にトリムをとります。僅かのトリム量で、pitch 姿勢は大きく変わります。必要であれば辛抱強く、何度かトリムを取って調整します。

ひとたび飛行機のトリムが取れたら、できるだけ操縦桿をリラックス（ほぼ手放し状態に）します。操縦桿にプレッシャーをかけていると、意図しないエルロン・エレベーターへの舵圧がかかってしまい、望ましい飛行パスからズレていくことになります。飛行機がトリムのとれた状態で、揺れのない穏やかな気流の中であればパイロットが操縦桿を放しても相当時間レベルフライトを維持できるでしょう。これが計器気象状態の中を上手にフライトする前に習得しなければならない最も難しいスキルの一つです。（ここで一つだけ留意することがあります。トリムを取ることの大事さを強調するあまりに、飛行機の姿勢を変化させるための操舵にトリムを使ってはいけません。これをトリム操縦といいます）

◎　Altimeter

一定の power で、レベルフライトからのズレは pitch が変化した結果です（乱気流でなければ）。Power が一定であれば、高度計がレベルフライトの pitch 姿勢の間接的な計器となります。レベルフライトでは高度を一定に維持すべきですから、所望の高度からのズレは、ピッチアジャストが必要だというシグナルです。例えば、飛行機の高度が上がっているときは nose を下げなければならないということです。

PFD では pitch 変化が始まると、高度テープのトレンドインディケーターは変化する方向を示し始めます。トレンドインディケーターの長くなり具合と高度計の数値の変化で、パイロットはこの傾向を止めるのにどの程度の pitch 変化が必要かを判断する手助けになります。

パイロットは、乗務する飛行機の計器類に精通することで、pitch 変化・高度テープ・高度計トレンドインディケーターが相互に関係していることを学びます。姿勢指示に加えて高度計テープと高度計トレンドインディケーターをスキャンすることで計器のクロスチェック技術が向上し始めます。

◎　Partial Panel Flight

重要なフライト技術の一つに高度計を primary の pitch 計器とみなしてパーシャルパネルで飛ぶスキルがあります。姿勢指示計器を見ずに高度テープと高度計トレンドインディケーターだけを見て pitch をコントロールする訓練をします。パイロットは高度計テープの変化具合とトレンドインディケーターを頼りに高度のズレを修正することを練習する必要があります。計器気象状態（IMC）の中をパーシャルパネルでフライトするときは操縦桿を急激に動かしてはいけません。急激に操作することは高度を急に変化させ、大きな pitch 変化は最初の高度から大きく拡散していく可能性があります。

パイロットが高度計テープと高度トレンドインディケーターだけを見て pitch をコントロールする場合、必要な量より大きく修正しオーバーコントロールとなる可能性があります。オーバーコントロールは nose が高すぎる姿勢から nose が低すぎる姿勢に行ったり来たりする原因となります。飛行機を、混乱なく元の高度に戻す的確な修正をするために、小さな pitch の修正が大切です。

高度のズレが生じたときに、2 つのアクションが必要です。まず初めは、スムースにコントロールにプレッシャーをかけ針の動きを止めます。高度計テープの動きが止まったら、次は元の高度に戻すための pitch 姿勢に変えます。

限られた計器で計器飛行を行う場合、小さく緻密なコントロールインプットが必須要件となります。計器の針の動きで高度のズレが表われたら、パイロットは小さなコントロール入力でそのズレを止めることが必要です。急激にコントロールを動かすことは振動の原因となりズレを複合させるだけです。

このタイプの振動はパイロットをまごつかせ、高度計に目が釘づけとなってしまう原因となる可能性があります。高度計だけにスキャンが止まってしまうと、速度や方向のコントロールが怪しくなることにつながります。

ルールオブサムとして、高度のズレが 100ft 以内であれば、1°の pitch 変化で対応すべきで、pitch 1°は chevron の 1/5 の厚みと一致することになります。少しずつ pitch を変化させることで pitch 変化の効果（performance）を確認でき、また、オーバーコントロールも排除できます。

計器類は集合的に使う必要がありますが、故障が起きれば制限された計器で飛ばざるを得ません。これがパーシャルパネルのフライト訓練が重要だという理由です。パイロットがそれぞれの計器を利用する方法を理解していれば、一部の計器が壊れてフライトする場面に遭遇しても重大な変化はありません。

◎ VSI Tape

VSI テープは、pitch 姿勢情報を間接的に提供するとともに、パイロットに高度が外れそうになる情報を即座に与えます。高度変化のトレンド情報の他に、vertical speed は昇降率を提供します。VSI テープを高度のトレンドテープと一緒に使うことでパイロットはどの程度修正が必要なのかをよりよく理解できます。訓練を通して、パイロットは乗務する飛行機の performance を学習し、ある特定の rate（昇降率）の修正のためにどの程度 pitch を変えるべきかを習得できるでしょう。

旧型のアナログ VSI と違い、新しいグラスパネルは instantaneous VSI（遅れのない VSI）を表示します。旧型ユニットでは、rate（昇降率）情報を表示する system の中に時間差（遅れて表示される）が生じるデザインになっています。新しいグラスパネルではデジタルデーターコンピューターを活用し遅れずに表示できるようになっています。高度変更は直ちに表示され素早く修正ができます。

VSI テープは所望の高度に戻るのに必要な pitch 修正量を判断する手助けとして使うべきです。ルールオブサムとして、修正しようとする高度の 2 倍の vertical speed の rate が利用できます。しかしながら、乗る飛行機の特性として定められているオプティマムな上昇・降下率は超えないようにします。例えば、所望の高度から 200ft 外れた場合、400ft/min の rate で元の高度に戻すので十分だということになります。もし、高度が 700ft ズレた場合 1,400ft/min の rate が必要となりますが、ほとんどの飛行機はそこまで大きく対応できないのでオプティマムの上昇率、降下率を超えない値で制限されることになります。オプティマムの rate は 500fpm から 1,000fpm の間で変化します。

Instrument パイロットが犯すエラーの一つにオーバーコントロールがあります。

オーバーコントロールはオプティマムの rate を 200fpm 以上超えたときに生じます。例えば、高度 200ft のズレを修正する rate は 400ft/min 位にすべきですが、600ft/min と表示されている場合は 200fpm オプティマムを超えており over control していることになります。

高度を戻すときは primary の pitch 計器は VSI テープとなります。もし、望ましい vertical speed からズレが生じている場合、attitude 計を見ながら適切な pitch にします。

飛行機がターゲットの高度に近づいたとき、安定したレベルオフとなるように vertical speed の rate をゆっくりにします。通常 rate of climb か descent の 10%相当量をターゲット高度の手前から vertical speed rate を減らしはじめます。この方法により、急激なコントロールインプットを避け、不快な G-荷重を受けずに所望の高度へレベルオフできます。

◎　Airspeed Indicator（ASI）

ASI も pitch 姿勢を間接的に表します。一定の power セットおよび pitch 姿勢であれば速度は一定に保持されるはずです。pitch 姿勢が下がると速度は増加するので nose を上げることが必要となります。

pitch 姿勢の値が増えるということは nose が上がっているということで、angle of attack（迎え角）が増加し誘導抗力が増える結果となります。抗力が増え始めると、飛行機の勢いが弱まり、それが ASI（速度計）に表示されます。速度のトレンドインディケーターは 6 秒後になると予測される速度を示します。逆にもし、飛行機の nose が落ち始めたら、angle of attack（迎え角）も誘導抗力も減少します。

ASI は pitch の計器として使うにはタイムディレイがあります。ASI の速度を表す表示構造そのものには遅れはありませんが、飛行機の勢いが変化したことによる速度変化には遅れがあるからです。ASI は、勢いの変化率による pitch 変化をタイムリーに表示させることはできません。もし、ASI を pitch 変化を読み取る唯一の reference 計器として利用するとすれば、的確な修正はできないでしょう。しかしながら、もしスムースに pitch を変化させる操縦であれば、最新のグラスパネルでは 1kt の速度変化を表示でき、速度のトレンドも表示できます。

計器類にだけ依存してフライトするとき、pitch コントロールのために全てのフライト計器をクロスチェックすることが大切です。全ての pitch 関連計器をクロスチェックすることでパイロットは飛行機の姿勢を常によりよくビジュアライズできます。

前に述べたとおり、pitch の primary 計器はその時の phase に応じパイロットに最も適切な情報を与えてくれる計器になります。レベルフライトで高度を一定に飛んでいるとき、直接的に高度を表示する計器は何でしょう？もちろん、高度計が唯一の高度を表示できる計器です。他の計器は supporting 計器であり、高度がズレていくのを表示はできますが、高度を直接表示させることはできません。

サポート計器は高度が外れそうなのをあらかじめ警告します。熟練のパイロットは、効果的なクロスチェックで巧みに高度維持ができます。

◎　Bank Control

この解説は飛行機がコーディネイトのとれたフライトを実施していると仮定しています。つまり、前後軸が相対風にアライン（一致）しているという意味です。PFD 上姿勢指示は wing level かどうかを表示します。Turn rate、slip/skid 計、HDG 計も飛行機のパスが真直ぐに保持されている（zero bank）かどうかを表示します。

◎　Attitude Indicator

Attitude Indicator が PFD 上飛行機の bank 角を正確に表示することのできる唯一の計器です。これは AI の一部として描かれているロールスケールの表示で可能になっています。

図に Attitude Indicator（AI）を構成するコンポーネントを示します。表示の上部は青色で空を表し、下部は茶色で地表面を表し、白線がそれを分ける水平線です。

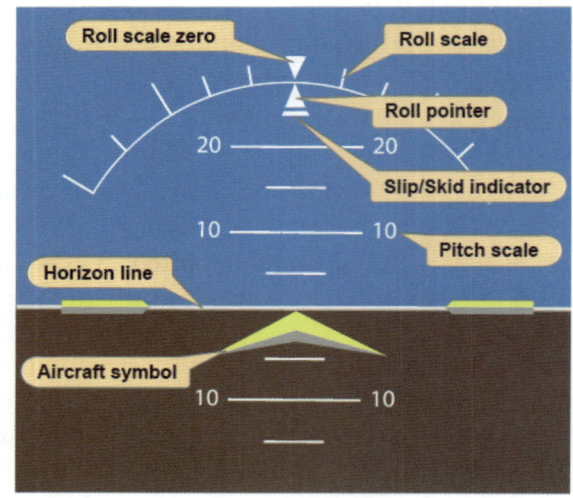

　水平線に平行な白線がピッチスケール
で、5°刻みになっており、10°毎にラベ
ルされています。ピッチスケールは常に
水平線と並行です。

青の領域に曲線のロールスケールがあり
ます。スケールのトップにある三角が
zero インデックスです。スケール上の目
盛マークが bank 角を表します。ロールス
ケールは常に水平線と同じ位置関係を保
ちます。

ロールポインターは bank の方向と角度
を表示します。ロールポインターは飛行

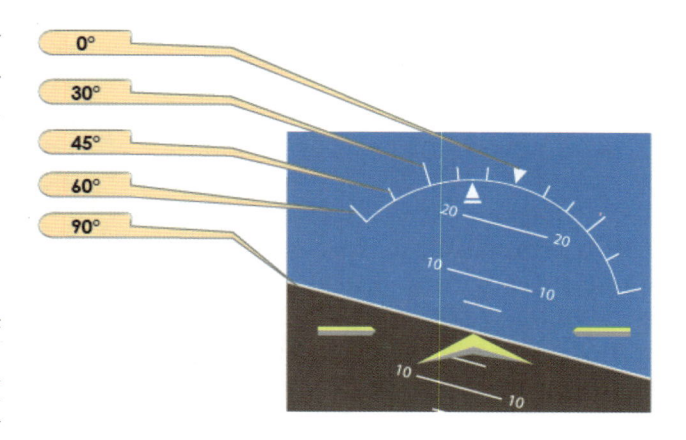

機のシンボルマークとアラインしています。ロールポインターは飛行機の横軸が自然界の水平
線に対する角度を表しています。

Slip/skid 計は飛行機の縦軸が相対風に対してアラインしているか、つまり舵のコーディネイト
がとれたフライトかどうかを示します。ロールインデックスが slip/skid インディケーターとア
ラインしていれば、左右どちらへロールを表示していても飛行機はその示す方向へ旋回をして
います。ロールスケール上の小さな目盛で bank 角をほぼ 1°単位まで簡単に判別できます。
コーディネートフライトではロールインデックスがロールポインターとアラインしていれば飛
行機は直線飛行をしています。

EFD のアドバンテージとしてプリセッションエラーが除去できています。アナログタイプゲー
ジのプリセッションエラーはジャイロの回転が引き起こす力で発生しています。新しい半導体
計器では、プリセッションエラーは除去されました。

AI（姿勢指示器）が pitch と bank 角を正確に表示できることから、AI はある特定の bank や
pitch 角で飛ぼうとするときだけが primary 計器となります。他の phase では AI はコントロ
ール用計器と考えられます。

◎ Horizontal Situation Indicator（HSI）

　HSI は 360°回転するコンパスカードで磁方位を示します。HSI が正確な方位（HDG）を示
す唯一の計器です。マグネティックコンパスは HSI が壊れたときのバックアップ計器として利
用できます。しかし、エラーが発生し不安定な動きをするのでむしろ supporting 計器として利
用します。

パイロットが望む旋回率（HSI の HDG 変化率）を得るためには、bank 角と旋回率の関係を把
握する必要があります。小さな HDG の変化率は浅い bank を意味し、直線飛行からズレてい
くのに時間を要することになります。大きな変化率は深い bank 角を意味し、早く変化してい
きます。

◎ Heading Indicator

　HDG 計器は大きな黒いボックスに白い数字で飛行機の磁方位を表示しています。飛行機の
HDG は最も近い方位を表します。この数値が変化し始めたら、パイロットは直線飛行ができ
ていないことを知るべきです。

Turn Rate Indicator

　ターンレートインディケーターは間接的に bank を表示します。

マジェンタ（赤紫）色のトレンドインディケーターは左右方向の 1/2 standard rate turn や standard rate turn を表示します。ターンインディケーターはマジェンタの線が standard rate turn の外まで伸びて、4°/sec まで表示できます。マジェンタのラインは次の 6 秒で HDG がどこまで行くかを正確に表示するわけではありません。マジェンタラインはフリーズし、矢の先が表示されます。

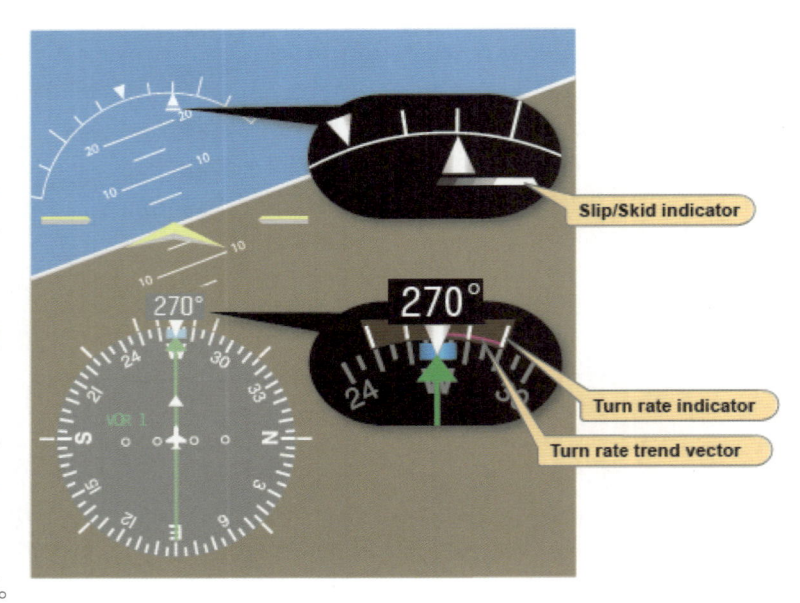

これはパイロットに normal オペレーションの範囲を超えているという警報を発しています。

◎　Slip/Skid Indicator

　Slip/skid 計は AI 上の三角ロールポインターの下側、狭い台形の部分です。この計器は飛行機の前後軸が相対風と一直線になっているかどうかを表示します。

パイロットはいつでも、直線飛行を保持しようとしているときはロールインデックスとロールポインターをクロスチェックすることを覚えなければなりません。HDG が一定なのにロールポインターとロールインデックスが一直線になっていなければ、飛行機はコーディネイトが取れていない状態です。これを正すために、パイロットはラダーを使って飛行機をコーディネイトのとれたフライト状態に戻します。

◎　Power Control

　Power は推力を造り出し、適切な翼の angle of attack（迎え角）と共に、重力と抗力と慣性力に打ち勝ち飛行機の動きを決めます。Power コントロールは、power setting の変更が飛行機の高度と速度を変化させる結果となることから、それらの関係を考慮しなければなりません。与えられた速度では、power setting が飛行機のレベル・上昇・降下を決めます。水平直線飛行で power を増やし、速度を一定に保持した場合、飛行機は上昇します。速度一定で power を減らしたら、飛行機は降下します。ところが一方、高度が一定なら、power の増減が速度を決めます。

　　高度と速度の関係は pitch または power を変化させる必要性を決めます。仮に速度について指定の値が無ければ、power のアジャストの必要性を決めるために高度計をチェックします。高度と速度は交換できることを考慮してください。高度は飛行機の nose を下げて速度に交換でき、また、速度は頭を上げて高度に交換できます。もし、高度が高く望む速度より低ければ、または逆でも pitch だけを変更するだけで所望の高度と速度に戻すことができます。もし、高度・速度ともに高いか両方とも低い場合、

所望の高度と速度に戻すためには、pitch と power の両方をアジャストする必要が生じます。水平直線飛行で速度を変化させ、高度と HDG を維持するためには、pitch、bank、power のコーディネイトが必要です。水平直線で速度を変えるために power を変化させると、単発機のプロペラ機では、全ての軸に対して力が働きます。したがって、高度と HDG を一定に保持するためには、power を変化させるのに比例して各舵のコントロールプレッシャーを調整する必要があります。Power を出して速度を増加させると、エレベーターを前に押すプレッシャーを加えなければ pitch 計器に上昇が示されます。Power 増加に伴い、エルロンとラダーにプレッシャーをかけて止めなければ、飛行機は左に yaw と roll をしようとします。Power を変えて速度を変化させることが必要となったときに、常に操舵の必要性を前もって予測しながら、変化させる速度と共に必要なもの（飛行機のタイプやトルク特性などで様々ですが）のクロスチェック頻度を上げることが大切です。

◎　Power Settings

　　Power control と速度の変更をするのに、水平直線飛行で様々な速度を保持するのに必要な概略の power setting を前もって知っていると相当容易になります。しかし、速度を変更するとき、一般的な手順では速度の変化を早くするために、initial の power change を必要な power より大きくだしたり、必要以上に絞ったりします。（僅かの速度変更の場合か、または急激に加減速をしているときは overpower や under power は不要です）120kt の巡航速度を維持するのに23インチ、100kt を維持するのに 18 インチの power が必要な飛行機があったとします。

　水平直線飛行をしながら 120kt から 100kt に減速する場合は以下のようになります。図はまず、減速を開始する前の状態です。

基本的な姿勢は attitude 計で維持しています。その時に必要な pitch、bank、power コントロールはこれらの primary 計器で検知されています。

Altimeter　−　Primary Pitch

HDG indicator – Primary Bank

Airspeed Indicator – Primary Power

Pitch と bank の supporting 計器は図に示されています。Power の supporting は MAP ゲージ （または fixed pitch なら回転計）です。しかし、MAP を約 15"Hg（under power）まで絞るとき MAP は primary 計器となります。

　練習を積むことで、power setting は throttle の動き、音の変化、feeling の変化で power 計器はチラリと見ただけで変えられるようになります。
推力の減少と伴に、左ラダーを当てる準備をして、エレベーターのバックプレッシャーや、エルロンコントロールの準備をし、クロスチェックの速度を速め、pitch と bank の計器が高度と HDG のズレを表示した瞬間に対応できるようにします。フライト技術が向上すれば、パイロットはクロスチェックを習得し、計器を的確に読み取り、HDG 高度がぶれずに、速度などの変更ができるようになるでしょう。スムースな空気の中を、理想的な操縦技術で速度を減じた場合、高度を維持するためには飛行機の pitch 姿勢は減速につれて上がっていきます。同様に有効なトルクコントロールとして、ラダープレッシャーをかけ yaw に対処することが大切です。
　Power を絞った場合、高度計が pitch の primary 計器で、HDG 計器が bank の primary 計器であり、MAP ゲージが一時的な power の primary（15 インチ）計器となります。飛行機が減速するに従い、コントロールプレッシャーをトリムオフします。速度がターゲットの 100kt に近づいたら、MAP を 18 インチにアジャストした後は、power の support 計器になります。速度計が再び power の primary 計器となります。

◎　Airspeed Changes in Straight-and -Level Flight

　水平直線飛行で速度を変える練習を積むことは、3 つの基本計器飛行の技術を向上し、また、水平直線飛行で予想されるいくつかのコモンエラーを浮き彫りにします。まず、クリーン configuration（minimum drag）で飛行機のコントロールを学んだら、次は flap や gear を出したり、引っ込めたりしながら速度を変更させる訓練を行いクロスチェックの技能を磨きます。訓練中、AFM に規定されている flap、gear のオペレーション制限速度に従うようにします。Gear や flap を extend したとき、飛行機によっては、水平直線飛行を維持するためには急に大きく姿勢を変える必要がある場合があります。Gear を出すことで nose が下がる傾向があり、flap を出すことで揚力が一時的に増加し（flap をパーシャルに出した場合）、flap を full に出した場合は顕著に抗力が大きくなります。
それぞれの機種で揚力と抗力の特性によりコントロールテクニックは変わります。速度、gear と flap のコンフィグレーションの違うコンビネーション時の power setting とトリム変化に関する知識を持つことで、計器のクロスチェックや判読の問題を軽減できるでしょう。

　例えば、gear up、flap up、水平直線飛行 120kt で飛行しているときに MAP23 インチまたは回転計で 2,300rpm とします。減速した後、gear を出し、flap を full に出した状態で水平直線飛行をするのに MAP25 インチか回転 2,500rpm が必要となります。Gear を出せる最大速度は 115kt で、flap は 105kt です。95kt に減速し、gear と flap は以下の要領で下ろします。
1．Full drag configuration では high power setting が必要なので、2,500rpm を維持します
2．MAP を 10 インチに減らします。減速するにしたがって、速度のクロスチェックを増やします
3．迎え角が大きくなりトルクが減るにしたがってトリム調整を行います
4．115kt 以下で gear を下げます。Nose は下がる傾向が出て減速率が大きくなります。
　高度を一定に保つために pitch を上げ、エレベーターのバックプレッシャーをトリムオフします。105kt 以下で full flap としたらクロスチェックとコントロールは忙しくなります。簡単にする方法は gear を下げた姿勢が安定してから flap を下げることです

5. Gear を下げた状態でレベルフライトをするには 18 インチの MAP が必要なことから速度
   が約 105kt になったらスムースに power を増加しトリムを取り直します。AI は水平直線
   を維持するために約 2.5 バー幅分 nose up になるはずです

6. Flap control を作動させると同時に power を予想される値（25 インチ）まで増加させ、高
   度と HDG を維持するのに必要な舵圧をトリムオフします。95kt で水平直線飛行をするた
   めには AI に 1 バー幅分 nose-low を示すはずです

◎　Trim Technique

　トリムコントロールは磨くべき最も重要なフライトの技術の一つです。所望の姿勢を保持す
るためパイロットが舵面をコントロールする舵圧を抜くためにトリムをとります。トリムをと
った結果の望ましい状態はコントロールから手を放しても飛行機がその時の姿勢を維持する状
態です。ひとたび手放しができる状態に飛行機のトリムがとれたら、パイロットはフライト計
器や他のシステムモニターに時間を割くことができます。

飛行機のトリムを取るためにコントロールにプレッシャーをかけている方向にトリム wheel を
回します。コントロールの舵圧を緩め、primary の姿勢計器をモニターします。もし適切にト
リムがとれていたらハンドオフで望みの状態が維持されます。更にトリムが必要な場合はこの
ステップを繰り返します。

飛行機は pitch 姿勢や高度に対してではなく、その時の速度に対してトリムをとります。速度
を変えた場合、トリムを取り直す必要がでてきます。例えば、飛行機が 100kt で水平直線飛行
をしていたとします。50rpm 回転を上げ増速したとします。速度が増えることで揚力が増え飛
行機は上昇します。増やした推力で新たに高い高度で安定し、速度は再び 100kt で安定するで
しょう。

このデモンストレーションで、トリムは速度に関わっており、高度に関係ないことが分かりま
す。

もし、最初の高度を維持するとすれば、コントロール wheel を押す力が必要となりトリム wheel を前方に回してプレッシャーを抜くことになります。トリム wheel を前方に回すということは、トリム速度が増加していることを意味しています。速度が変わったときはいつでもトリムを取り直す必要が生じます。トランジッション（変化中）にトリムを取ることも可能です。しかし、最終的なトリムを取る前に速度が一定に保持されなければなりません。もし、速度が変化してしまうようであれば、トリムは適切にアジャストできず、速度が安定して機のトリムが完了するまで高度も不安定となるでしょう。

◎　Common Errors in Straight-and-Level Flight

Pitch

　pitch に関わるエラーは一般的に以下のような結果を生じます。

１．AI の黄色の chevron（飛行機シンボル）の不適切なアジャスト。

　　Corrective action：一旦飛行機をレベルオフさせ、速度が安定してきたら、pitch 姿勢を小さくアジャストして所望の諸元にします。Supporting 計器で妥当性をクロスチェックします

２．不十分な pitch 計器の読み取りとクロスチェック不足。

　　例として：所望の速度より低いとします。パイロットは pitch が高いと思い込み、power が不足しているのが低速の原因だということを理解しないまま前に押す舵圧をかけてしまうようなケースです

　　Corrective action：全ての supporting 計器のクロスチェックの頻度を上げます。速度と高度は修正のコントロールをインプットする前に安定するでしょう

３．ズレを放置する。

　　例として：水平直線飛行の技量確認テストにおいて高度判定は±100ft の幅があります。

60ft のズレを認識したパイロットはスタンダードの範囲にあり高度が安定しているので修正操作を何もしない状態です。

Corrective action：パイロットは計器をクロスチェックし、ズレを見つけたら、直ちに修正操作を実施し、飛行機をあるべき所望の高度に戻します。高度のズレを生じる可能性はありますが、それを容認してそのままにしてはいけません

4．pitch を大きく変え、オーバーコントロールしてしまう。

例として：パイロットが高度計のズレを見つけたとします。素早く元の高度に戻そうとして大きな pitch 変化をさせてしまう状態です。大きな pitch 変化は高度保持を不安定にし、エラーを複合させてしまいます。

Corrective action：元へ戻すための pitch 修正は小さくスムースに実施します。（ズレの大きさにより 0.5°から 2°の間で修正します）飛行機の姿勢を維持するための小さな修正操作の集まりで計器飛行が成り立っています。特に IMC（計器気象状態）での飛行においては、飛行機のコントロールが分からなくなったり空間識失調にならないように、パイロットは大きな姿勢の変化をさせる操縦は避けるべきです

5．pitch 修正法の失敗。

pitch を変える修正は素早く実施しますが、その効果を待つ必要があります。多くのパイロットが修正をした後、その pitch 姿勢を変化させてしまいます。それは飛行機のトリムが取れていないからです。pitch を変化するコントロールをしたときはいつでもコントロールに加えている力を除去するためにトリムをアジャストすべきです。素早いクロスチェックが所望の pitch 姿勢からのズレを防ぎます。

例として：高度のズレに気が付いて、修正のため pitch を変化させたときにトリムをとらなかったとします。気を取られ、クロスチェックが疎かになり、コントロールコラムに掛けている力が意図に反して緩み始めます。pitch 姿勢が変わってしまい、元の高度へのリカバリー操作は複雑になり難しくなってしまいます。

Corrective action：パイロットは pitch を変化させる操作を開始したら、その後速やかにトリムをとってコントロールプレッシャーを抜くようにします。素早いクロスチェックを行い、操作の有効性と求める結果（諸元）が得られているかどうかを確認します

6．クロスチェック中の一点集中。

偏った計器の判読に時間をかけすぎたり、ある計器に重きを置きすぎたりすることがあります。クロスチェックは万遍なく均等に実施し、姿勢の要素のいずれかが気付かないうちにズレてしまっていたということが生じないようにします。

例として：pitch を修正して高度計を戻すとき、とった修正 pitch 姿勢が適正かどうかを判断するために高度計に注意を注ぎすぎることがあります。この間に、HDG 計に何も注意を払わないために左旋回をしてしまいます

Corrective action：パイロットはクロスチェックの間、全ての計器をモニターします。操縦の効果を待つために一つの計器に囚われすぎてはいけません。飛行機の姿勢の別の部分が変化し始めないように、全ての計器のスキャンを万遍なく続けなければなりません。

Heading

HDG のエラーは以下の場合だけに限りませんが・・・

1. Power を変化させたり、pitch 姿勢を変化させたときに HDG 計のクロスチェックをミスする
2. HDG のズレた方向を間違って判読してしまい、逆方向に修正してしまう
3. あらかじめプリセットした HDG を忘れてしまう
4. 旋回率を見落としたり、bank 角と旋回率の関係を把握していない
5. HDG が変化したときのレスポンスがオーバーコントロール。特に power setting を変化させたとき
6. 未熟なラダー操作と HDG の変化の予測
7. 小さな HDG のズレの修正が不適切。HDG エラーは "0" を目標としなければ、パイロットは、ズレをどんどん大きく許容してしまいます。1°のズレを修正するのに要する時間は 20°のズレを修正するよりはるかに短い時間で修正できます
8. 不適切な bank 角で修正する
   10°の HDG 修正をするとき 20°の bank に入れて行おうとすると、bank を確立する前に所望の HDG を通りすぎてしまい反対方向への修正が必要になってしまうでしょう。存在するエラーを修正テクニックのミスで拡大させないようにします
9. 前の HDG のエラーの原因に気が付かず、同じ間違いを繰り返す
   例えば、飛行機が左の翼が下がる傾向がありトリムの取れていない状態だったとします。

少し左旋回するのを繰り返し修正するばかりで、トリムを取ることを無視しているような状況です

Power

Power に関するエラーは以下のようなミスによるものだけとは限りませんが・・・

1. 飛行機のいろいろな power setting と pitch 姿勢の組み合わせをよく知らない
2. Throttle を急激に使う（操作する）
3. Power を変えるときや上昇・降下時速度に対する lead 量が不適切

   例えば：降下からレベルオフに移るとき、飛行機の勢いが減るので速度がブリードオフするのを防ぐために power を増やします。もし、レベル pitch を確立するまで power を出すのを待っていたら、所望の速度以下に減速してしまい、追加の修正 power set が必要となってしまいます
4. 速度を変えるとき、スピードテープや MAP（マニホールドプレッシャー）を凝視してしまい、pitch、バンクコントロールがまずくなり結果的に速度・power コントロールもうまくいかない

Trim

トリムのエラーは以下のような状況に起因します。

1. 足の位置が適切になるシートやラダーペダルの調整ができていない状況。足首に窮屈な力がかかっていると、リラックスしたラダーコントロールは難しくなります
2. 飛行機によって様々違うタイプのトリム装置がありますが、その操作を混同したりよく理解できていない状況。飛行機によってはトリム wheel は飛行機の前後軸にアラインしているものもありますが、そうでない機体もあります。回す方向も予想した方向と逆になっている装置もあります。マニュアルでしっかり確認することが大切です
3. トリムの基本概念、トリムは速度に対して取るもので pitch 姿勢に対してのものではないということ、が理解されていない状況
4. トリムを取る順番が違う場合。トリムはあくまでもコントロールプレッシャー（舵圧）を抜くために使うのであり、pitch を変えるためのものではありません。正しいトリムテクニックは、まず、操縦桿を保持し、そして舵にかけている力をトリムで抜いていきます。Power を変えるときは連続したトリムの調整が必要となります。連続的に使いますが、少量ずつ使います

7-2　Straight Climbs and Descents

それぞれの飛行機は個々の重量によって最も効率的な上昇率が出せる pitch 姿勢と速度があります。AFM に望ましい上昇のための速度が記載されています。これらは最大離陸重量がベースになっています。パイロットはこれらの速度が重量によって変化することを知り、フライト中に補正していく必要があります。

Entry

◎　Constant Airspeed Climb from Cruise Airspeed

巡航から一定速度の上昇に移っていく操作では、ゆっくりスムースにエレベーターにバックプレッシャーをかけ黄色の chevron（飛行機シンボル）を所望の pitch になるまで引き上げます。操縦桿へのコントロールプレッシャーを保持しながらスムースに climb power setting まで power を出します。この power を出す操作は pitch を変える直前か、所望の pitch にセットした後行います。Full power の上昇をしないのであれば、climb power set は AFM の記載を参考

にします。上昇の姿勢は飛行機のタイプで様々です。

　減速により、pitch 姿勢を保持するために要するエレベーターの舵面の作動角を更に大きくして補正することが必要となり、そのための操舵圧も増やす必要がでてきます。操縦桿に加えている力を抜くためにトリムをとります。効果的なトリムをとることで、連続した注意を払わなくても、姿勢を保持できるようになります。このようにしてできた余裕を、全ての計器の効果的なスキャンをすることに充てることができます。

VSI（昇降計）は飛行機の performance をモニターするために活用すべきです。スムースに pitch を変えると、VSI テープは直ちに上昇傾向を示し、変化した pitch と power に相当する上昇率に安定します。飛行機の重さと、大気の状態によって上昇率は変化します。このようにパイロットは、重量と大気の状態で飛行機の性能に影響を与えることについての知識が必要となります。
ひとたび飛行機が一定速の pitch 姿勢に安定したら、pitch に関する primary のフライト計器は ASI（速度計）で bank に関する primary 計器は HDG 計器です。Primary の power 計器は飛行機により回転計か MAP 計となります。飛行機の pitch 姿勢が適切であれば、速度はゆっ

くり所望の速度に向けて減速していきます。

もし、若干の速度のズレがあれば、所望の速度に安定するまで小さな pitch 変化で対応します。

◎　Constant Airspeed Climb from Established Airspeed

一定速の上昇をするためには、最初に巡航速度から上昇速度まで減速を完了します。水平直線飛行をしながら減速します。上昇への移行操作は、pitch を上げ始めると同時に power を出していかなければならないことを除き、先ほどの巡航速度からの上昇と同じです。

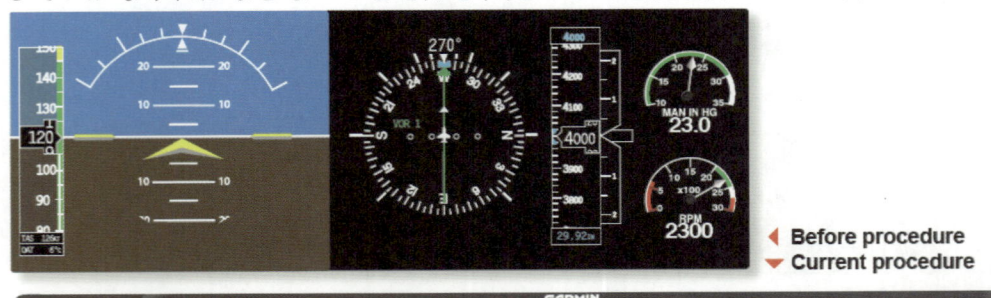

◀ Before procedure
▼ Current procedure

pitch を上げたことにより抗力が増え減速しようとするので、power を追加していくことが必要になります。ただし、pitch を上げる前に power を出すと増速してしまします。

Constant Rate Climbs

一定上昇率の上昇への移行は一定速の上昇と似ています。Power を出し、スムースにエレベーターへのプレッシャーをかけ黄色の chevron を所望の pitch つまり、所望の上昇率まで引き上げます。マニューバーの初期部分で上昇率が安定するまで pitch の primary 計器は ASI（速度計）であり、その後 VSI が primary 計器です。速度計が power の primary 計器です。もし、

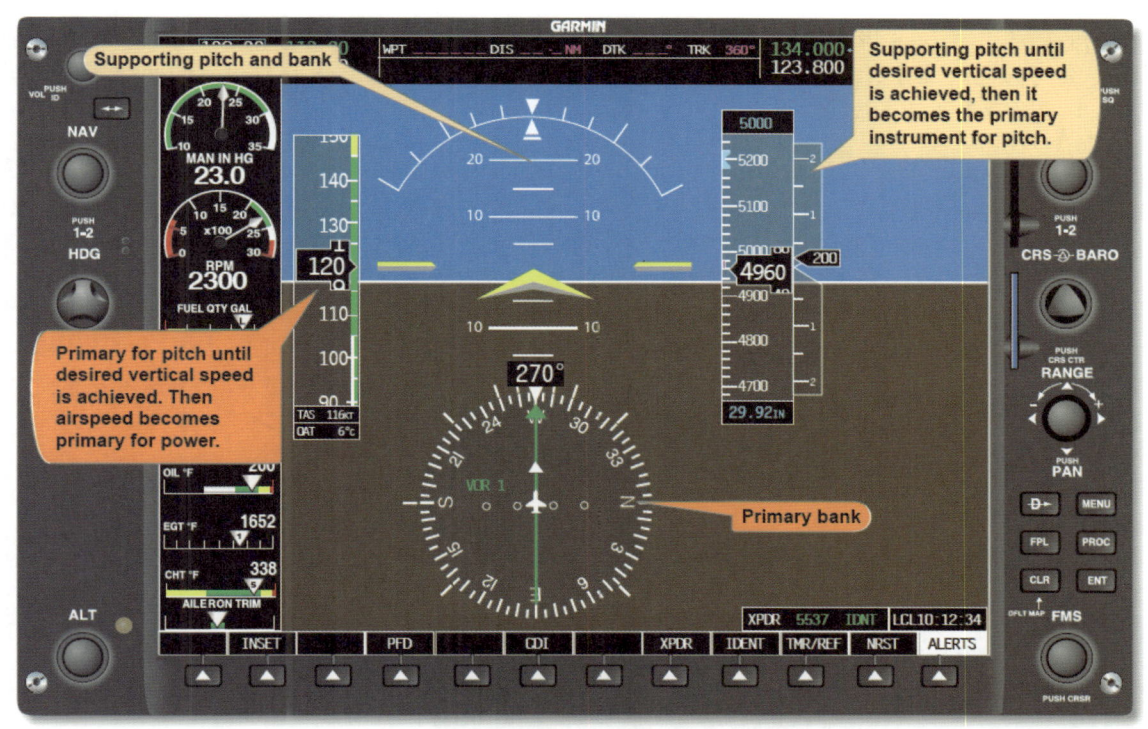

上昇率から外れたら、所望の上昇率が得られるように小さな pitch 変化で対応します。

　Performance、pitch、power の諸元がズレた場合に修正するときはパイロットの input 操作は安定した姿勢を維持するためにコーディネイトが必要です。例えば、上昇率が所望の値より小さくなったものの速度は合っている場合、pitch を上げて上昇率を増やしたとします。しかし、power を増やさないと、抗力が増え減速が始まります。どれか一つ重要なものを変更すると他もコーディネイトをとって変える必要が生じます。

逆に、速度が低く pitch が高いのであれば、pitch 姿勢を下げるだけで問題は解決します。Nose を僅かに下げ、power の調整が必要かどうかを確認します。Pitch と power setting に精通していくことが精度の高い attitude instrument flying を会得する手助けになります。

◎　Leveling Off

　上昇からレベルに移るときは、所望の高度に到達する前に、pitch を下げていく必要があります。目標の高度に到達するまで上昇の pitch を維持していると飛行機の勢いでレベルの pitch に下げている操作の間に予定高度を突き抜けてしまいます。Level off のリード量は上昇率によります。大きな上昇率では大きめの lead が必要となります。ルールオブサムとして上昇率の 10%が lead 量として適切だと言われています。（1,000ft/min の上昇なら 100ft の lead）

所望の高度でレベルするために、attitude を見ながらレベルの pitch まで下げ同時に VSI と高度計をモニターします。上昇率を抑えてくると増速がはじまります。所望の巡航速度に近づくまで、climb power を維持します。所望の速度に増えるまで高度計をモニターし高度を保ちます。巡航速度に到達する前に power を絞り始め、速度が overshoot しないようにします。飛行機の加速具合によって lead 量は変わってきます。速度計のトレンドインディケーターがどの程度の速さでターゲットの速度に近づいているかを知ることができます。

上昇速度のままでレベルオフするためには nose を下げるのと同時にターゲットの power setting まで減らします。pitch と power のコーディネイトがうまくとれれば、速度は変化せずにレベルオフできるでしょう。

◎　Descent

　降下は、power を絞り、レベルフライトより nose を下げるか、drag を増やすことで、様々な速度と pitch 姿勢で可能です。この中のどれかを変更し、降下は速度一定で安定させます。このトランジッションの phase で、正確に pitch を表示する唯一の計器は AI です。
AI が使えなければ（パーシャルパネルフライト訓練など）速度・降下率が安定した降下となるまで速度テープ、VSI テープ、高度計テープで変化を読み取ります。高度計のテープは引き続き降下を示します。pitch を一定に保持し飛行機が安定するのを待ちます。姿勢や速度を変化させる間、操縦桿に加えている力を無くすためにトリムが必要です。トランジッション中は飛行機のフライトパスと速度が変化するのでスキャンを早めることが重要です。

Entry

　降下は一定速度、または一定降下率あるいは、そのコンビネーションで実施することが可能です。

7-22

以下の方法は、AI がある場合や、無い場合でも実施できます。水平直線飛行中で power を減じ所望の速度に減速します。ターゲットの速度に近づいたら、あらかじめ決めていた降下時の power にセットします。pitch を同時に下げていかなければ、速度はそのまま減速を続けます。pitch の primary 計器は速度計です。所望の速度から変化したら、AI を参考に小さく pitch を修正し、速度テープでその効果を確認します。速度のトレンドインディケーターで増速の速さを判断します。全ての舵圧をトリムオフすることを忘れないようにします。

一定降下率での降下開始時の操作も VSI が primary 計器だということ以外は同じです。Power の primary 計器は ASI（速度計）となります。ある速度を維持しながら一定の降下率で降下する場合コーディネイトのとれた pitch と power 操作が必要です。pitch を変えると速度に直接影響します。逆に pitch を一定にしていても、速度を変えると降下率に直接影響します。

◎　**Levelling Off**
降下からレベルに移るとき、巡航の速度へ戻そうとするなら、レベル姿勢の pitch に引き起こす前に、まず、power を増やし始めます。レベルオフ操作を開始する lead については降下率の 10％程度が妥当でしょう。例えば 1,000ft/min で降下しているならば 100ft 手前からレベル操作を開始します。もし、pitch 姿勢を変化させるタイミングが遅れれば、急激な操作をしない限り overshoot しやすくなってしまいます。コントロールの問題も生じやすく、空間識失調の可能性さえ出てくる急激な操作は避けなければなりません。レベルの pitch 姿勢になったら所望の速度まで加速します。飛行機の諸元を速度と高度のテープでモニターします。速度のズレを power で調整します。飛行機がレベルを維持しているかどうかを高度計テープのクロスチェックで確認します。もし、ズレが生じていたらスムースに pitch をアジャストし元の高度に戻します。pitch を調整すると power も調整する必要がでてきます。速度計で所望の巡航になっているかモニターします。

一定速で巡航に移行する場合も、いつ pitch をレベル姿勢に戻していくかを決めなければなりません。もし、pitch だけを変更するなら、飛行機の drag が増えるので減速してしまいます。速度を維持するためには、あらかじめ目安になっている値までスムースにコーディネイトのとれた power を出すことが必要です。コントロールプレッシャーを抜くためにトリムをとります。

◎　**Common Errors in Straight Climbs and Descents**
上昇降下中に犯し易いエラーは以下のことが全ての原因ではありませんが・・・
1．上昇を開始するときの overcontrol。正確な attitude instrument flying のためには飛行機に慣れることが key となります。飛行機の特定の速度に対する pitch 姿勢に慣れるまでは、イニシャルピッチセッティングの修正は止むを得ないでしょう。修正は直ぐに安定した効果をだしません。修正した後、効果がでて新たな速度と上昇率に安定するまで辛抱が必要です。慌てて、性急に修正を試み、効果を待たずにまた変化させていくのを避け、修正したらその効果がでるのを待つことが大切です。小さな修正はより良い結果を生み、より安定したフライトパスに落ち着きます。大きな pitch と power の修正はコントロールを難しくし、リカバリープロセスを更に複雑にしてしまいます
2．計器のクロスチェックをする頻度を上げられない
Pitch と power を変えたときはいつでもクロスチェックを早めることが求められます。ゆっくりとしたクロスチェックはフライト姿勢の他の部分がズレを見逃すことになってしまいます
3．新たな pitch 姿勢を保持できない。修正のため一度 pitch を変えたら、その効果がでるま

で保持しなければなりません。新たな pitch を保持するためにトリムを活用します。もし pitch を安易に動かしてしまえば、修正 pitch が妥当だったのかどうか判別できません。pitch を動かし続けてはリカバリープロセスが遅れるだけです

4．トリムテクニックが不適切。コントロールプレッシャーをかけ続ける状態では、pitch が動きやすく、動いてしまえば修正の妥当性を確認できなくなってしまいます。パイロットの傾向としてコントロールプレッシャーをかけ続けているか、リラックスするかどちらかです。トリムをとることで操縦桿を握りしめずに飛べるようにしましょう

5．適正な power set を記憶していない。もし飛行機の pitch と power setting を知識として持ち活用できなければフライトパスを変更するのに手間取ってしまいます。効果的にフライトパスを変更できるように pitch と power setting の目安を記憶しましょう

6．Pitch と power を調整する前に速度と昇降計をクロスチェックしていない。一方を修正すれば他方に影響したりズレを生じたりします

7．レベルオフするとき pitch と power のコーディネイトが取れない。レベルオフ操作で望ましい結果にするためには pitch と power の協調が必要です。Power を出す前に pitch を上げるとドラッグで減速してしまいます

8．Pitch の supporting 計器を活用できず、VSI をチェイス（追いかけて行ったり来たりする）してしまいます。pitch を変更するときはいつでも、AI を活用します

9．上昇、降下からレベルに移るときに適切な lead をとらない。待ちすぎる（引きつけすぎ）と overshoot しやすくなります

10．バルーニング－power を出すときコントロールを抑え損なう。揚力が増えることで nose が上がりやすくなります

7-3　Turns

◎　Standard Rate Turns

　前のセクションでは直線飛行での上昇降下について述べました。しかし、attitude instrument flying は直線飛行だけでは成立しません。Airway に intercept したり approach でも旋回が必要です。Instrument flying の key となるのは pitch と bank をスムースにコントロールされた rate で変化をさせることです。Instrument flying はゆっくりと、なおかつ計画されたプロセスで出発から目的地に到着するまで急激なマニューバーをせずに飛ぶことが肝要です。

旋回は standard rate turn で行います。Standard rate turn は 3°/sec の旋回で 360°回るのに 2 分かかります。3°/sec の旋回はタイムリーな HDG 変化を可能にし、計器のクロスチェックを容易にし、飛行機にかかる空力の大きな変化を生じないですみます。パイロットが快適にクロスチェックをできるより早い速さでマニューバーしてはいけません。ほとんどの自動操縦は standard rate turn でプログラムされています。

◎　Establishing A Standard Rate Turn

　Standard rate turn をするためには AI で大よその bank 角にすることが必要です。ルールオブサムでは TAS の 15%の bank となります。簡単に計算するには 10 で割って 7 を加えます。例えば、100kt なら約 17°となります。（100/10=10、10+7=17）120kt なら、19°が standard rate turn に必要な bank となります。HSI 上の turn-rate 計をクロスチェックし standard rate turn の bank になっているかどうかを確認します。若干の調整が必要となるでしょう。この場合 bank の primary 計器は standard rate turn を確立するためですから turn rate 計となります。Turn rate 計が standard rate turn かどうかを示す唯一の計器です。

　AI は bank を設定するのに利用します（control instrument）が、クロスチェックし bank が計算値より過大か少ないかを判断するための supporting instrument として活用ができます。飛行機が bank に roll in するとき、垂直方向のコンポーネント揚力は減少します。レベルフライトを維持するためには追加の揚力が必要となります。高度が下がるのを食い止める分だけ操縦捍を引くことが必要となります。揚力が増えると抗力も増えます。この抗力で飛行機の減速が始まります。これに対処するため、power を追加します。速度と高度が安定したら、コントロールに掛けている力を抜くためにトリムをとります。

Standard rate turn から roll-out するとき、スムースでコーディネイトのとれたエルロンとラダーを使います。ロールインの時と同じ rate でロールアウトし、適切な lead 量で望みの HDG を overshoot したり、undershoot にならないようにします。

水平直線飛行へのトランジッションの間には AI が primary 計器となります。Wing level になったら、HDG 計が bank の primary 計器となります。Bank が浅くなると、レベルを保つために pitch を下げなければ、垂直方向のコンポーネントは増加します。コラムを押す力をかけるとき、高度計を維持するためにアグレッシブなクロスチェックを続けます。Bank が減ると pitch はそれにともなって下げ zero bank で巡航の pitch になるようにします。トリムを使ってコントロールに掛けている余計な力を除去します。

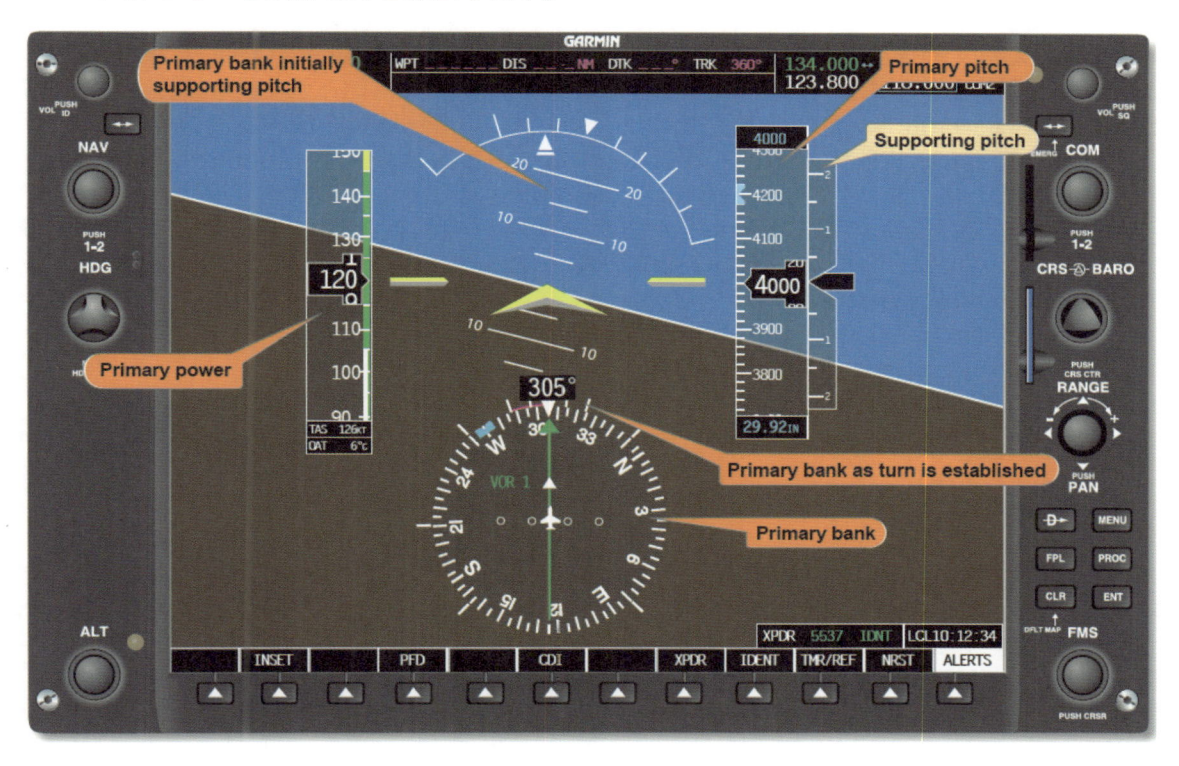

◎　Common Errors

1.　Standard rate turn 中の一つのコモンエラーはパイロットが適切な bank 角を保持できないことに起因します。Turn 中 bank の primary 計器は turn rate 計となりますが、bank は少しずつ変化します。アグレッシブなクロスチェックで over か under bank で生じるエラーをミニマイズできます

2.　Standard rate turn 中の他のエラーは、適切なクロスチェックの欠如です。マニューバー

中の高度、速度、bank 角などのズレを検知し除去していくためにアグレッシブなクロスチェックが必要となります

3.　Attitude instrument flying に関連したメジャーなエラーは一点集中です。計器飛行証明取得訓練において目の前にある実施科目の最も重要なタスクに焦点を当ててしまい、この場合 turn rate indicator に全ての注意を向けてしまい、クロスチェックを失念しがちです。改良型のラディアルスキャンはマヌーバーの間、全ての計器を適切にスキャンできるように機能します

◎　**Turns to Predetermined Headings**

飛行機の旋回は最も基本的なマヌーバーの一つで、パイロットが初期のフライト訓練で学ぶものです。飛行機のコントロールを学び、コーディネーションを維持し、そしてスムースに所望の HDG にロールアウトできることが attitude instrument flying 技術の全ての key となります。
EFD は旧来型の伝統的な全部の計器類を PFD 上に統合表示し attitude instrument flying の全 phase でより良い活用ができます。大きなサイズになった AI は PFD の幅いっぱいに広がり、ピッチコントロールがし易く、コンパスローズ上に直接旋回率を表示することで、パイロットが所望の HDG に向けてロールアウトを開始するタイミングを判断しやすくなっています。
HDG を変えるため何度の bank に入れるべきかを決めるときに、少量の HDG の変更であれば、bank が変更しようとする HDG の値を超えないようにします。例えば、もし、回す HDG が 20° であれば、bank は 20° を超えないようにします。bank 角を決める別のルールオブサムとしては、変更しようとする HDG の半量にするというものですが、standard rate より大きくならないようにします。Standard rate turn の正確な bank 角は TAS の変化で変わります。このようにして、bank の目安が決まったら次のステップは、いつロールアウトプロセスを開始するかです。例えば、飛行機の HDG を 030 から 120° に旋回を開始したとします。与えられた速度で standard rate turn が 15° だったとします。スムースにコーディネイトのとれたロールアウトを開始する HDG は、ほぼ 112° になります。計算は
　　15° bank（standard rate）÷2=7.5°
　　120°－7.5°＝112.5°
このテクニックを使い、over や undershoot した分を考慮して、適切な lead 量を見つけます。

◎　**Timed Turns**

Timed turn は EFD を使って、アナログ計器装備の飛行機と同じように実施します。このマヌーバーに利用する計器は、時計と turn rate indicator です。このマヌーバーをする目的は、パイロットがスキャンの技術を磨くだけでなく、スタンダードの計器がなくても飛行機をコントロールできる力を磨くためです。
Timed turn は HDG を指示する計器を失った場合に飛行機をコントロールするために不可欠なものです。これは AHRS unit や magneto meter が働かなくなったとき必要です。いずれにしても磁気コンパスはナビゲーションに使えるはずです。磁気コンパスよりも timed turn の方が有利なのはシンプルなマヌーバーだからです。磁気コンパスを参考に旋回をする場合は様々なコンパスエラーを考慮しなければなりません。Timed turn にはありません。旋回を開始する前に turn rate indicator で正確に 3°/sec が得られるかどうかを確認しなければなりません。
その結果を補正値として使います。どちらの方向でもよいので standard rate を表示した状態の旋回を確立します。コンパスの決めた値が HDG のマークを通過するところで秒の計測を始めます。他のマークのところで時計を止めます。Wing level に戻し、旋回率を計算します。90°

旋回するのに 30 秒より多いか少ないかで standard rate の線より上か下に補正します。一方向にキャリブレーションが終わったら、逆方向も検証します。左右両方向の検証が終わったら、この補正を全ての timed turn に利用します。

Timed turn を実施するためには HDG を変える量を決めます。120° から 360° であればその差を 3 で割ります。このケースでは 120° を 3°/sec で割り 40 秒になります。これは飛行機が完璧な standard rate turn をした場合に 120° 旋回に 40 秒を要するということです。時間計測開始はロールインを始めるところです。旋回中全てのフライト計器をモニターします。Pitch の primary 計器は高度計です。Power の primary 計器は速度計です。Bank の primary 計器は turn rate indicator です。

計算した時間が来たら、スムースにコーディネイトをとってロールアウトします。パイロットがロールインとロールアウトの操作を同じ rate で実施する場合、特にこの部分を考慮する必要はありません。練習で目標の HDG でレベルにします。もし多少のズレがあった場合、小さな修正操作で HDG を戻します。

◎　Compass turns

磁気コンパスは他の電源を必要としない唯一の計器です。AHRS や magneto meter が fail した場合磁気コンパスが飛行機の HDG を判断する計器になります。

◎　Steep turns

Instrument flight 訓練科目として、standard rate を超える旋回は全て steep turn となります。Standard rate turn は 3°/sec の旋回です。3°/sec にする bank は飛行機の速度で変化します。速度が増えると bank は深める必要があります。Standard rate turn をつくるための正確な bank 角はそれほど重要ではありません。通常の standard rate turn の bank 角は 10° から 20° の間です。Steep turn マヌーバー訓練のゴールは大きめの bank 角で飛行機をコントロールする技術習得です。

大きな bank 角の旋回訓練はパイロットはクロスチェックスキルを磨き、フライトの広範囲に及ぶ姿勢制御能力を改善するために実施します。また、最近の instrument flight check の実地試験では、steep turn は科目に入っていません、しかし instrument 訓練 step の中で訓練科目としては必要であり、教官にその技術を示すことが求められます。

Steep turn を通してパイロットは空力の力が急激に変わることを認識し、全てのフライト計器のクロスチェックを早める必要性を学びます。Steep turn へのロールイン、旋回維持、ロールアウトは shallow 旋回と同じです。空力の作用が大きくなり、変化の速さが早くなるので計器をクロスチェックする技術や読み取りはより素早くする必要がでてきます。

◎　Performing the maneuver

左に steep turn に入れる場合、コーディネイトをとって左 45° bank に入れます。グラスパネルはアナログと違い、ロールスケールに 45° bank 表示があります。アナログで大まかにセットしていた bank を 45° に正確にセットできます。

Bank 角が深まると揚力の鉛直コンポーネントは減ります。揚力の鉛直コンポーネントが減り続けるままにしておくと、高度が下がり、VSI テープに降下が示され、高度のトレンドインディケーターが下向きに表示されます。

更にピッチが下がるので速度が増え始めます。Steep turn をする前に総合的なスキャンができることが大切です。全てのトレンドインディケーターを VSI、高度計、速度計と同じように活用することが計器飛行で steep turn フライトを学ぶときには欠かせません。

高度の低下を防ぐために、パイロットは操縦桿を引き pitch を上げ始めます。必要な pitch 変化は飛行機によりますが 3° から 5° 以内です。バックプレッシャーを増やすと、迎え角は大きくなり、揚力の鉛直コンポーネントは増えます。高度計のズレが生じたら適切にコントロールを修正します。Steep turn の初期訓練ではパイロットは overbank にしがちです。 50° を超えると overbank です。外側の翼が空気流を進む速さが早くなり揚力も大きくなり、内側の翼より大きな揚力コンポーネントになります。45° を超えて更に深くなり続けると、二つの揚力のコンポーネント（垂直と水平）は反比例していきます。

45° を超えると揚力の水平方向のコンポーネントの方が大きくなります。高度が減るのを単に操縦桿を引く操作だけで対応した場合、飛行機の旋回半径は水平方向の力が大きくなるため更にきつく（小さな旋回半径に）なります。もし、操縦桿を引き続けると、あるところで揚力の垂直コンポーネントがほとんどなくなり、翼の制限荷重で飛行機の nose をそれ以上あげられない点に到達します。いくら pitch を上げても旋回半径を小さくするだけです。

計器飛行での steep turn 成功のカギは、関係する空力を理解し、素早く信頼のあるクロスチェックを実施することです。パイロットはいつでもトリムをとることでコントロールに力をかけている状態を避けるべきです。練習中に教官がトリムを使った場合とそうでない場合の steep turn のデモンストレーションをしてもらいましょう。マヌーバーに合わせて飛行機のトリムがとれたら、ほとんど手放しでマヌーバーができます。このことでクロスチェックや計器判読に時間が使えることになります。

高度計の修正をするときに、操縦桿の引き具合を調整するだけでなく、揚力の鉛直方向コンポーネントを変えるために bank を ±5° 以内で調整することも有効です。これらの 2 つの操作は同時に実施します。

Steep turn を終了しレベルに戻すとき、操縦桿のバックプレッシャーの戻し具合は、power コントロールや高度、HDG、速度により様々です。

Step
1．クリアリングターンを実施
2．左に bank45° へ向けてロールイン、すかさず pitch を約 3° から 5° 上げます
3．30° を超えるころ power を増加させ速度を維持します
4．バックプレッシャーを抜くためにトリムをとります

5．約 20°　手前でロールアウトを開始します

6．操縦桿を押し、pitch を巡航の pitch に戻します

7．所望の速度を維持するよう entry 時の power に絞ります

8．できるだけ早くトリムをとるか、右へ steep turn を開始し step 3 から続けます

9．一度マヌーバーが終了したら、巡航のフライトに戻り適切なチェックリストを実施します

7-4　Unusual Attitude Recovery Protection

　Unusual attitude はパイロットが遭遇する最も危険な状態です。計器を判読し機を適切にリカバリーする訓練をしておかないと、unusual から abnormal な姿勢に陥ってしまったり事故になる可能性が大きくなります。

アナログ計器はパイロットが計器類をスキャンし飛行機の姿勢を推量することが必要でした。個々の計器には、成功裏にリカバリーするために必要な情報が欠けていました。

　EFDはその他に状況認識の手助けになる表示と unusual flight attitude からリカバリーするためのものが備わっています。PFD はスクリーンにフライト計器を表示します。それぞれの計器はフルスクリーンの AI の上に重ね合わせられています。このおかげで、パイロットは一つの計器から他の計器へ移動する必要がなくなりました。

新しいunusual attitude recovery protectionはパイロットが素早く飛行機の姿勢を判断し安全で適切で素早いリカバリー操作を実施できるようにしました。PFD に幅いっぱい描かれている人工の水平線で状況認識が向上します。これで、どの部分のスキャンをしていても AI が目に入ることになりました。

アナログ計器の問題の一つは、90°　近い nose up か nose down で姿勢指示器は完全に青か全部茶色のセグメントだけが表示されていたことです。EFD では AI は空と地面を表す部分をいつでも残すようにデザインされています。この改良でパイロットは、いつでも水平に戻る最短の方法がわかります。状況認識は格段に改善されました。

NOTE：水平線は約 47°　を超えるピッチアップで画面下へ移動します。この時点でも画面下に

　　茶色の部分は残っており、パイロットはレベルの pitch 姿勢に早く戻す方向がわかります。

Note：水平線は約 27° の nose down で上方に移動します。画面の一番上の部分に青い部分が残っており、素早くレベルに戻る方向が分かるようになっています。

　　AI 上の白線は水平線を表していることを理解する必要があります。青と茶色の境界線は単にレファレンスで人工の水平線ではありません。

他の重要な unusual attitude からのリカバリーとして開発されたものが PFD に AHRS として組み込まれています。Nose high の異常姿勢の場合 unusual recovery protection として赤い矢羽が水平線に戻る方向を示します。この矢羽シンボルは 50° の位置に表示されます。Chevron（矢羽）は飛行機の nose が高くなり 30° に近づくと表示されます。PFD には単に速度、HDG、姿勢、高度、昇降計テープとトレンドベクターだけの表示に整理されます。pitch が 25° 以下になると消されていた表示が再び表示されます。

Nose が下がった姿勢では、−15° を超えると chevron が表示されます。もし、pitch が下がり続けると−20° 以下で unusual attitude recovery protection が作動し必要なものだけの表示になります。−15° まで戻ると整理された表示が元に戻ります。

更に、bank 制限値も unusual attitude のプロテクションのトリガーになります。飛行機が 60° を超えるとロールインデックスが wing level に戻る最短の方向を示します。65° で PFD の表示は整理され（decluttered）ます。60° 以下になると再び全ての表示に戻ります。

下図では飛行機は 60° を超えて roll しています。バンクインデックスの最後から更に白い円弧が伸びているのが分かります。この線がウィングレベルに戻る最短の距離を示しています。

　AHRS unit が fail すると全ての unusual attitude protection が機能しなくなります。AHRS の fail は PFD 上の HDG、AI などの表示が失われます。

更に、自動操縦の mode も roll と高度保持以外の機能が失われます。

以下に示す図は、いかに状況認識を向上させることが重要かということを表しており、また安全の向上に重要な役割を担っていることを示しています。

図は AHRS と ADC（air date computer）からのインプットが正常な場合の unusual attitude protection を示しています。鮮やかな赤い chevron が nose high になっている unusual attitude と下げる指示を表しており、容易に状況認識と修正ができるようになっています。

Note：赤の chevron はレベルの pitch 姿勢に戻る方向を示しています。

　トレンドインディケーターは 6 秒後になるであろう速度と高度を示しています。HDG 計の
トレンドインディケーターは飛行機の旋回方向を示しています。Slip/skid 計は、飛行機がコー
ディネイトできているかどうかを明確に表わしています。これらの情報はパイロットがどのタイ
プの unusual attitude に陥っているかどうかを判断する手助けになります。

　次の図は上記と同じ速度の図ですが、AHRS unit が fail しています。高度計と VSI テープ
だけは飛行機の nose high の姿勢を表しています。Key となる計器の一つである slip/skid 計は
表示されません。スタンバイのターンコーディネーターも備わっていません。

　維持する HDG は、磁気コンパスでしか分かりません。しかしながら、ターンコーディネー
ターや slip/skid 計ほど有効ではありません。

　更に次の図は AHRS と ADC が fail した時の図です。この fail では飛行機の姿勢に関するも
のが何も表示されません。メーカーは単純に wing level を保つだけですが自動操縦をエンゲー
ジするのを推奨しています。

　PFD の primary の計器類が fail した場合、standby 計器が唯一の利用可能な計器です。
スタンバイ計器はアナログの速度計、姿勢指示器、高度計、磁気コンパスです。スタンバイの
ターンコーディネーターはありません。

極端なハイピッチや、ローピッチや過度の bank ではアナログの姿勢指示器は壊れる可能性や使用不能が表示される場合があります。

Autopilot Usage

自動操縦は MFD スクリーンの後ろに取り付けられたターンコーディネーターからのインプットを使います。このターンコーディネーターは単に自動操縦のロールモードをつかさどり単純に wing level をするために利用します。このプロテクションは正規のターンコーディネーターが壊れてもいつでも利用可能です。（飛行機が unusual attitude に陥った場合パイロットの手助けになります）

Note：パイットはターンコーディネーターに直接アクセスすることはできません。この装置は MFD パネルの裏に装備されています。

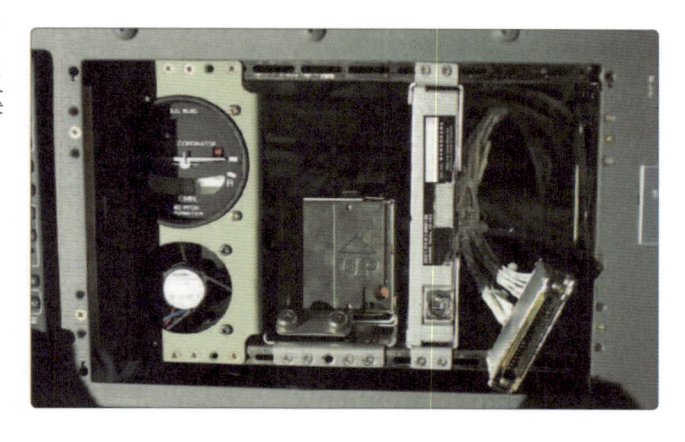

　ほとんどの EFD が装備された飛行機は工場出荷時自動操縦が装備されています。しかしながら、購入する側で自動操縦を取り付けるかどうかを決めることになります。EFD 装備の飛行機で、IMC の中を飛行中、AHRS と ADC が fail した場合に自動操縦がない場合は特別な注意が必要です。

自動操縦はワークロードを軽減するために活用すべきで、パイロットはフライトをモニターする余裕が生まれます。自動操縦の活用は更に unusual attitude になってしまう可能性も減らすことができます。

EFD 装備の飛行機を自動操縦なしで飛行する場合、ワークロードは増え、状況認識は下がるでしょう。

◎　Common Errors Leading to Unusual Attitudes

以下のような状況がパイロットの状況認識を低下させ unusual attitude に陥る可能性があります。

1．不適切なトリム。レベルフライトにおいて常にトリムをとっておかないと、クロスチェックが疎かになることで、一時的に危険な状態に陥る可能性あります

2．低い CRM skill。全てのシングルパイロット resource management が効果的に実施されていない状態。主な CRM 関連の事故はパイロットが整頓されたコックピットを維持できなかったことに起因することが多くなっています。フライト中に利用するものはきちんと整理し、簡単に取り出せることが大切です。整理されない操縦席は注意力を奪い、何らかの unusual attitude に陥ってしまうに十分な時間パイロットが計器のクロスチェックから目を放すことになってしまいます

3．何かまずいことが発生したり、ズレが生じてある一つの計器に注意を注ぎすぎて一点集中が起きた状態。計器飛行を行うパイロットにとって、一つの計器をチェックするよりいくつかの計器類をコラボするためにクロスチェックすることはとても重要です

4．目視によるものでなく感覚に頼ってリカバリーを試みる状態。計器飛行では錯覚が起こりやすいので、直観による修正はいつも間違った修正につながる可能性大です

5．計器飛行の基本練習を怠る状態。パイロットが計器進入やあるいは基本的な計器飛行を長期間実施しなかった場合、技量は低下します。パイロットは技量が維持（update）できていなければ IMC を飛ぶのを避けなければなりません。最近の飛行経験が規定されている所以です。IMC 中の飛行をする前に資格のある教官について追加の訓練を受けるべきです

Instrument Takeoff

　計器だけで飛べる練習をする理由は、視程が VFR の状態よりも悪くなった場合でも飛行機の運航ができるようになるためです。その他に学ぶ貴重なマヌーバーは instrument takeoff です。このマヌーバーはパイロットが外の目視物標を見ないでフライト計器のみを見ながら takeoff roll をします。練習を積むことで、このマヌーバーも standard rate turn と同じように日常のことになります。

Instrument takeoff の練習をする別の理由は、機外の物標から機内の飛行計器に視点を忙しく動かすトランジッションの phase で起こりやすい空間識失調を減らすことです。

ある EFD system は合成ビジョンを提供するものがあります。合成ビジョンは 3D で飛行機の前方の障害物などをコンピューターが作り出したものです。画面に滑走路や障害物が GPS 障害物データベースをもとに表示されます。ビデオゲームと同じように画面に滑走路を表示し、パイロットは方向維持ができるようにマヌーバーすることが可能です。パイロットがコンピューターが作り上げた滑走路にそって走っている限り飛行機は実際の滑走路にアラインして走り続

けます。

全ての EFD system がこのように進んだビジョン機能を有するわけではありません。他の system ではパイロットは instrument takeoff の standard プロシージャーに戻ります。それぞれの飛行機はマヌーバーのために手順を modify してあります。従って、何か新しい装置を利用し始める時はいつでも訓練が必要です。

Instrument takeoff を行うために、滑走路の中心線上に飛行機をもってきて離陸する方向に前輪が真直ぐアラインしている必要があります。学生がフードをつけて外が見えない状態なら、教官のアシスタントが必要になります。

PFD 上の HDG 計を磁気コンパスとチェックし何らかのズレがあればコンパスカードを調整します。HDG は滑走路方向に直近の 5°のマークに合わせます。これにより takeoff roll 中所望の HDG からのズレを素早く検出し、直ちに修正できるようにします。GPS の Omnibearing (OBS) をセレクトし利用するために、OBS を runway HDG まで needle のポインターを回します。これにより、takeoff roll 中、追加の状況認識の手助けを加えることができます。充分にラダーで方向をコントロールできるようにスムースに power を apply します。ブレーキをリリースし、power を takeoff setting まで進めます。

ブレーキを放すやいなや、HDG のズレが生じ、直ちに修正操作が必要になります。Takeoff roll 中、方向の制御にブレーキを使ってはいけません。Overcontrol になる可能性が大きくなります。

連続的に HDG 計と速度計を見ながら加速します。飛行機がローテーション速度の少し手前で、スムースにエレベーターにバックプレッシャーをかけ始めローテーション速度で pitch が上がり始めるようにし、離陸の姿勢に（ほとんどの小型機は約 7°）もっていきます。pitch がコンスタントに維持できたら、フライト計器をクロスチェックし、飛行機をリフトオフさせます。滑走路から引き抜いてはいけません。飛行機が滑走路から離れると P-Factor で左旋回の傾向が出て、左向き yaw が発生し離陸が不安定になりがちです。

AI を見ながら所望の pitch と bank を維持し VSI テープで positive な上昇かをクロスチェックします。トレンドも正の方向を指しているはずです。タービュランスがなければ、全てのトレンドインディケーターは、安定して表示されているはずです。速度のトレンドに関しては、この時点で速度一定であれば、表示されていません。pitch が所望の値に維持されていなければ、速度のトレンドが表示され、速度が変化していることを示しています。目指す諸元は一定の速度、一定の rate で上昇することです。速度計を pitch の primary 計器として使います。

ひとたび飛行機が安全な高度に達したら速度と高度を注意して姿勢を維持しながら gear と flap をリトラクトします。コンフィギュレーションを変化させたら姿勢を維持するために操縦桿を引く力を強める必要がでてきます。スムースにコントロールプレッシャーを強めます。変化を予測し、クロスチェックを早めます。速度と高度のテープは増加させ、VSI テープは一定にします。所望の上昇速度まで加速させます。所望の上昇速度に到達したら、AFM に記載されている climb power に絞ります。飛行機のトリムを取ってコントロールプレッシャーを抜きます。

◎　Common Errors in Instrument Takeoff

Instrument takeoff においては、これらのケースに限りませんが、以下のようなコモンエラーが多いようです。

1. Before Takeoff checklist を適切に実施できていない。急いだり、不注意で速度計が機能しない（ピトーカバーが付いたまま）、コントロールロックが入ったままなど、様々な項目を

　　　見逃したまま instrument takeoff をするケースです。速度計はできるだけ早くクロスチェックをします。システムによっては 20kt くらいまでは何も表示しないものもあります

2．滑走路へのアラインが良くないケース。これは、滑走路にアラインした後クリープで進み前輪が真直ぐになるようにしなければならないのに不適切なブレーキングの結果、生じます。いずれにしても離陸を開始すると方向維持の問題を生じます

3．Power の出し方が不適切。急激に power を apply すると方向維持が難しくなります。Power はスムースに連続して約 3 秒をかけて takeoff power setting になるように apply します

4．ブレーキの不適切な使用。シートやラダー位置の不適切なアジャストの結果、窮屈な足の置き方となり、意図しないブレーキを踏んでしまい、大きく HDG を変移させることになります

5．ラダーの over control。この失敗は HDG が変化しているのに気付くのが遅れたり、コントロールに力が入りすぎていたり、HDG の読み方を間違えていたり（反対方向に修正する）飛行機が加速するのにラダーの効果が変わることを予測しなかったりなど様々な要因が考えられます。もし、HDG の変化を見つけたら直ちに小さなラダーペダル操作で修正していけば、左右に揺れる傾向は減らすことができるでしょう

6．Airborne 後、姿勢を維持できない。もし、パイロットが seat of pant と呼ばれる感覚に頼って操縦するなら lift off 時のピッチコントロールは当てずっぽうになってしまいます。トリム状態の変化に反応し過大な pitch か前方に押しすぎるコントロールになってしまうでしょう

7．不適切なクロスチェック。トリムを変えるとき、姿勢が変わるとき、gear、flap をリトラクトするとき、power を変えるときに一点集中をしてしまうケースです。ひとたび計器やコントロールを apply したら、クロスチェックを続け次のクロスチェックの順番が回ってきたときにその効果（結果）を読み取ればよいのです

8．計器を読み間違える。計器を読み間違える場合は更なるマヌーバーの学習が必要だと理解すべきです

◎　Basic Instrument Flight Patterns

　ある程度、基本的なマヌーバー技術が得られたら様々なマヌーバーの組み合わせの中でその skill を適用させていきます。

第 8 章
Navigation System
航法システム

Introduction

　この章では、navigation 装置の基本原理を解説し、計器飛行におけるこれらのシステムの活用方法について述べます。この知識は SID、DP（Departure Procedure）、holding pattern、approach、を含む全ての instrument procedure のフレームワークとなります。というのもそれぞれのマヌーバーは、正確な attitude flying と navigation system を使った正確なトラッキングから主に構成されているからです。

8-1　Basic Radio Principles

　電波はそもそも独特の周波数帯の電磁波（electromagnetic wave）で有効になっています。電波は長距離空間（大気の内外を問わず）を伝搬しあまり強度が低下しません。アンテナは電気の流れ（電流）を電波に変え空中を伝搬し、受信用のアンテナに到達し、そこでレシーバーで電流に戻されます。

How Radio Waves Propagate

　物質の種類によって電波の伝搬性が良いものから、抵抗になるものまで様々です。地球は大いなる抵抗です。

発射された電波は地表面近くを伝わっていくとき地面との間に誘導電圧を発生し、そのことでエネルギーを奪われアンテナから遠ざかるにしたがい、弱くなってしまいます。樹木、建物、鉱床などその影響の度合いは様々です。上空に向けて発射された電波は空気、水、埃などの分子でエネルギーを吸収されます。電波の伝搬特性は周波数、変調の方法、利用の仕方、装置の出力限界などによります。

Ground Wave

　地上波は、地球の表面を伝搬します。イメージ的には地表と電離層で囲まれたトンネルか回廊のような電波の通り道をとおり、宇宙に出ていかないようにしているものです。一般的に周波数が低ければ、電波のシグナルは遠くまで伝搬します。

地上波は、伝搬の信頼性があり、他のファクターの影響を受けにくく、いつも同じルートが予測可能なため navigation の目的に使われます。通常利用されている地上波の周波数は電波としては最も低い（100Hz）値から約 1,000kHz（1MHz）の間です。地上波としては 30MHz まで存在しますが、地上波としては周波数が高くなると短い距離で減衰してしまいます。

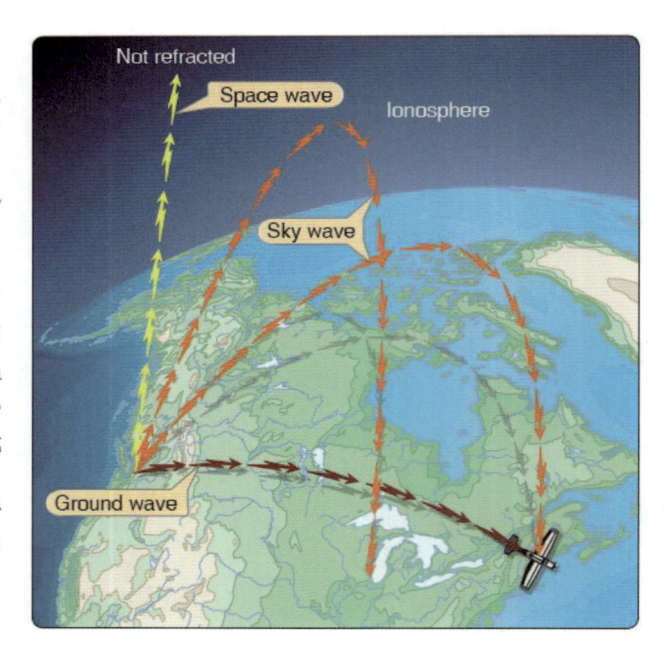

Sky Wave

　上空波は 1MHz から 30MHz で、これらは電離層で屈折したり曲げられてシグナルが上空から地上に戻され遠く離れた受信機に到達するので長距離に向いています。航空で使われる HF（high frequency）通信は僅か 50 から 100 ワットの出力で大洋を超えてメッセージを送ることができます。上空波は発信機から受信機までのシグナルの通り道が変動するので navigation には利用されません。太陽からの電磁波の量が変化する（昼夜、季節変動、黒点活動）と、電波は電離層で反射したり突き抜けたり変化します。従って navigation の目的には向きません。航空無線通信のための上空波（HF）は 80 から 90%信頼性があります。HF は徐々にサテライト通信に置き換わっています。

Space Wave

　15MHz 以上の周波数の電波は電離層を突き抜けます。これが空間波（space wave）です。ほとんどの navigation system はこの空間波（space wave）で運用されます。100MHz 以上では地上波や上空波はありません。それは空間波であり（GPS を除く）種々の伝搬エラーを引き起こす電離層に到達する前にナビゲーションシグナルとして利用することでその影響を極小化します。GPS のエラーは電波が電離層を通過することが原因であり、その影響は大きいのですが、受信システムの方で修正します。
空間波は利用者にとって他の特徴もあります。空間波は発信装置と受信装置の間にある固形物によりブロックされてしまいます。VOR に対するプロペラローターの変動エラーと同じように建造物や地形のエラーが発生します。ILS（Instrument Landing System）コースも上記の理由で歪められることから、クリティカルエリアの設置が必要になっています。

　一般的に空間波は"line of sight"（見通し距離）で受信可能ですが、低周波では地表面上で曲がります。VOR のシグナルは 108 から 118MHz で DME（Distance Measuring Equipment）の 962 から 1213MHz より低くなっています。従って地平線上の VOR/DME 局からの信号は DME が先に機能しなくなります。

Disturbances to Radio Wave Reception

　空電は電波を歪め、通信や navigation シグナルに干渉してしまいます。低周波の装備である ADF や LORAN は特に空電の影響を受けます。VHF や UHF では多くの放電ノイズを避けることができます。Navigation や通信で空電の雑音が聞こえてきたら航法計器の表示に対する警告だと言えます。降水現象による空電（P-static）は

・　VHF 通信が完全にできなくなる
・　磁気コンパスが誤表示する
・　自動操縦をしているときに片方の翼が下がる
・　Audio にキーという高音が聞こえる
・　Audio にモーターボートのような音が聞こえる
・　電子機器がだめになる
・　Very low frequency のナビゲーションシステムが不作動になる
・　計器表示がエラティックになる
・　セントエルモの火が見える

8-2　Traditional Navigation Systems

Nondirectional Radio Beacon（NDB）

　NDB は全方向に電波エネルギーを発信する地上の無線局です。ADF は NDB を利用すると き飛行機から局への bearing を判読するためのものです。

飛行機のパネルに独立して装備されています。ADF の針は地上の NDB 局の relative bearing（関係方位）を指し示しています。飛行機の向いている HDG から電波のくる bearing が時計方向に何度あるかを計測します。磁気コンパスの磁方位は飛行機の方向が磁北から何度にあるかを表示します。Magnetic bearing は無線局の磁北からの関係方位を表します。

NDB Components

　NDB は 190kHz～535kHz です。ほとんどの ADF は AM 放送を受信可能です。しかし、これは航法に利用してはいけません。というのも連続的に ID が取れるわけではないことと、夕暮れから夜明けまで影響を受けやすいからです。NDB 局は音声の発信も可能で、自動気象情報（AWOS）を発信しているケースもあります。飛行機は NDB の運用範囲にいなければ使えません。範囲は局の発信強度によります。利用する前に ID を確認します。通常 2 文字の ID となっています。

ADF components

　飛行機の装備は 2 つのアンテナとレシーバー、表示計器です。センスアンテナが信号を拾います。ループアンテナが 2 つの方向を受信します。2 つの信号が処理されて、方向を示します。計器は 4 つの内の一つです。

Fixed カードの ADF、回転するコンパスカードの ADF、Radio Magnetic Indicator（RMI）で 1 針のものと 2 針のものがあります。Fixed カードの ADF（別名 RBI relative bearing indicator）は真上をゼロと表示しており、needle（針）は局の RB を示します。

図では 135°の RB を表示しています。もし MH が 045°であれば、MB は 180°（MH+RB=MB to the station）です。

回転式の ADF カードであれば、パイロットがカードを回して飛行機の現在の HDG を真上に表示し、ADF の針は局への MB を示し、反方位は局からの MB を示すようにできます。

左図では HDG 045° であり、無線局への MB は 180° そして局からの MB は 360° を表しています。

RMI は回転可能の ADF カードと違い自動的に現在の方位に合わせて（ジャイロコンパスが遠隔操作して）くれます。RMI は二つの指針をもち ADF か VOR のいずれかの Navigation 情報を表示できます。ADF で針が動いているときは、針の頭は選択している ADF 局への MB を表示します。その反方位は局からの bearing を示します。RMI の針が VOR を選択しているときは、針は飛行機から VOR 局への方向を示します。針は局への bearing を方位カードで読み取れます。その反方位は飛行機が現在通過している場所の VOR からの radial を示しています。

下図では、HDG は 360° であり、局への MB は 005° で、局からの MB は 185° です。

Function of ADF

ADF はあなたの場所のプロットや inbound や outbound へのトラック、bearing への intercept ができます。これらの procedure は、holding や non-precision の計器進入で使います。

Orientation

飛行機の HDG や場所に関係なく、ADF の針は局の方向を指し示します。

RB は飛行機の HDG と局の間の関係角で、飛行機の Nose から時計回りに測ります。針の頭と右と左を考え、飛行機の前後軸に対する ADF の方向をビジュアル的にイメージします。針が 0°（真上）を指しているとき、飛行機は局へ真直ぐを指しています。針が 210° の位置を指しているとき局は左後ろ 30° の方向にあり、針が 90° を指しているとき局は右の wing tip のところにあることになります。RB だけでは飛行機の位置を示しません。RB は飛行機の HDG との関係で局の方向を判断できるのです。

局上通過

　あなたが局の近くにいる場合、少し所望のトラックからズレても大きくズレたように表示します。ですから、必要な drift の修正をできるだけ早く確立しておくことが大切です。コースのズレが生じたら小さな HDG（5 度以内）の修正をします。そして針が翼の方へ大きく動いたり左右にブレる状態になります。針が 90°off track を示したら abeam を通過したことになります。最後の修正 HDG を維持し、針が真横を示したときか 180°方向に反転した時間を局上通過とします。局へ接近した状態から通過までの時間は飛行機の高度によります―低い高度では数秒、高々度では 3 分かかることもあります。

Homing

　ADF は "Home" に使われます。ホーミングは針の頭を 0°RB 位置に真直ぐキープして飛ぶ方法です。ホーミングのために局をチューニングし、モールス ID を確認します。ADF の針が 0°RB 位置になるように旋回します。HDG 計を見ながら旋回します。旋回が終了したら、ADF の針をチェックして小さな修正をします。

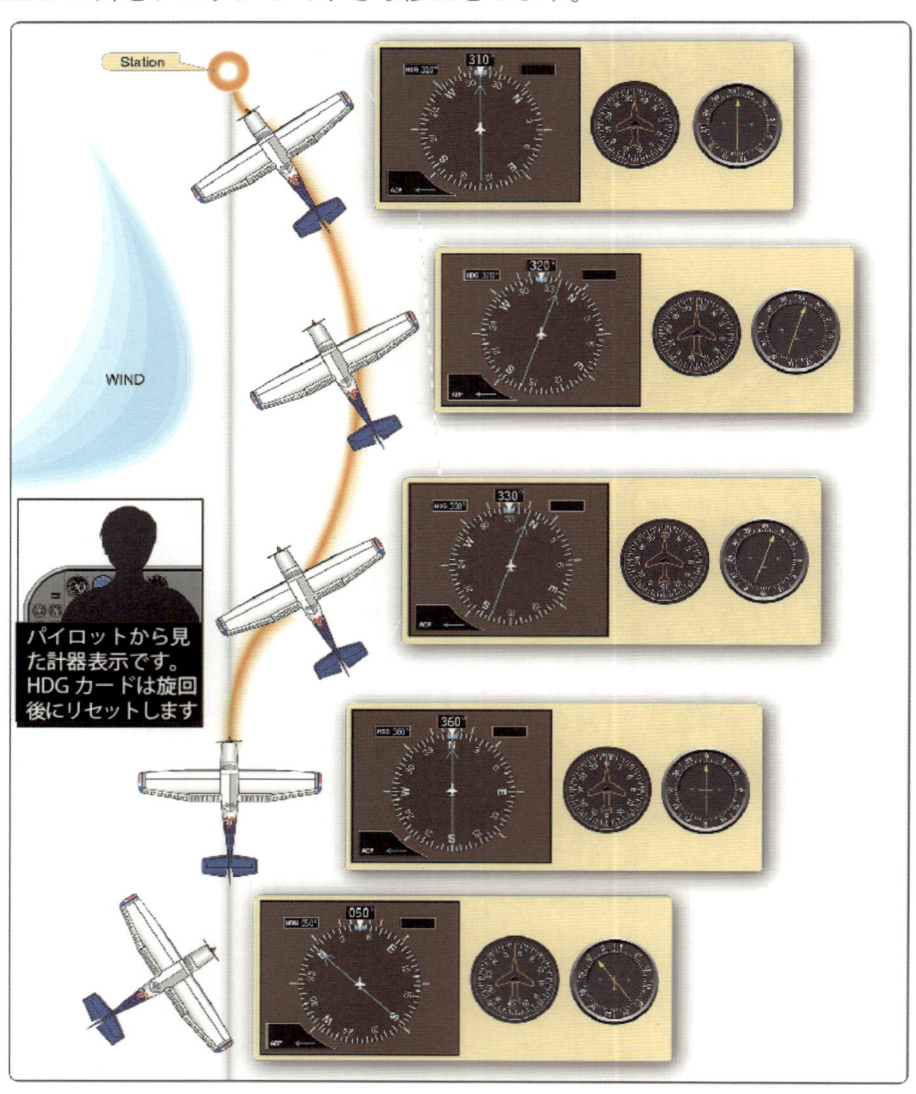

　左図はホーミングを示しており、最初 050°の MH で RB310°です。左へ 50°旋回して RB をゼロにします。050−50 ＝ 360°です。その後 ADF の針が 0 を維持するように小さな修正をしています。もし無風であれば、飛行機は真直ぐの航跡で局へ向かいます。横風があるときは風下側へ遠回りのパスを通ります。

Tracking

　トラッキングは横風の状態にかかわらず局へ希望のトラックを維持するように HDG を調整する方法です。HDG と針の解析をして局への MB を一定に維持させます。

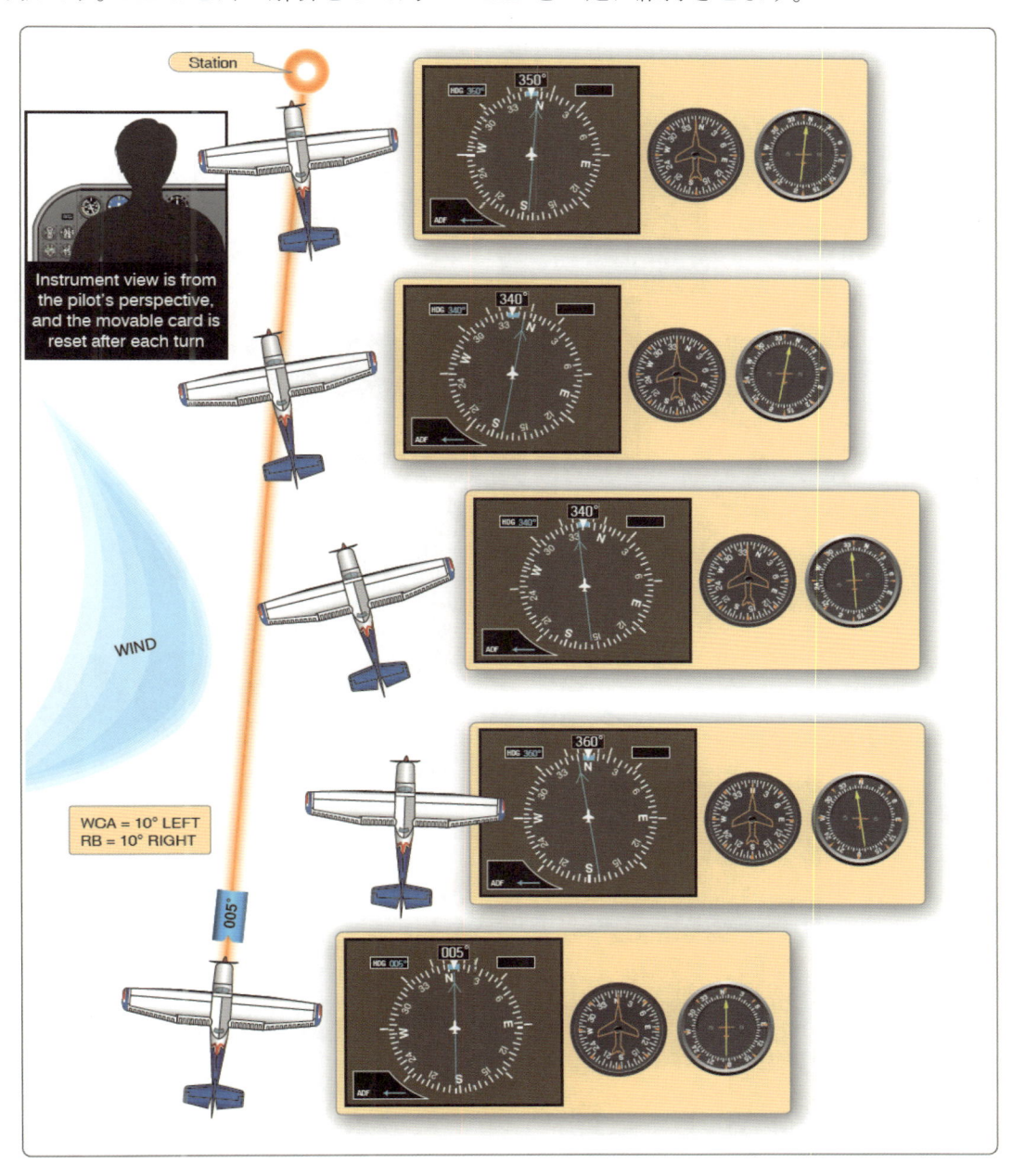

　Inbound へトラックするために、RB 0°になるように旋回します。針がズレる場合、横風があるということですが、コースからのドリフトが表示されるまでこの HDG を維持します。(針が左を差すということは左からの横風があるということです) Bearing が早く動いてしまうということは、横風が強いか、局が近いか、あるいはその両方です。明らかな針のズレが認められたら（2°から 5°）針がズレた方向へ旋回し最初の MB にインターセプトします。

インターセプトする角度はドリフトの角度より大きくなければなりません、さもなければ飛行機は風に押されさらにゆっくりドリフトを続けていくでしょう。何度も何度も繰り返してばかりではかえって遠回りになってしまいます。インターセプトの角度はドリフトの量、飛行機の速度、局への近さによります。最初スタンダードとしてドリフトの 2 倍取った RB とします。例えば、HDG がコースと一致していた場合に左に 10° ポインターがズレたら 20° 左に旋回す

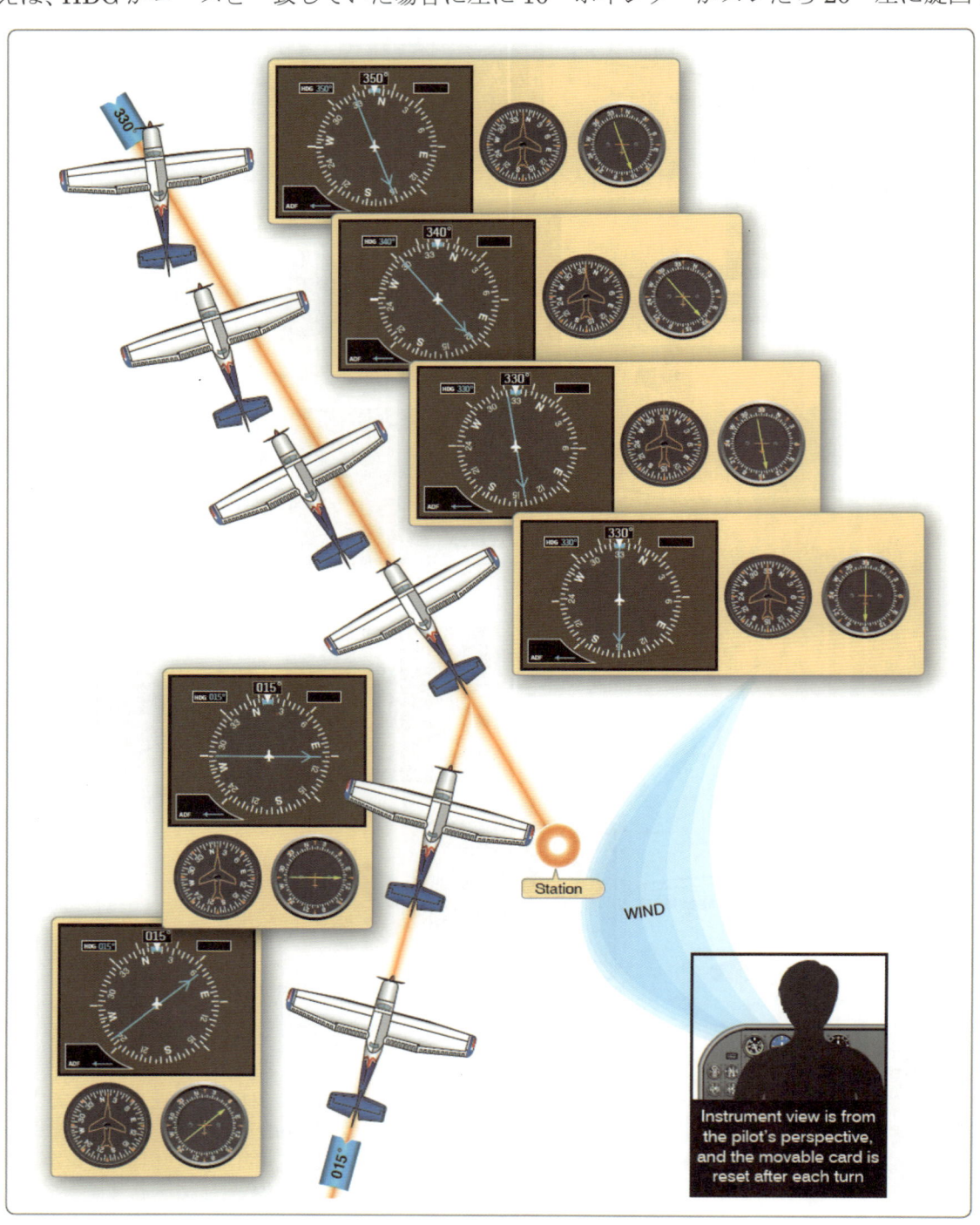

るということです。

　これがインターセプトの角度となります。この HDG を針が 20° 反対側へ動くまで維持します。インターセプト角と同じになったら（この場合 20°）HDG は所望のコースに WCA を加味したところまで戻します。この場合は 10° インバウンドコース側へ戻します。左へ 10° の WCA を取った状態でトラッキングしていきます。

Note：図では WCA10° 左、RB10° 右で値が変わらなければ真直ぐ局へトラッキングしていることになります。もし同じ方向にズレるようであれば、WCA が不足しており、逆の方へズレるようであれば WCA が過大だったということで再調整をします。

　Outbound のトラッキングは同じ理論です。針が左に動けば風は左から吹いています。修正は針のズレの反対側へ（針の後部を引っ張る方向へ）行います。図はインターセプトから outbound のトラッキングを示しています。

Intercept Bearings

ADF オリエンテーションおよびトラッキングです。355° にインターセプトしてトラッキングする場合は以下によります。

1. 希望する inbound bearing に平行な位置関係から自分の位置を確認します。HDG を 355° にした場合局は右前方にあります

2. 飛行機の nose から針の位置を確認します。このケースでは RB は nose から 40° 右です。ルールオブサムで intercept は RB の 2 倍の 80° の角度になります

3. 飛行機を希望の MB から上記 80° を計算し、インターセプトの角度を決めます。この場合は 355°＋80° で 075° となります

4. このインターセプト HDG を維持して針が nose から左 80° にくるまで待ちます（旋回に要する lead 量をマイナス）

5. 左 80° 旋回すると RB は 0° となり direct に針は nose に来ます。（無風で、ADF の動き分の修正も加味したとして）。MB は 355° で望んで

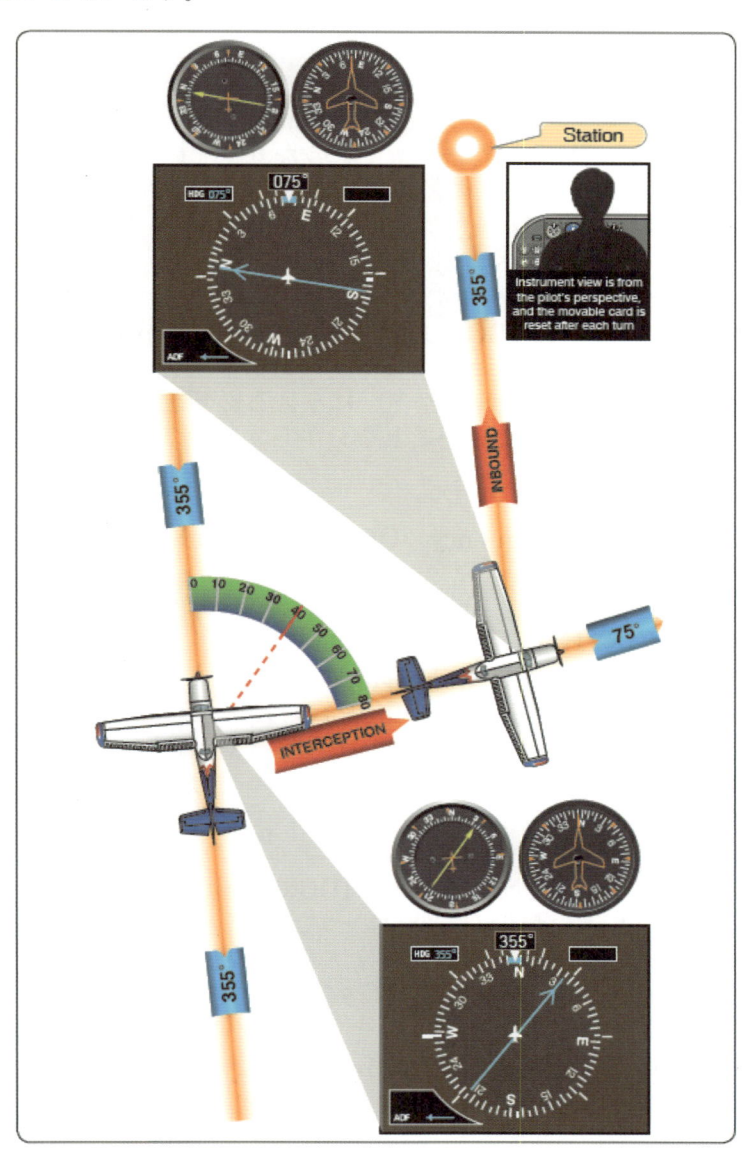

　　いたコースに適切にインターセプトできたことになります

Note：局が近ければ、ADF の針の動く速度や bearing 関連ポインターの動きは早くなります。

　　Outbound も針を 0°位置に変え 180°にする以外は同じです。

Operational Errors of ADF

　　ADF を使った navigation でパイロットが起こしやすいコモンエラーは以下にあげるようなことです。これを参考に同じ失敗の防止に役立ててください。

1.　HDG 計を磁気コンパスにセットするのを忘れる。HDG 計を正しくセットしないで ADF approach を開始することはコース上を飛んでいるつもりで障害物にぶつかってしまうことにつながります（CFIT）
2.　不適切な局のチューニング、ID 確認。多くのパイロットが違う局へ homing したりトラッキングしたりを経験しています
3.　RMI の slave system の不具合を正しいと思いこんだり、warning flag を無視してしまう。
4.　適切なトラッキングをせずに、homing になってしまう。HDG と関連して活用せずに、ADF の表示だけで飛んだときにこうなりやすい
5.　正しいステップを踏まず、適切な位置確認やトラッキングができない
6.　最初の位置確認を急ぐあまり、不用意なインターセプト角にしてしまう
7.　インターセプトするコース角を忘れあらかじめ決めていた MB へ overshoot したり undershoot したりする
8.　セレクトした HDG を維持できない。HDG が動けば、ADF の針も動きます。計器を単独で読取り判断するのではなく、コンビネーションで見る必要があります
9.　ADF の限界や、ファクターに与える影響を理解していない。
10.局に近い場所で、近いことを分からず over control する

Very High Frequency Ominidirectional Range（VOR）

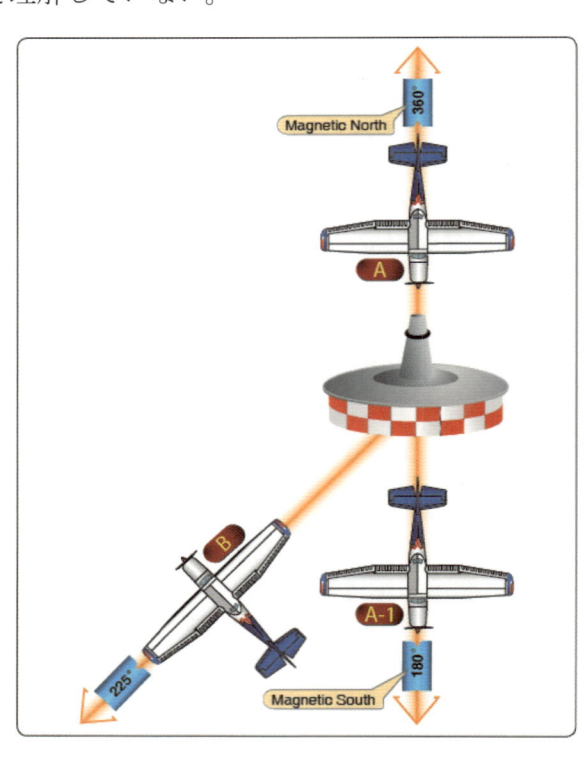

　　VOR は、現在でも primary の航行援助施設です。VOR は地上局から磁北と方位を発射し 360°のコース、TO or FROM 情報を提供します。DME が併設されている場合は方位と距離情報を提供します。軍用の TACAN に VOR が併設されているものも方位と距離情報を提供します。

局からの FROM コースはラディアルです。VOR の情報は飛行機の姿勢や HDG の影響を受けません。局からの方位はいつでも車輪のスポークのように一つのラディアル上に描くことができます。例えば、飛行機 A は 180° の HDG で inbound 360°ラディアルを飛でおり、局上を通過した後、A-1 の位置はアウトバウンドラディアル 180°で B の位置は 225°ラディアルを通過しているところです。

飛行機は VOR 局の周りどのラディアルにも位置することができます。

　更に、RMI 上の VOR の針はいつでも VOR 局へ向かわせるコースを示しており、それとは違って ADF の針は局の方向を飛行機からの RB として表示します。例えば、A 地点における ADF の針は真直ぐ真正面を指し A-1 では 180°（真後）を示し B では飛行機の右を示します。VOR のレシーバーは、局に対する TO、FROM の情報も計測し表示します。Navigation シグナルに加えモールスコードで ID を送信し、音声送信や、気象情報その他の通信にも利用しています。

VOR は運用方法によりクラス分けされます。スタンダードの VOR 施設は約 200 ワットの出力で power を出しており、その有効到達距離は飛行機の高度、施設のクラス、施設の位置、その他のファクターによります。ある高度と距離限界を超えると、他の VOR 局からの干渉を受け、シグナルが弱くなり、信頼性が落ちます。到達距離は IFR の通常の最低高度で最低 40 マイルはあります。VOR の精度に問題がある場合 NOTAM にリストされます。

VOR Components

　VOR の地上施設は小さくて低い建物で、トップにはフラットな白い disk がありその上に VOR のアンテナとファイバーグラスのコーンの形の塔があります。この施設には自動モニターシステムがあります。モニターは自動的に不具合のあるシステムを止め、スタンバイの発信装置に切り替えます。一般的に地上局からの精度は 1°以内です。

VOR 局はモールスコードか音声による ID、または両方で識別します。VOR は navigation のシグナルの干渉を受

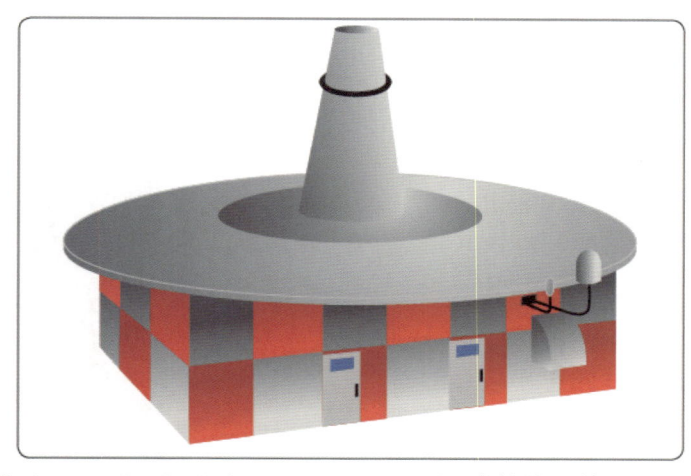

けずに空地の通信も可能です。VOR 施設は 108.0MHz から 117.95MHz の周波数帯を使っており、108.0MHz から 112.0MHz では（奇数の 10 の倍数を使う）ILS localizer とのコンフリクトを排除するために、偶数で 10 ずつ増える周波数を使っています。

機上装備としてはアンテナ、受信装置、表示計器です。受信装置は周波数ノブで 108.0 から 117.95MHz にセットできます。ON/OFF/volume コントロールは navigation レシーバーを on にし、音声の volume をコントロールします。Navigation 表示で利用する前に ID を聞いて確認する必要があります。

VOR 表示は少なくとも左図のコンポーネントを有します。

Omnibearing Selector（OBS）

　所望のコースを omnibearing selector ノブでコースがコースインデックスとアラインするか、

表示されるかコースウィンドウに表示されるまで回します。

Course Deviation Indicator（CDI）

　CDIは計器の表面をヒンジで横方向に動く針で構成されコースのdeviationを示す部分です。飛行機がセレクトしたコース上にいるとき針はセンターにあります。Full に針が振れた状態は通常の針の感度で 10° コースを外れています。中心の丸印の外側エッジは 2° コースを off しており、それぞれのドットは 2° ずつ追加していきます。

TO/FROM indicator

　TO/FROM indicator は、選択したコースが局へ TO なのか局からの FROM なのかを表します。飛行機の HDG が局へ TO か FROM を表しているわけではありません。

Flags or Other Signal Strength Indicators

　装置が利用できる状態かできない状態かを表すのは "OFF" flag です。信号強度が計器表示に充分値する場合は引っ込んで表示されません。不十分な強度の場合は TO/FROM ウィンドウがブランクになるか OFF が表示されます。表示計器としては Horizontal Situation Indicator（HSI）で HDG 表示と CDI（ course deviation indicator）が一緒になっています。

VOR/LOC（localizer）からの navigation 情報と飛行機の HDG 情報を一緒にしてビジュアルな飛行機の位置と方向をあらわします。このことで、コースへのインターセプトやバックコースアプローチ、holding pattern エントリーでパイロットのワークロードを減らします。

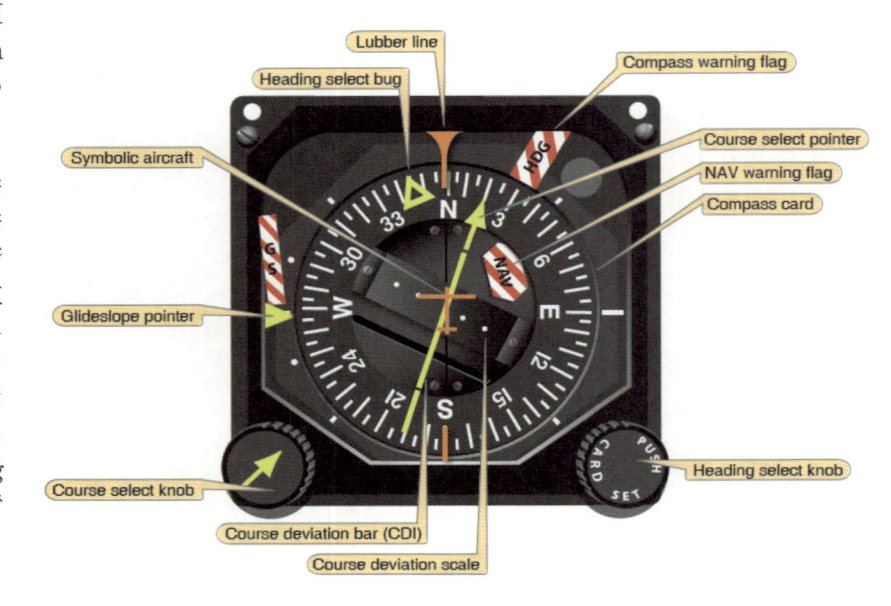

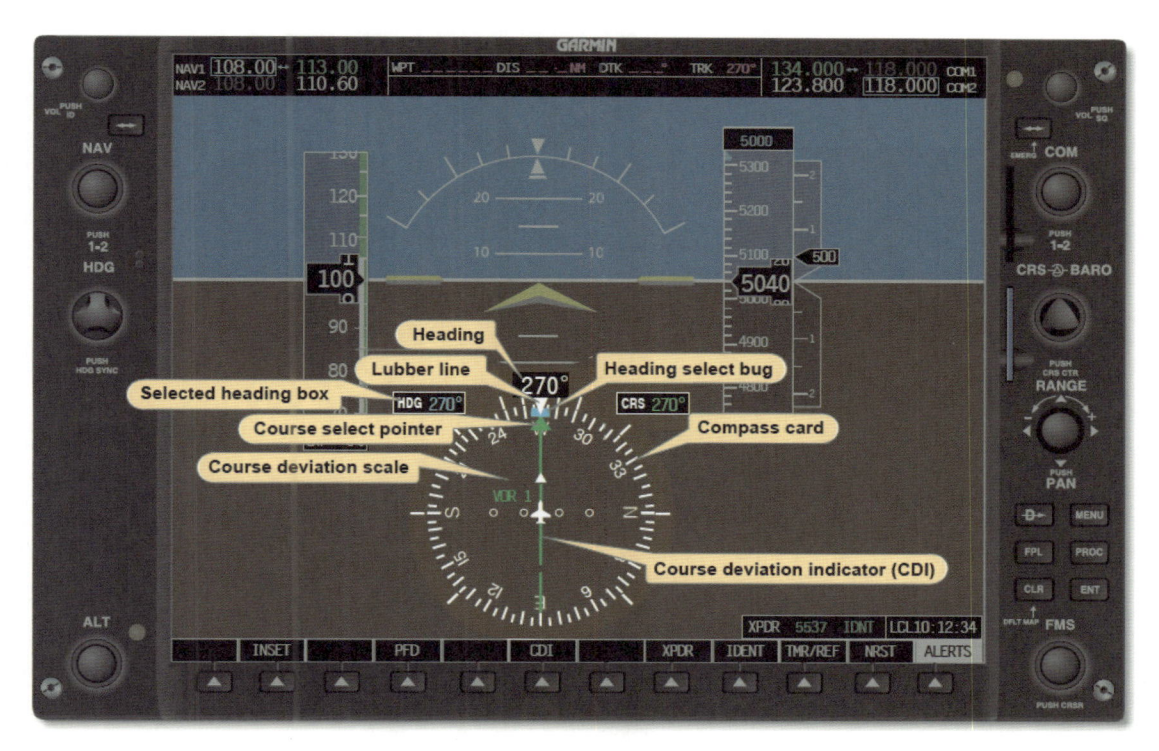

Function of VOR
Orientation

　VOR は飛行機の HDG は考慮しません。飛行機の nose が向いている方向にかかわらず VOR 局からの方向を同じように示します。選択したい地上局の周波数をセットし、audio の volume を上げ、ID を確認します。そして OBS を回し CDI の針が真ん中にくるようにし、コースインデックスの値いを読み取ります。右図では 360° TO のコースとなっています。

次ページの図では 180° TO のコースとなっています。

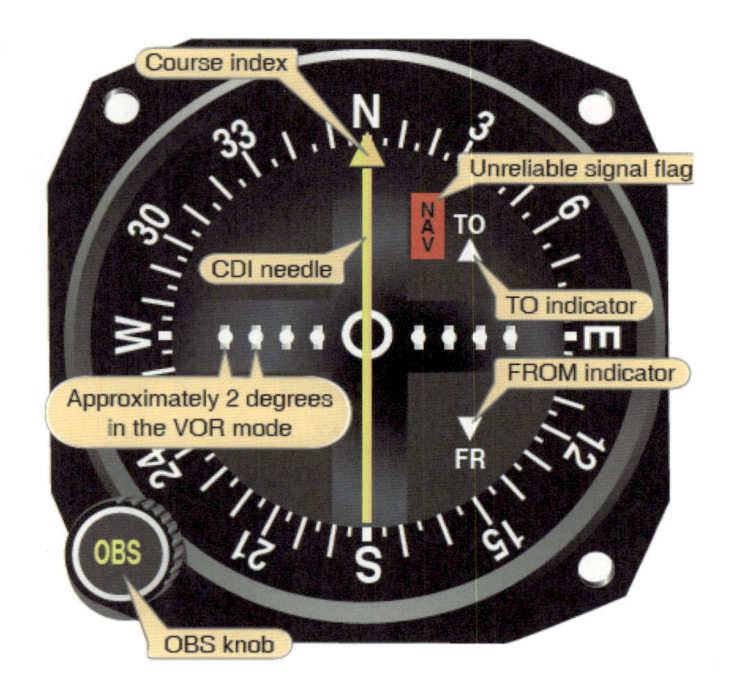

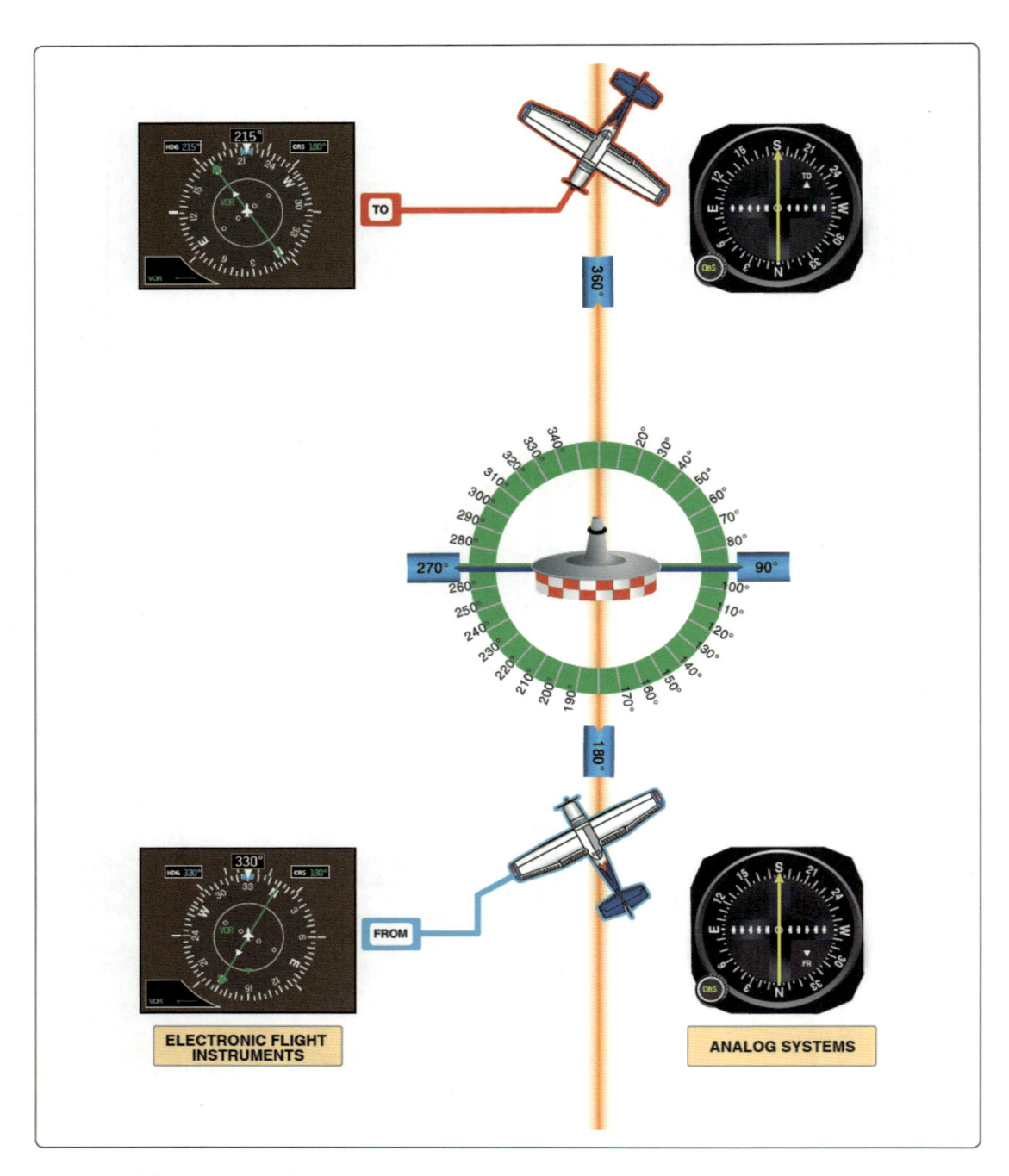

　飛行機はこの瞬間 360° ラディアル線上のどこかの場所にいます。（飛行機がどちらを向いていたとしても）。ただし、局上あるいは非常に近い場合は別です。局上を通過する場合や直ぐ近くでは、CDI の deviation は、横から横に振れます。これは zone of confusion でアンテナからの電波放射パターンが小さく、絶えず変化するので、方位の適切なシグナルが得られないためです。上図の CDI のコースは 180° を示しており飛行機は 180° か 360° ラディアル上にいることを示しています。TO/FROM indication がどちらにいるかをはっきりさせています。

もし、TO が表示されていれば 180° TO 局を示しています。FROM が表示されていれば飛行機が現在いる局からのラディアルを示しています。もし CDI がセンターから一定の rate で離れていくようであれば、180°/360° の line からドリフトして外れていっているということです。もし、動きが激しかったり、行ったり来たりのフラックスしているようであれば局上の通過あるいは近いところを通っています。飛行機の局からの関係位置を知りたいときは、OBS を FROM が表示され CDI がセンターに来るまで回します。コースインデックスに飛行機がいる VOR 局からのラディアルが表示されます。Inbound コース（局への）はこのラディアルの反方位です。

もし、VOR が希望するコースの反方位にセットされていると、CDI によるズレの表示は逆になります。針の反応を正しくするにはコースを正しくセットします。逆のセンスを避けるために VOR コースは飛びたいコースに正しくセットします。

一つの NAV aid では飛行機のポジションは関係ラディアルしか分かりません。飛行機の位置を狭い範囲に絞りこむためには 2 つ目の NAV aid を表示させ、先のラディアル上に正確な場所を特定させる必要があります。

Tracking TO and FROM the Station

局へトラッキングするために TO が表示され CDI がセンターになるまで OBS を回します。コースインデックスに表示されたコースを飛びます。もし、CDI がセンターから左にズレたら左に修正します。最初は 20° 程度の修正で戻します。

インデックスに表示されているコースで飛んでいるときに左へ針がズレるということは、横風が左からあるということです。センターに戻ったら、戻すのに使った修正量の半分に減らします。更に CDI の針が左右どちらにブレるか確認します。今度はもっとゆっくりのはずで、次の繰り返し操作は小さな HDG の修正で行います。

CDI をセンターにキープすることで飛行機は局に到達します。局へ向けてトラッキングするためにはインデックスに示される OBS の値を変えてはいけません。Homing するためには CDI の針を定期的にセンターに来るように回し、新たなコース index を飛行機の HDG として使います。ホーミングは膨らんだルートを辿り ADF のホーミングと同じです。

VOR 局から FROM トラックを飛ぶときはまず飛行機の位置を把握し、希望する outbound トラックに FROM 表示で CDI をセンターにするようにします。インターセプトには局上通過か、インターセプト HDG を使って実施します。所望の magnetic コースは OBS を使ってセットし、CDI がセンターになるまでインターセプト HDG を維持します。その後 outbound のラディアルをトラッキングします。

Course Interception

もし飛んでいるのが希望するコースではなかった場合、まず飛行機の VOR 局に対する位置を確認します。そして飛ぶべきコースとインターセプトする HDG を決めます。以下にあらかじめ決めたコースにインターセプトし inbound でも outbound でも飛ぶための step を述べます。真直ぐインターセプトする場合 Step 1－3 は省略してかまいません。

1．飛行機のいるラディアルとインターセプトしようとするラディアルの差をだします
   （205°－160°＝045°）
2．インターセプト角を求めるために上記差を 2 倍します。ただし 20° 以上で 90° 以下です。
   （45°×2=90°）。025°－090°＝295° がインターセプトする HDG です
3．OBS を希望する inbound コース 025° まで回します
4．インターセプト HDG（295°）に旋回します

5．この HDG を CDI がセンターに来るまで保持すると、希望のコース上ということになりますが、その前に必要な lead をとり、overshoot を防ぐために旋回を開始します

6．必要な MH をセットし、inbound でも outbound でもトラッキングを開始します

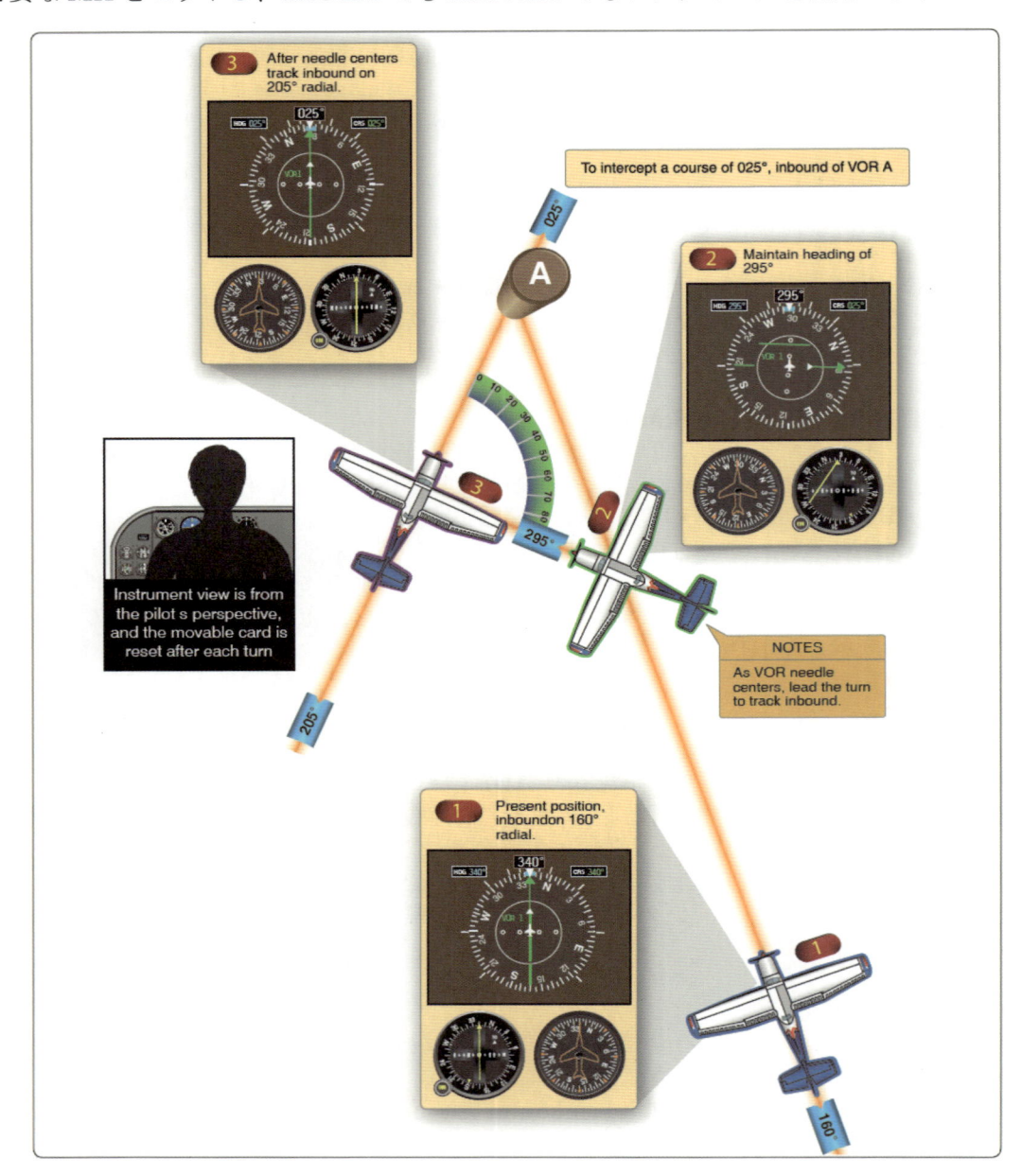

VOR Operational Errors
典型的なパイロットエラー

1．VOR 局を間違ってチューンしたり、ID を取らない

2．レシーバーの精度、感度を確認しない

3．間違った方向に旋回してしまう。ビジュアル的に場所をイメージしない

4．TO/FROM を確認せずにリバースコースで反対に修正してしまう

5．希望するコースに平行に飛ぶことができない。このステップでは希望するラディアルとの位置関係に混乱がある場合、コースのどちらにいるかを考慮してコースに乗っていくことが重要

6．インターセプト時の overshoot、undershoot

7．局へ近くなったときのトラッキングでのオーバーコントロール

8．局上通過の見逃し。VOR レシーバーによっては ON/OFF フラッグが備わっていないものがあり、音声通信と navigation を一緒にした装置でも TO/FROM が局上通過ではっきりしないものがあります。受信装置の全て（TO/FROM、CDI、OBS）を見て判断します。Voice コミュニケーションを送信しているときは VOR の表示は信用できない場合があります

9．CDI の針を追いかけすぎて、トラッキングにならずホーミングになってしまう。予測を立てない不用意な HDG コントロールで風の修正をきちんと行わない場合はこのエラーをしがちです

VOR accuracy

　VOR の効果的な利用には地上局と機上装備の両方の適切な利用が欠かせません。

VOR のコースのアライン精度は±1°です。マイナーなコースのラフな表示や一時的な flag アラームがでることも経験されています。いくつかの局では、山岳地帯の影響を受けあたかも局に近づいたような表示（針の oscillation）がオブザーブされたケースもあります。

不慣れなルートを飛ぶときはこれらの現象に注意を払い TO/FROM 表示を使って通過の確認が必要です。

あるプロペラの回転やヘリコプターのローター回転次第で±6°程度の振れがでることもあります。回転数を僅かに調整することで正常な表示に戻ります。パイロットは VOR 局の運用のトラブル異常を報告する前にこれらの調整をトライすることをリコメンドされています。

VOR Receiver Accuracy Check

　VOR システムのコースの感度を OBS を回して CDI のセンターからのズレ具合でチェックすることができます。コースセレクターは 10°から 12°を超えてはいけません。更に VOR の精度に関する規定は耐空性審査要領に記されています。

以下の要領で VOR レシーバーの精度確認ができます。

1．VOR テストファシリティー（VOT）か適切な Radio Repair Station でラディアルのテストを行う

2．飛行場の certified チェックポイントで確認する

3．上空の certified チェックポイントで確認する

Certified Checkpoints

　上空または地上の認可を受けたチェックポイントがあり、ある地形や空港のある地点などで certified radial を受信できます。

エラーは地上では±4°以内、上空では±6°以内でなければ、整備処置をしてからでなければ IFR ができない規則になっています。

2 つの VOR システムを装備している場合（アンテナ以外独立した 2 つのシステム）、2 つのレシーバーを同じ VOR 局にチューニングし、bearing 表示を見比べます。2 つの許容差は 4 度までです。

Distance Measuring Equipment（DME）

　VOR システムと DME を一緒に利用することで、局からのラディアルと距離で正確な飛行機の位置を知ることができます。飛行機の DME 送信機は質問電波（interrogating radio frequency pulse）を DME の地上局アンテナに送ります。地上のレシーバーはこのシグナルに返事 pulse を返します。飛行機では発射した質問電波と返ってきた返事 pulse のインターバルを計算し局からの距離（nm）に換算します。

　ある DME 装置では飛行機の地上局との位置関係の変化具合で ground speed を提供するものもあります。Ground speed は局に真直ぐ向かうときか離れるときだけ正確なものになります。

DME components

　VOR/DME、VORTAC、ILS/DME、LOC/DME などの航法施設がペアの周波数を利用して距離とコースの情報を提供しています。DME は UHF 962MHz から 1213MHz の周波数で運用されています。飛行機のレシーバーは VOR/DME、VORTAC、ILS/DME、LOC/DME をセットした時自動的に DME をセレクトして横方向と距離の両方を提供します。ただし、飛行機によっては別々にセットするレシーバーもあります。機上装備にはアンテナとレシーバーが含まれます。

　DME の ID はモールスコードで VOR や LOC より音程が高音になっています。VOR や LOC の ID が 3 回か 4 回聞こえた後に 1 回聞こえます。もし、ID が 30 秒ほどの間に 1 回しか聞こえなければ、DME は機能しているものの、VOR か LOC は機能していないことになります。

Mode Switch

　Mode スイッチは距離、ground speed、局までの時間の表示を切り替えます。また、HOLD スイッチを有する装置もあり、これは DME のチャンネルを hold した時点のものに保持する機能をもっています。これは DME が併設されていない ILS に approach をするときに近くに VOR/DME が設置されている場合便利に活用できます。

Altitude

　ある DME では slant-range（飛行機から下への角度）エラーを修正するものがあります。

Function of DME

　DME は地上局からの距離を測定するのに使います。VHF/UHF の他の NAV aid に比べて大変精度が高くなっています。距離情報は飛行機の局からの一定距離を維持しながら飛ぶことも可能にします。これを DME arc と呼びます。

DME arc

　進入方式の中には DME arc と一緒に組み合わせたものが数多くあります。ここに述べるインターセプトと DME arc 維持の手順とテクニックはどのような施設にも対応できるものです。Final approach guidance を提供する施設と併設している場合やそうでない場合もあります。DME arc の飛び方の例として図を参照しながら次の step を確認ください。

1．OKT 325° ラディアルをトラック inbound に飛び、DME の距離を頻繁にチェックします
2．150kt 以下の GS では 0.5nm の lead で十分です。10.5 miles で arc に旋回を開始します。飛行速度が速いときは、比例して必要な lead 量に増やします
3．約 90° 旋回をします。無風であればロールアウト HDG は 055° です

４．旋回の最終部分で DME 表示をよく確認します。もし arc が overshoot（1.0nm 以上）しそうであれば、当初のロールアウトより先まで旋回を続け、もし undershoot であれば、早めにロールアウトします

　Outbound で 10nmDME にインターセプトするときのプロセデュアーも同じで、lead を取って 9.5nm で旋回を開始します。
風があるときの DME arc は、飛行機の局からの位置関係を頭の中にイメージを描き続けることが大切です。
風による wind correction は arc の場合、コンスタントに変化していくので風を予測することは大切です。

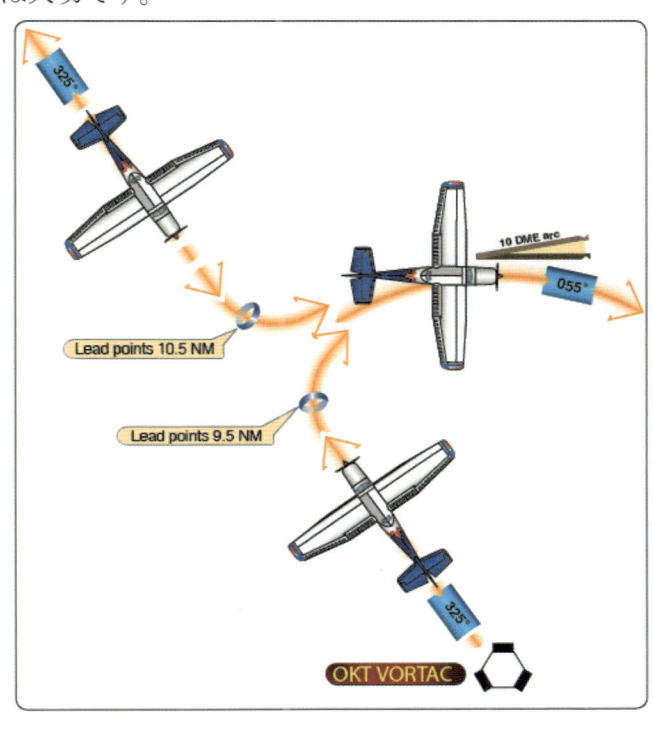

Arc をほんの少しだけカーブの内側を keep するとやさしくなります。Arc の方が飛行機に寄って来るようになるから straight の部分が長くなります。外側にいると、arc は遠ざかる方ですから修正量が大きくなります。
VOR の CDI を使いながら arc を飛ぶときは、arc にインターセプトするために 90°旋回まで CDI の針はセンターにあります。飛行機の HDG は右か左（270°か 90°）に旋回します。Arc をやっている間、横方向の距離が HDG の primary 計器になります。風を加味しながら距離を一定に保てるように HDG を調整します。CDI をセンターにし、CDI が 2°から 4°ズレたときに新たな HDG に変えます。
RMI が使える場合は、風がなければ、理論的には局からの RB を 90°または 270°に維持しながら正確な円弧を飛べることになります。実際には短い leg をつなげて arc を維持します。

１．飛行機が希望する DME の距離にいるとして、RMI の bearing pointer を翼の先端位置（90°か 270°）にし、同じ HDG を維持して wingtip（真横）の後ろ 5〜10°bearing pointer が動くまで待ちます。これで DME の距離は少し大きくなります
２．局の方向へ旋回し、bearing pointer が 5〜10°wingtip（真横前）より前にでるようにします。この HDG でまた、bearing pointer が wingtip の後ろに行くのを待ちます。この手順を繰り返しおおよその arc を維持します
３．もし、横風のドリフトで局から離れたら、局の方へ旋回し wingtip より bearing pointer が前にいくように、もし、局の方へ吹き寄せられたら、局の反対へ旋回し、wingtip より bearing pointer が後ろに行くように調整します
４．距離の修正をするガイドとして 0.5nm のズレにつき RB10°〜20°の変更となります。例えば、bearing pointer が真横の状態で、無風のときに飛行機が 0.5 から 1nm arc の外側に外れたとします。飛行機を 20°局側に旋回して arc に戻ります

　アークフライトは VOR 直線飛行からリードを持って旋回し、VOR 局からの定められた距離を維持しながら飛行し、リード量を勘案し、定められた VOR Radial に乗るための飛行法が重要になります。次に更に細かい計算例を紹介します。

　Z Radial からアークに乗るためのリード量は DME アーク旋回半径は $r = V^2/g \cdot \tan\theta$ で表されるので

$$\left[\frac{V^2}{3600}\right] \bigg/ \left[\frac{9.8}{1853} \times \tan\theta\right]$$

Γ：旋回半径
θ：Bank 角

$$= 1.459 \times 10^{-5} \times V^2 \text{ (kt) } / \tan\theta \quad \text{(nm) となります。}$$

従って

Bank 15°　：$5.445 \times 10^{-5} \times V^2$ (kt)　nm ≒ $(GS/60)^2 \div 5$
Bank 20°　：$4.009 \times 10^{-5} \times V^2$ (kt)　nm ≒ $(GS/60)^2 \div 7$
Bank 25°　：$3.129 \times 10^{-5} \times V^2$ (kt)　nm ≒ $(GS/60)^2 \div 9$
Bank 30°　：$2.527 \times 10^{-5} \times V^2$ (kt)　nm ≒ $(GS/60)^2 \div 11$

	GS120kt	GS180kt	GS220kt	GS260kt
Bank15°	0.8nm	1.8nm	2.7nm	3.8nm
Bank20°	0.6nm	1.3nm	1.9nm	2.7nm
Bank25°	0.5nm	1.0nm	1.5nm	2.1nm
Bank30°	0.4nm	0.8nm	1.2nm	1.7nm

となり、旋回半径だけをリード量とすると所定の bank をとるまでの遅れが確保できないため、所定の bank を取る時間を 10〜12 秒とすると 5〜6 秒のリードを加える必要があります。
計算を簡単にするため 6 秒として GS が 120kt ならば 6 秒の移動距離 120nm ÷ 3,600 (秒) × 6 ＝ 0.2nm を追加します。
GS が 180t の場合同様に 0.3nm を追加します。
従って 180kt bank20° で旋回する場合 1.3nm ＋ 0.3nm ＝ 1.6nm 手前で旋回を開始すればよいことになります。
最初のロールアウト HDG は clockwise の roll in の場合：　　VOR ラディアル＋100°
　　　　　　　　　　　Counter clockwise の roll in の場合：　　VOR ラディアル－100°
アークの飛行から radial 飛行へのリード量
　旋回半径は $v = V/3,600$ を秒速の GS (nm/sec) とすると標準旋回による角速度が
$\omega = 3 \times \pi/180 = \pi/60$ (l/s) であることから $\Gamma = v/\omega = V/3600\omega = V/60\pi ≒ 0.00531V$ nm となります。
この旋回半径が即ち旋回のリード量となり実用上は GS の 0.5% と考えて差し支えありません。
同様に $V/60\pi$ (nm)。一方 VOR からの距離は L (nm) なのでリードに要するラディアルは $\tan^{-1}(V/60\pi L)$ となります。
但し、十分に X が小さい時、$\tan^{-1}X ≒ 57.30X$ (°) という近似が使え
　　　$\tan^{-1}(V/60\pi L) ≒ 57.30V/60\pi L = 0.304V/L$ (°)
となります。これが旋回に必要な度数であり、実用上は「V/3L」° を用いて差し支えありません。

アーク飛行中の方法

　10nm アークで飛行すると、定常旋回に要する bank は 180kt で 2.7°となりますが、ゆったりとした bank を維持するとジャイロに悪い影響がでるので、なるべく直線レグを作り、かつアークの中心線を維持するため、RMI で 20°毎に直進します。
アークの minimum obstruction clearance は航空路と同じように左右 4nm の幅で考慮されていますが、DME の±1nm を維持すべきで、0.5nm 離れるようであれば、左右に 10°～20° HDG を修正して距離を保ちます。

　アークを飛行するとき、アークの少し内側を飛行するように操作すれば、比較的容易にアーク飛行が維持できます。外側に出ると修正を大きくする必要が出てきます。

　VOR が 2 局選択できる機体であれば、アーク飛行に入ったならば、PF の方は目的 VOR の局を選択し、コースセレクターもセットし、インターセプトに備えます。PNF 側の RMI で方位と距離をモニターしながら飛行します。当然風を考慮しながら HDG をコントロールしますが、無風状態であれば次の図のように RMI の指示が 10°真横より上側を指しているところから 10°下側を指すところまで HDG を維持すると 0.5nm を維持できます。

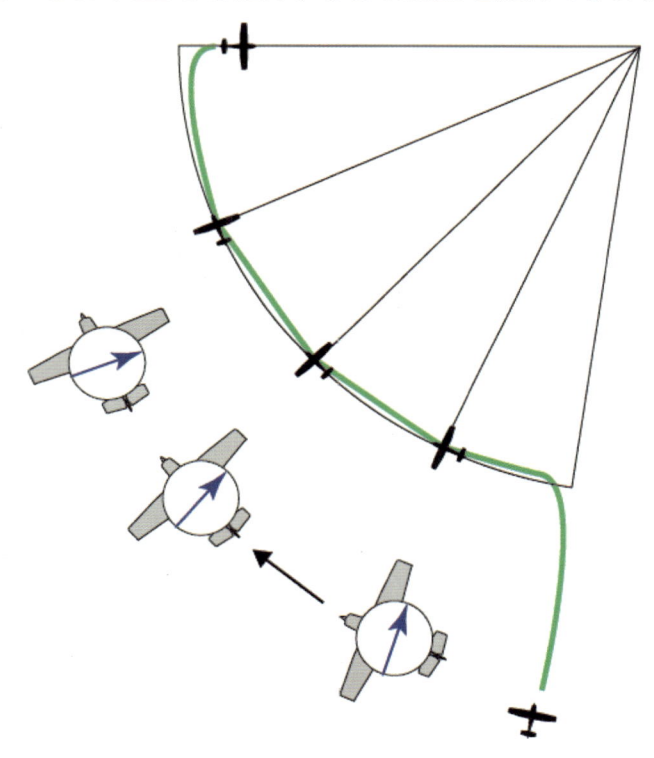

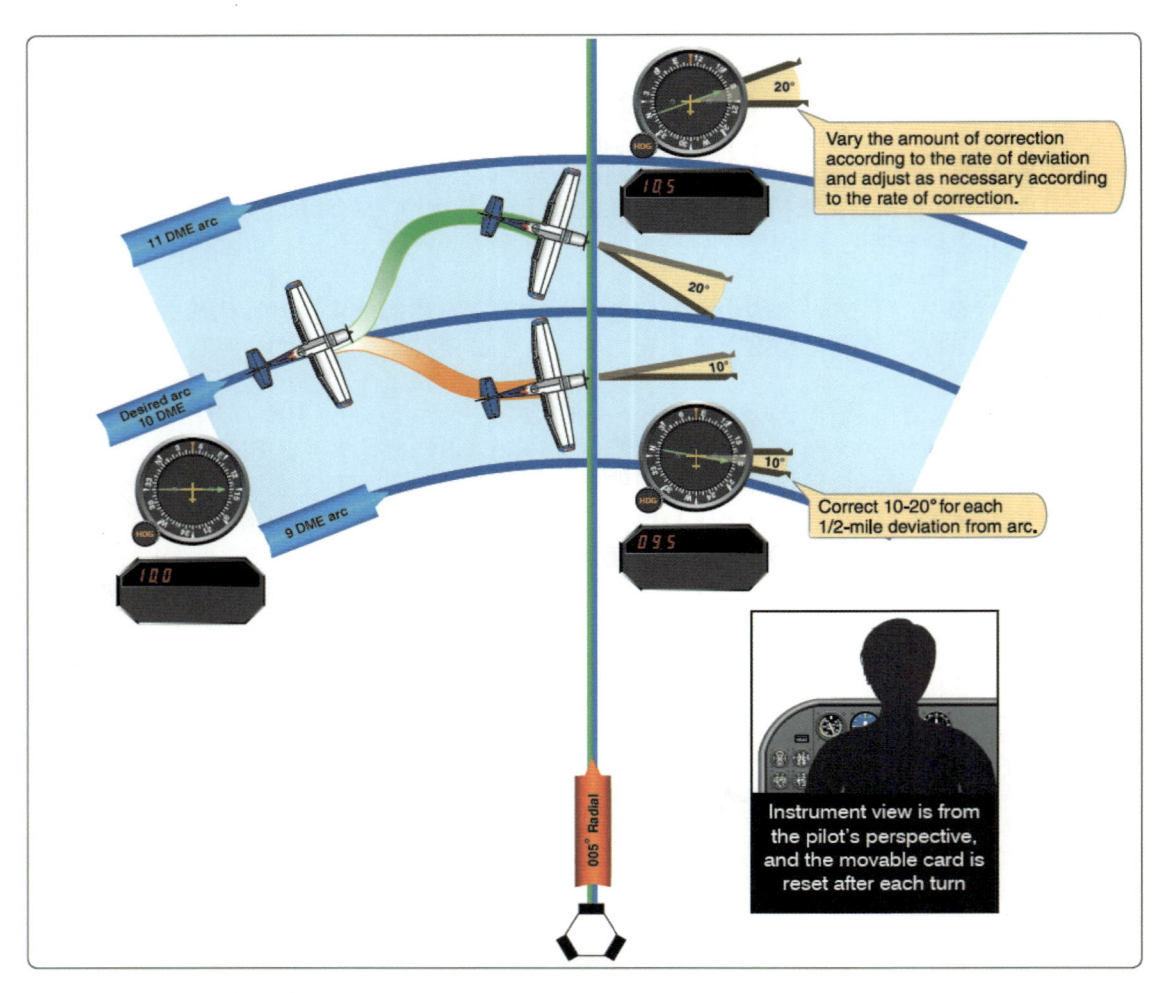

　RMI が無い場合は横方向の参考がないので、より難しくなります。しかし、OBS と CDI を横方向の情報として利用し DME arc は実施できます。

Intercepting Lead Radials

　Lead radial は arc から局へ inbound コースで旋回するときのラディアルです。DME arc からインターセプトするとき、arc の距離と ground speed で lead 量は変化します。平均的な general aviation の飛行機で approach チャートに記載されている arc を 150kt 以下で飛んでいる場合 lead は 5°以下です。直線で飛んでいてインターセプトする場合と、arc からインターセプトする場合に違いはありません。

RMI が装備されている場合は、arc を飛行しているときに bearing の動きをよくモニターします。できるだけ早くインターセプトするラディアルをコースにセットし、あらかじめ概略で lead 量を決めます。この point に到達したらインターセプトのため旋回を開始します。RMI なしの機体では、OBS と CDI を使って同じようにインターセプトします。

DME アークから ILS localizer にインターセプトする場合も上記ラディアルインターセプトと同じテクニックです。次の 3 つの図は single の VOR/LOC レシーバー装備機のため VOR/LOC レシーバーは LOC にセットしなければならない状態で DME arc から LOC にインターセプトする lead radial を図示しています。

VOR/LOC の dual 装備があれば、一つはアジムスにもう一つは LOC にセットすることができます。これらの lead radial は 7° を提供するので、LOC の針がセンターに動き始めるまで 1/2 standard rate turn を使うべきです。

DME errors

　DME/DME fix は VOR/DME よりも更に正確な飛行機の位置を提供します。DME のシグナルは見通し距離が通達範囲です。飛行機から地上施設までの直線距離を読み取り、いわゆる slant range 距離となります。Slant range とは飛行機のアンテナから地上局までの距離です。（地上までの斜めの線になります。GPS システムは WP から飛行機の地平面上の距離を提供します）したがって 3,000ft で 0.5nm の場合 DME は 0.6nm と表示し、GPS は、実際の水平距離 0.5nm と表示します。このエラーは高度が低いほど、また距離が長ければ小さくなります。距離が近く、局上になると、高度分を距離として表示します。Slant range エラーは飛行機が局の高度より 1,000ft 高くなる毎に局から 1nm 以上離れていれば無視できる程度です。

Area Navigation（RNAV）

　Area Navigation（RNAV）の装備は VOR/DME、GPS と Inertial Navigation System（INS）を含みます。RNAV 装置は飛行機の位置、actual のトラック、groundspeed、その他価値ある情報を計算してパイロットに提供します。この情報は距離、クロストラックエラー、そしてセ

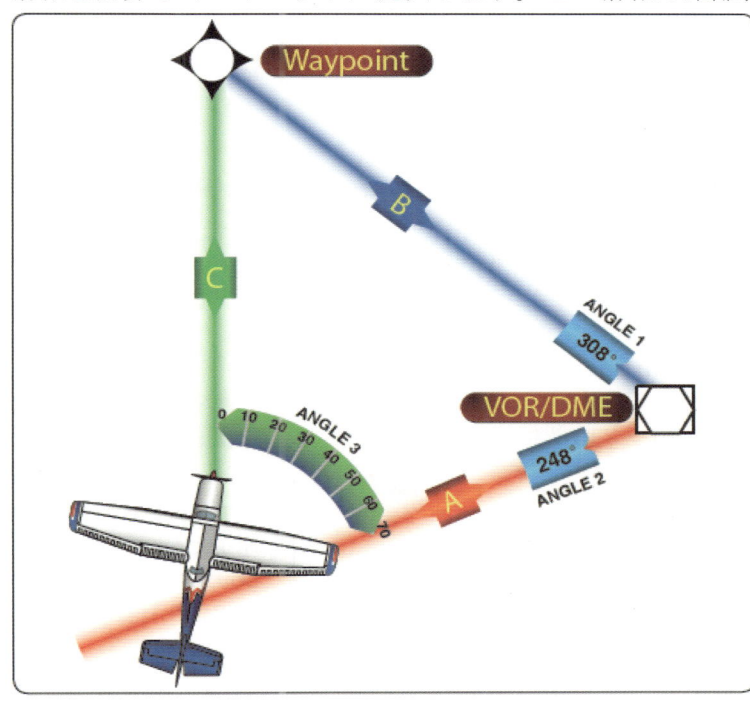

レクトしたコースまでや way point までの時間の形で提供されます。

A の Leg は VOR/DME への DME の距離で計測できます。B の leg は VOR/DME から WP までの距離で、angle 1 は（VOR radial か VORTAC から WP への bearing）フライトデッキでセットした値。

VOR/DME から飛行機の bearing、angle 2 は VOR レシーバーで計測します。

機上搭載コンピューターは常時 angle 1 と angle 2 を比較し angle 3 と C、（C は飛行機から WP のコースと距離）を判断しています。これはフライトデッキにガイダンスとして表示されています。

VOR/DME RNAV Components

　RNAV のフライトデッキにおける display はメーカーによって様々ですが、ほとんどの飛行機では CDI とつながれており、VOR か RNAV かを選択するノブが備わっています。通常 VOR か RNAV のどちらが選択されているか分かるライトか表示があります。

表示画面には、WP、周波数、使用モード、WP radial と距離、DME 距離、GS 局までの時間な

どが表示されています。

　ほとんどの VOR/DME RNAV システムは以下の機上コントロールを有します。
１．OFF/ON/volume コントロールで利用する VOR/DME 局の周波数を選択します
２．Mode セレクトスイッチは VOR/DME モードを選択し
　　a.コース角の deviation（standard の VOR operation）
　　b.直線のクロストラックの deviation（CDI フルスケールで±5nm）
３．RNAV mode で±5nm のクロストラック内で直線のダイレクト to WP
４．RNAV/APP（approach mode）で CDI フルスケールで±1.25nm の deviation
５．WP select control。ユニットによっては複数の WP を格納（保存）できるものがあり、この WP の中から選択するコントロール
６．データ input control。ユーザーが WP number や ID、VOR or LOC 周波数、WP radial distance を入力できるコントロール

　DME を使って ground speed を求めたときは局に真直ぐ向かっているときか、真直ぐ離れているときしか正確な値が出なかったのですが、RNAV での DME ground speed はどんなトラックを飛んでも正確な値が表示されます。

Function of VOR/DME RNAV

　VOR/DME RNAV system のアドバンテージは VOR と DME が届くレンジ内であれば、機上コンピューターが WP をどこでも取れる能力があるということでしょう。これらの WP で RNAV ルートを作ることができます。公示されたルートに加え、管制から許可が得られればランダムな RNAV ルートも IFR で飛ぶことが可能です。RNAV SID や RNAV STAR は公示され AIP に収録されています。
VOR/DME RNAV approach procedure chart も利用できます。
チャートには WP identification box があり、その中には WP 名、緯度経度、周波数、ID、radial distance （局から WP までの）、局の高度などの情報が含まれています。Initial approach fix（IAF）、Final approach fix （FAF）、Missed approach point （MAP）はラベルで明記されています。

route を飛んだり approach を IFR で行うためには機上搭載の RNAV 装備は IFR 運航に適合している承認を受けたものでなければなりません。

Vertical Navigation （VNAV) mode では水平方向のガイダンスと同じよう

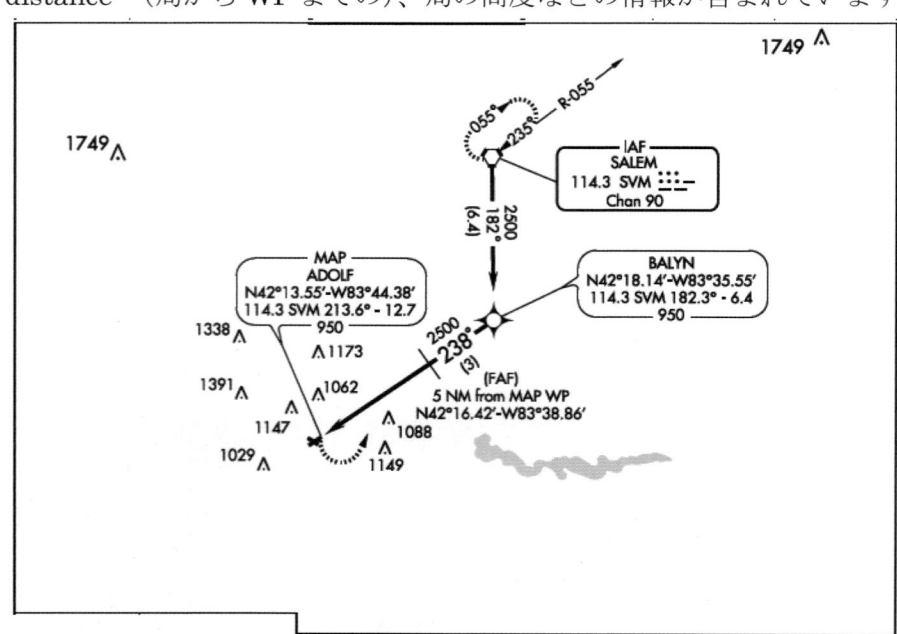

に vertical（垂直方向）方向のガイダンスが提供されます。降下の開始地点に WP が選択され、降下の終わる地点にも別の WP がセレクトされます。

　RNAV 装置は groundspeed に応じて必要な降下率を計算します。システムによってはこの vertical guidance を GS の表示部に示すものもあります。このタイプの装置で提供される vertical guidance 情報を利用するとき、これが precision approach の一部ではないということを認識していなければなりません。ATC から別の指示がない限り、チャートに公示されている non-precision approach の高度を確認し、それに従わなければなりません。

　RNAV を使って WP へ飛ぶときのプロシージャーは以下をご覧ください。

1. VOR/DME の周波数をセレクトします
2. RNAV モードをセレクトします
3. VOR から WP を通るラディアルをセレクトします（225°）
4. WP の DME 局からの距離をセレクトします（12nm）
5. 全てのインプットを確認し、CDI の針が TO でセンターに来るようにします
6. CDI の針がセンターをキープできるように飛行機の HDG を左右にマヌーバーします
7. CDI の針は 1dot あたり 1nm を表しています。DME は WP からの距離を示しています。Ground speed は WP へ近づく速さを表しています。Time to the station は WP までの時間をあらわしています

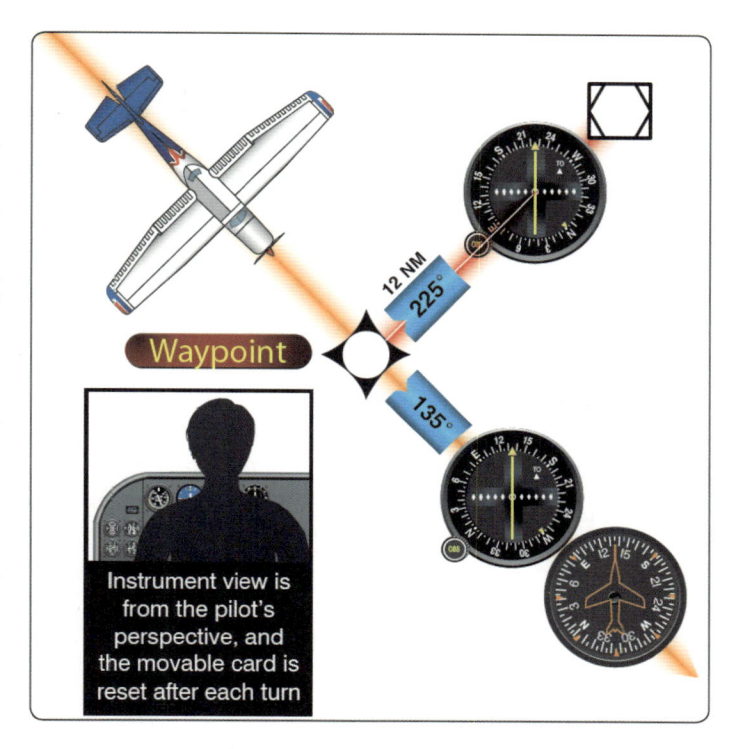

VOR/DME RNAV Errors

　このシステムの限界は受信量です。公示されているアプローチはこの問題がないことを検証しています。空港への降下進入に際し、局からの電波を受信できる高度以下に降下している間、VOR/DME 局までの距離が不明になる可能性はあります。

8-3　Advanced Technologies

Global Navigation Satellite System（GNSS）

　グローバルナビゲーションシステム（GNSS）は、衛星から提供される時間と距離情報を含む high frequency の信号を受信装置でピックアップします。

レシーバー（受信装置）は違った衛星からの複数のシグナルをピックアップし、これら衛星に

対する自分の位置を三角測量で出します。

　今日、世界では 3 つの GNSS システムが存在します。アメリカの GPS システム、ロシアの GNSS（GLONASS）、ヨーロッパの Galileo です。

１．GLONASS は 24 の衛星ネットワークで、GLONASS レシーバーでピックアップすることで user の位置をピンポイントで知ることができます
２．Galileo は 30 の衛星ネットワークで構成され、Galileo レシーバーで high frequency の時刻と距離情報を含むシグナルをピックアップします
３．GPS は 1992 年に 24 の衛星で始まり現在は 30 以上の衛星が利用できます

Global Positioning System（GPS）

　GPS は衛星をベースにした radio navigation system で、発射されるシグナルを受信することで世界のどこでも正確な位置を求められるものです。レシーバーは複数の衛星の場所を追跡でき、そしてその衛星からの距離で自分の位置を判断します。

米国防総省（DOD）が GPS を開発し、移動速度、時刻、位置決めのシステムを宇宙をベースに展開しました。DOD が GPS 衛星の運用の責任を担っており、常時衛星の適正な作動をモニターしています。GPS システムは地球上における飛行機の位置を DOD の World Geodetic System1984（WGS-84）上の緯度経度で判別できます。衛星航法システムは天候の影響を受けず地球上の global 航法を提供しており、洋上や遠隔地でも

primary の航法手段として活用できる民間の requirement は全て満足しています。航法で利用する部分として WP への方向距離は、飛行機の現在位置（緯度、経度）と次の WP の位置で計算します。コースガイダンスとしては WP 間の大圏コースの desired track からのズレを提供します。

GPS を IFR で利用できるかどうかは国により異なります。GPS を諸外国で利用する場合はその国で認められているかどうかを確認する必要があります。

GPS コンポーネント

　GPS は 3 つのファンクションエレメントで構成されています。Space、control、user です。

　Space（宇宙）エレメントは 30 を超える Navstar 衛星で構成されます。これらの衛星グループは constellation（星座）と呼ばれています。24 の Navigation System Timing and Ranging（NAVSTAR）衛星は 6 つの軌道面に置かれています。それぞれの軌道面は 60° の角度で離れており、衛星は地上 11,000 マイルのところに（理想的には）置かれています。（飛んでいます）軌道面は地球上でいつでも 5 つの衛星が見えるように配置されています。現在機能している衛星もシステム upgrade のために交換をしたりスペアーを設置したりしています。GPS 星座は pseudo-random code（疑似ランダムコード）でタイミング信号とデータメッセージを送信し、飛行機ではそれを機上装置でプロセスして衛星の位置とデータの status を得ます。それぞれの衛星の正確な位置を知り、衛星の原子時計とタイミングを合わせ、飛行機の受信機と計算機で正確にシグナルの到達タイミングを計測して飛行機の位置を判別します。

　地上基地として GPS をモニターするコントロールエレメントは衛星の正確な位置とその時計を確認しています。いくつかのモニター基地とアンテナとマスターのコントロール station で構成されます。

ユーザーエレメントとしては、機上搭載のアンテナ、レシーバー、プロセッサー（コンピューター）で構成され、飛行機の位置、速度、正確なタイミングをユーザーに提供します。GPS 装置を IFR で利用するには、TSO（Technical Standard Order）C-129（or equivalent）に合致し、耐空性の基準で IFR 使用が認められている必要があり、使用に当たっては飛行規程の記載に従って運用しなければなりません。

IFR でエンルート、ターミナル、計器進入で運用するためには GPS の update 機能が必要です。飛行機の GPS navigation database は IFR のために定められた地図上の WP を含んでいます。これらの WP をデータベースからセレクトしたり、あるいはユーザーが WP を作ります。

TSO C-115a で認められている VFR 用の手で持ち運びする GPS は TSO C-129 には合致しておらず、IFR navigation、計器進入、instrument flight の主計器としては認められていません。IFR 運航下では、これら（TSO C-115a）の unit は状況認識の手助けとしてのみ活用できます。GPS/WAAS の IFR 運航を行う前にパイロットは適切な NOTAM を確認する必要があります。GPS の RAIM 情報で必要な数の衛星がカバーしていることを確認することが必要です。

Function of GPS

　GPS の operation は衛星群からの距離と三角測量を基本に正確な位置をだすことがベースになっています。レシーバーは最低 4 つのマスク角（水平線上利用可能な最低限の角度）以上の衛星からのデータを使います。

飛行機の GPS 受信装置は衛星からの電波の伝搬時間を計測して距離を測ります。それぞれの衛星は特別の code、course/acquisition（CA）コード、を発射しそのシグナルには衛星の位置、GPS システムの時刻、作動状況、発信データの正確さを含んでいます。シグナル電波の伝搬速度と（約 186,000 マイル/sec）正確な送信時間が分かれば、到達時間から距離を算出できます。この算出距離は直接的に計測した距離ではなく、時間をもとに算出した距離なので pseudo-range（疑似距離）と呼ばれています。衛星までの距離が分かり、更に衛星の正確な天文的な位置を知る必要があります。それぞれの人工衛星は自分の正確な軌道位置情報も発信しています。GPS レシーバーはこの情報を使って衛星の正確な場所を算出するのです。

この計算で求めた pseudo-range による衛星の位置情報を複数利用することで GPS レシーバーは三角測量法で自分の位置を求めます。GPS レシーバーは 3 次元（緯度、経度、高度）の位置を得るためには最低 4 つの衛星が必要です。GPS レシーバーは飛行機の緯度経度と計算レシーバーに組み込まれているデータベースを参考に航法データ（WP までの距離とベアリング、groundspeed など）を算出します。

GPS レシーバーは衛星からのシグナルの integrity（完全性）を自主的な完全性モニター（RAIM）を通して破損したデータでないかどうか認証します。RAIM は最低 5 つの衛星が見えている状態か、4 つの衛星と気圧高度による補正を使って完全性に異常が無いかを調べます。レシーバーがこれを可能にするために RAIM は 6 つの衛星が見える状態（あるいは 5 つの衛星と高度補正）で破損した衛星のシグナルを切り離すことで航法データを正常に維持できます。

一般的に RAIM メッセージには 2 種類あります。一つは、利用可能な衛星の数が十分でないというメッセージで、もう一つは RAIM が現在のフライト phase として許容できる limit を超えるエラーのポテンシャルを検知した場合のものです。RAIM 機能がなければパイロットは GPS ポジションの正確さについて確証を持てません。

　GPS を IFR で国内ルート、ターミナル、計器進入で利用する場合、他に承認された代替の航法手段（radio navigation 等）が可能な装備が必要となります。

目的地あるいは代替空港までこの代替の地上をベースにした avionic 航法装置が装備され使える状態である必要があります。地上の施設（局）も運用されている必要があります。これらの代替航法手段の積極的なモニターは GPS レシーバーが RAIM による完全性モニターができていれば不要です。GPS の RAIM 機能が失われたときにこの代替 navigation の active モニターが必要になります。RAIM 機能が失われた状態や予想される場合は、他の許可された手段によりフライトするか、出発を遅らせるかあるいはフライトをキャンセルすべきです。

GPS Substitution
IFR Enroute and Terminal Operations
　GPS システムで IFR の en-route や terminal での operation が許可されているものは ADF、DME レシーバーの代わりとして以下のような場合使うこともできます。
1．飛行機の位置を DME fix 上で決める。これは、FL240 以上で navigation に GPS を利用することを含みます
2．DME arc の飛行
3．To/From NDB コンパスローケーター
4．NDB コンパスローケーターの上空を決めるケース
5．NDB コンパスローケーターの bearing と VOR/LOC コースの交点で飛行機の位置を決めるケース
6．NDB コンパスローケーター上での holding

GPS を ADF、DME の代替えとして使う場合以下の制限があります
1．耐空性の取得要件に従って装備されており、飛行規程に従って運用する
2．この完全性は少なくともエンルート RAIM または同等のもので提供されている
3．WP、FIX、インターセクション、局の位置は GPS の機上データベースから読み出せる。データベースは最新のものであること。データベースの中に収録されていない GPS ポジションは ADF、DME の代用に使用できません
4．RAIM アウトが起きたり予想される場合の手順が設定されている。これは飛行機に作動する ADF や DME が装備されていることです。さもなければ、re-route するかキャンセルするか VFR で飛ぶことが必要となります
5．ターミナルエリアでは CDI の sensitivity は必要な値（1nm）にセットします。
6．代替空港が必要な場合はそこに GPS 以外の approach が定められていること。もし、GPS 以外の approach で ADF や DME が必要であれば、それらの適切な装備が備えられていること
7．ADF、DME チャートでこれらを主計器としてのアプローチ navigation ソースとして使うのでなければ、GPS で利用する requirement に合致していること
Note：以下のガイダンスは特別な種類の GPS システムのものでなく、一般的なものです。特別なものは固有のマニュアルを参照するかメーカーに問い合わせてください。

To Determine Aircraft Position Over DME Fix:
1. GPS システムの完全性のモニターを確認し、完全性が満足に適切に機能していることを確認します
2. もし、fix が 5 文字の名前の ID で GPS の機上データベースに含まれるものであれば、active GPS WP として fix の名前か DME fix を active WP として選択します

　Active WP として地上施設を使うとき、DME fix としてチャートに設定されているものだけが利用できます。機上搭載データベースにこの施設がなかったら、利用は認められません

3．もし、fix の名前が GPS の機上データベースになかったら、DME fix を GPS WP として選択します

4．Fix の名前を active GPS WP として選択した時は GPS システムが active WP を示したとき over fix になります

5．DME facility を active GPS WP に選択した場合、activeWP から適切な bearing かコース上で GPS の距離がチャートに記載された DME の値と同じになったとき fix を通過しています

To Fly a DME Arc

1．GPS システムの完全性をモニターシステムで確認します

2．機上データベースから DME Arc を提供する facility を Active GPS WP として選択します。Arc のベースになっている DME です。もし、データベースに無い場合、このオペレーションは authorize されません

3．DME の読みではなく、GPS の距離を参考に arc を維持します

To Navigate TO or FROM an NDB/Compass Locator:

1．GPS システムの完全性をモニターで確認します

2．機上データベースから NDB/compass locator を選択します。コンパスローケーターがチャート上 fix と同じ名前で一致する場所に記載されている場合、その名前を active WP として使います

3．選択し、適切にコースを active WP へまたは WP から navigate していきます

To Determine Aircraft Position Over an NDB/Compass Locator

1．飛行機の GPS システムの完全性をモニターで確認します

2．機上データベースで NDB/compass locator を選択します。チャートに載っており、データベースに収録されていないといけません

3．GPS システムで active WP 上と表示されたときが NDB/compass locator 上空です

To Determine Aircraft Position Over a Fix made up of an NDB/compass locator bearing Crossing a VOR/LOC course:

1．GPS システムの完全性を確認します

2．5 文字で記されている fix 名か NDB/compass locator の crossing bearing で設定されている fix を選択します。チャートに記載されており、データベースになければなりません。無い場合は利用できません

3．GPS システムが fix 上空だと表示したときが WP 上空です

4．あるいは NDB/compass locator の bearing がチャートと同じになったときが fix 上ということになります

To Hold Over an NDB/Compass Locator:

1．システムの完全性を確認します

2．NDB/Compass locator をデータベースから active WP として選択します。チャートにあるものに限ります

3．Nonsequencing（HOLD か OBS）mode を選択し、適切なコースをセットします

４．飛行規程の記述に従って HOLD 機能を使います

IFR Flight Using GPS

　飛行前点検で GPS が正規に搭載されていることとデータベースが最新のものであることを確認します。GPS は航空局の承認を受けた飛行規程に従って運用しなければなりません。乗員は GPS 装置の全般に精通し、レシーバーのオペレーションや、飛行規程の記載も熟知しておく必要があります。ILS や VOR と違い装置によって機能と操作が大きく違います。これらの差があるため、使用する機械の学習を終えていなければ、IFR で GPS を利用してはいけません。IFR で使う前に VFR で使ってみて慣れておくのがよいでしょう。

飛行前の点検する項目の中に、GPS の利用に関する NOTAM があります。GPS 衛星の故障については全世界に NOTAM で発信されます。GPS RAIM 情報は dispatch で入手できます。Departure に GPS を使っている場合はこちらの RAIM 情報の確認も必要です。到着予定時刻までエンルート、ターミナル、アプローチの部分で ground based navigation facility が正常であることも確認します。確認できない場合はそれなりにフライト延期、中止、VFR への切り替えなどで対応します。

情報を GPS のレシーバーから取得すること以外は、旧来の NAVAID を利用する場合と同じ飛行計画です。DEP WP、route、Star、approach、IAF、目的地の情報をマニュアルに従って入力します。その他、ETA や燃料計画、風の予想なども入力します。

GPS を立ち上げたとき、内部テストと initialization が実施されます。レシーバーが initialize されたら、ルートを入れ、WP を選択し、active flight plan を選択します。このステップはメーカーにより様々です。GPS は複雑なシステムで、レシーバーモデル間の standard 化が提唱されています。飛行機に装備されている装置に慣れるのはパイロットの責任です。

GPS レシーバーは navigation 情報としてトラック、ベアリング、ground speed、距離などを提供します。これらは、現在の緯度経度から次の WP へ計算して求められます。コースガイダンスは WP 間で提供されます。パイロットにとって実際の飛行機の航跡を知ることができるアドバンテージがあります。トラックと WP への bearing が一致していれば、飛行機は WP へ真直ぐ進んでいます。

GPS Instrument Approaches

　GPS overlay approach と GPS stand-alone approach の両方が存在します。
　Note：GPS instrument approach は飛行する当該国の承認が必要です。

　これらの計器進入を実施しているとき、地上の NAV aid は作動している必要はなく、機上に関連の機器が搭載されている必要はありません。しかしながら、可能ならば、いつでもバックアップの NAV システムでモニターできることをリコメンドしています。

パイロットは GPS アプローチの基本的な理解をしているべきで、GPS の計器進入を VMC の天候でレシーバーの操作からセットアップを含めて全体の運用技術を習得する練習をしたのち、計器気象状態でのフライトに望むべきです。

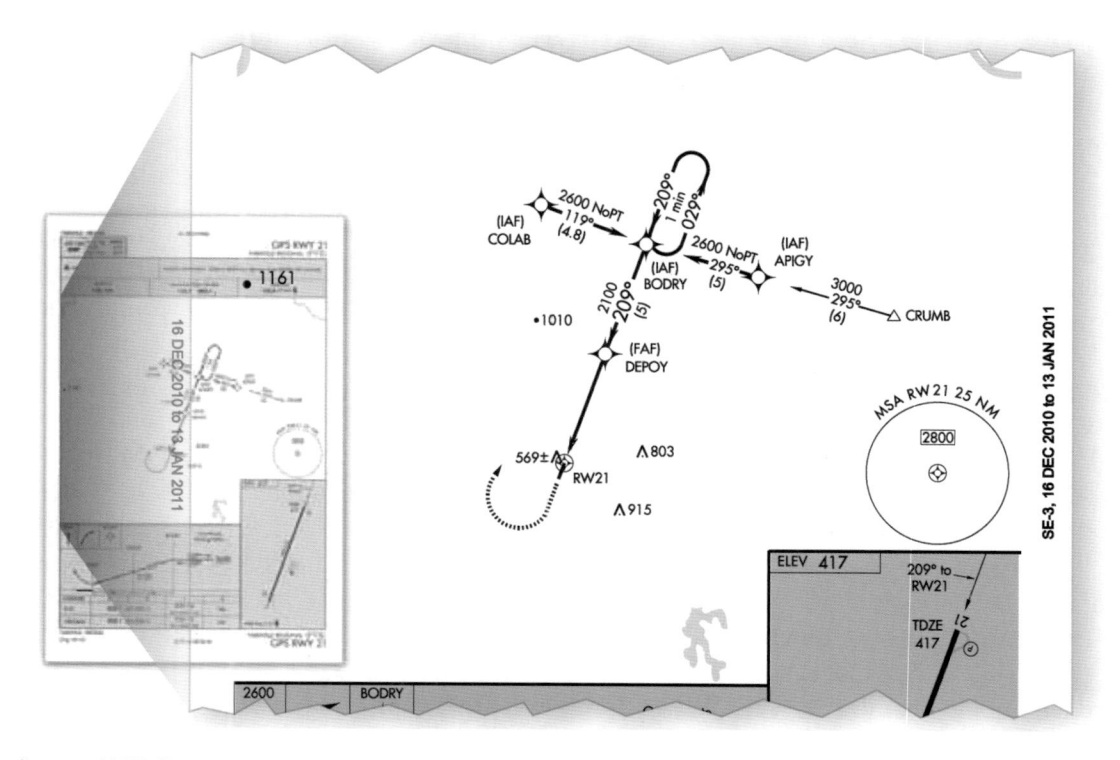

　全ての計器進入はメーカーから提供され、当局で承認された最新の GPS データベースの中に収録されている必要があります。ある点から点へのアプローチでは公示された進入方式に従っているかどうかわかりません。適切な RAIM の感度が利用できず、CDI の sensitivity は自動的に 0.3nm に変わるわけではありません。マニュアルで CDI の sensitivity をセットしても RAIM の sensitivity は自動的に変更になりません。ある既存の non- precision approach では GPS を使うコードは設定されておらず、overlay としても利用できません。

　GPS approach は ATC にタイトル名（"GPS RWY24" or "RNAV RWY35"）を使って許可されます。メーカーの推奨する手順を使いながら所望の進入方式と IAF を GPS レシーバーのデータベースから選択します。パイロットは他に特別なクリアランスをもらっていなければ initial approach や feeder fix からフルの approach を実施します。途中からランダムに進入経路に合流するやり方は、terrain（障害物）のクリアランスが取れているか不明です。

　レシーバープロセッサーのフライトプランに approach が load された時、"arm"表示として空港のリファレンスポイントから真直ぐ 30nm の直線を表示します。30nm 以内で approach mode が"armed"され CDI はエンルート（±5nm）と RAIM（± 2 nm）の sensitivity が±1nm ターミナル sensitivity にかわります。IAWP が 30nm 以内に入っていても、approach が arm で 30nm になった時点で CDI の sensitivity は変更されます。IAWP が 30nm よりも遠い場合は、approach が arm となっていても、30nm になるまでは CDI の sensitivity は変更しません。Feeder ルートにおける、障害物とのクリアランスはレシーバーで予測されるので、空港の 30nm 以内ではいつでも CDI と RAIM がターミナルの sensitivity になるように 30nm に入る前に approach を arm 状態にしておく必要があります。

　パイロットは、特に holding をする場合や overlay approach、procedure turn をする場合は GPS レシーバーのオペレーションに注意を払わなければなりません。これらの procedure はマニュアル intervention（自動に任せずパイロットがマニュアルで介入する操作）をして WP の sequencing（プログラムが WP の順番に進めていくこと）を止めマニューバーが完了したところで自動に戻す必要がある場合があります。同じ WP がフライト経路上に何度か出てくることがあります。（例えば、IAWP、FAWP、と missed approach point、procedure turn など）。特に複数回 fly-over する WP をスキップしないようにレシーバーコンピューターが WP を適切に sequence しているかをしっかりケアしてあげることが大切です。（例えば、IAWP を FAWP として procedure turn を省いてしまいそうになるなど）パイロットは同じ WP の fly-over を過ぎてから、GPS の自動 sequencing に戻してあげる操作が必要になることがあるということです。最近のプログラムでは自動で sequencing できていますが、holding に関しては、exit のタイミングをパイロットが指示する必要があります。

Final へレーダーベクターを受けた場合、ほとんどのレシーバーのメーカーの OM（オペレーションマニュアル）で推奨する方法は、FAWP で nonsequencing mode にし手動コースをセットすることです。いろいろな segment の外側で final にベクターされたときに、この操作をすることで滑走路にアラインした final コースが表示されます。公示されている approach segment を確立するまでは、アサインされた高度を維持しなければなりません。FAWP の外側の WP の通過高度や step-down fix については考慮する必要があります。FAWP までの距離を考慮して適切な降下が必要になるので ATC に確認あるいは request します。

Approach mode arm の状態で FAWP の 2nm 以内になると approach が active となり、結果 CDI と RAIM の sensitivity は approach mode に変わります。FAWP の 2nm 手前から FAWP までに CDI full scale の sensitivity はスムースに ±1nm から ±0.3nm に変わります。Sensitivity が ±1nm から FAWP では ±0.3nm に変わることから CDI がセンターに無い場合、CDI 上のズレ幅が大きくなるように表示され、実際には正しいインターセプト HDG をとっているのに、あたかもコースから遠のいたような印象を持つ可能性があります。もし、デジタルのトラックのズレ（cross-track error）情報が見られる場合はこれを参考に自分の位置を把握しながら approach するとよいでしょう。あるいは、sensitivity が ±2nm から減る前に final approach コース上にアラインできていればこのような問題を減らせます。従って、レーダーベクターを受け入れるときに、飛行機が FAWP の 2nm 以内にインターセプトするようなことは推奨できません。

GPS レシーバーへの間違った入力は approach phase ではクリティカルです。間違った入力で、approach mode を外れることもあり得ます。自動でセットされている sensitivity を override すると approach mode の annunciation をキャンセルしてしまいます。もし、FAWP の 2nm までに approach mode が arm でなければ、approach mode は active にならず、flag が表示されるでしょう。この状態において RAIM も CDI の sensitivity も小さくならずパイロットは MDA に向けて降下してはいけません。MAWP までそのままの高度で進み missed approach を実施します。Approach の active annunciator とレシーバーをチェックし、FAWP に到達する前に approach mode が active になっていることの確認が大切です。

GPS の missed approach は MAWP を過ぎたところで sequencing を再開するパイロットの操作が求められます。パイロットは procedure を activate する GPS レシーバーの操作に精通し、MAWP を過ぎてから適切な操作をしなければなりません。MAWP に到達する前に missed approach を activate した場合、即座に CDI は terminal sensitivity 変化し（±1nm）レシーバーは MAWP に向けた航法を続けます。レシーバーは MAWP を過ぎた後自動的には sequence をしません。MAWP 以前に旋回をしてはいけません。

もし、missed approach が activate されなければ、GPS レシーバーは inbound final approach course の延長線を表示しそして along track distance（ATD）は、MAWP をクロスしてから手動で sequence するまで増え続けます。

Missed approach routing は最初の leg は次の WP へのダイレクトではなくコースのトラッキングになっており、パイロットのコースセットが追加アクションとして求められています。このフライト phase では input する全ての方法に精通しておくことがとても大切です。

Departures and Instrument Departure Procedures

　IFR チャートに公示されている departure を飛び procedure を実施していくためには、GPS レシーバーは terminal（±1nm）CDI sensitivity にセットし、navigation route はデータベースに収録されていなければなりません。Terminal RAIM はレシーバーで自動的に提供されます。（WP が active フライトプランの一部ではなく、単にダイレクトに最初の目的地に飛ぶだけの場合は departure 用の terminal RAIM は available ではありません）。Departure コースへのレーダーベクターや、WP へのあるコースにインターセプトする場合はパイロットがマニュアルで intervention する必要があるでしょう。データベースは全ての滑走路からの全てのトランジッションを含んでいない可能性があります。

GPS Error

　一般的に、30 の衛星が働いており、GPS 用の星座としては worldwide に連続して利用可能と考えられます。可動衛星が 24 以下になった場合、GPS の navigation 機能は地域によっては利用不可となります。また、シグナルロスは高い山などで遮られた谷間で起きる可能性があり、また GPS のアンテナの位置で shadow になることがあります（例えば、旋回中など）。あるレシーバーではトランシーバーやモービル通信機、ポータブルレシーバーが信号の干渉の影響を受けることがあります。ある VHF 発信は harmonic interference を起こすことがあります。パイロットはポータブルレシーバーの置く位置を変えたり、周波数を変えたり、疑わしい機器をオフにするなどを実施して、レシーバーのシグナルの質を表すページで確認しながら干渉を切り離すことができるでしょう。

GPS の位置データは装置の特性と幾何学的なファクターで変化します。100ft 以内の誤差です。衛星の電子時計の不正確さ、レシーバープロセッサー、硬いものからのシグナル反射、電離層と対流層の遅延、衛星データの送信エラーなどが小さな位置誤差の原因となったり一時的な GPS のシグナルロスになることがあります。

System Status

　GPS 衛星の status 情報も GPS 衛星からの発信メッセージデータの一部として放送されています。GPS の status はインターネットの www.navcen.uscg.gov でも確認できます。更に NOTAM システムでも衛星の status は分かります。

　GPS レシーバーは衛星からのシグナルの完全性を RAIM を通してその情報が壊れていないかどうかを確認します。Navigation に必要な衛星に加えて、少なくとももう一つレシーバーの RAIM 機能を可能にする衛星が見通し位置になければなりません。RAIM は 5 つの衛星が見えているか、4 つの衛星と気圧高度計（baro-aid）で完全性の異常を検知します。レシーバーがこれを可能にするために RAIM は 6 つの衛星が見えていることが必要で（または 5 つと baro-aid）異常のある衛星からのシグナルを切り離し navigation の問題を解決します。

RAIM メッセージはさまざまですが、最も一般的なものに 2 つあります。

　一つは RAIM による完全性のモニターをするには十分な衛星が確保できていないというメッセージと、もう一つは、RAIM の完全性モニターが現フライト phase でエラーが limit を超えるポテンシャルを検知したというものです。RAIM 機能なしではパイロットは GPS 位置情報が正確かどうかの確証が得られません。

Selective availability.

　Selective availability は GPS の精度を意図的に下げる方法です。これは、正確な GPS の位置情報データとして適さないときにこれを利用する場合に用います。Selective availability は 2000 年 5 月 1 日に中止となりましたが、まだ多くの GPS レシーバーが selective availability を active にできるデザインとなっています。新しいレシーバーは selective availability は連続できなくなっており、法に沿った必要な performance を外れた状態でオペレーションしないデザインになっています。

GPS Familiarization

　パイロットは actual の IMC でフライトする前に、VMC 下で GPS approach の練習をし装置をあらゆる面から全体を通して使いこなす技量を身に着けるべきです。以下にパイロットが演練を積むべきタスクを紹介します。

1．RAIM 予測機能を活用します
2．DP をフライトプランに入力する。必要であればターミナル CDI sensitivity をセットする。その状態でターミナル RAIM も departure に対し available になっています
3．目的飛行場をプログラムします
4．Overlay の approach をプログラムします（特に procedure turn と arc）
5．Approach を選択した後で、他の approach に変えてみます
6．Direct の missed approach をプログラムし飛んでみます
7．Missed approach のルートをプログラムし、飛んでみます
8．Holding パターンを飛び、exit してみます。特に overlay approach の 2nd WP の holding をやってみます
9．Holding パターンから route を飛んでみます
10．Intermediate segment へのレーダーベクターから approach をプログラムして飛んでみます
11．FAWP を通過する前と後で RAIM failure となった場合の必要な action を確認します
12．VOR からの radial と distance をプログラムします（しばしば departure の指示です）

Differential Global Positioning System（DGPS）

　Differential Global Positioning System（DGPS）は、衛星の位置情報修正の変更で GNSS の精度を上げたデザインになっています。
複数のレシーバーで同じセットの衛星のシグナルを受信したら似たようなエラーが生じます。
ある、特定の位置にあるレシーバーで衛星からの信号を受信して算出した位置と自分の現在位置（理論上の正確な位置）を比較します。その 2 つの差を修正リファレンス信号として利用できます。
この差をインプットすることで計測の精度を上げることができます。Wide Area Augmentation System（WAAS）と Local Area Augmentation System（LAAS）が差による global positioning system の例です。

Wide Area Augmentation System（WAAS）

　WAAS は GPS シグナルの精度と完全性を改良するためにデザインされたものです。WAAS は GPS を航空用 navigation system として離陸から CAT I 精密進入まで利用を可能にしました。ICAO は satellite-based の補強システム（SBAS）の standard を定義し、日本とヨーロッパはそれと相互運用可能なシステムを開発しました。ヨーロッパのものは EGNOS（European Geostationary Navigation Overlay System）で日本のものは MTSAT（Multifunctional Transport Satellite）Satellite-based（静止衛星）補強システムです。結果的に GPS に似た worldwide のシームレスな navigation を可能にしただけでなく、精度も大幅に向上し、availability や完全性も大きく改善されています。

Ground –based の旧来型 navigation と違って WAAS はより広範囲をカバーし、広い範囲の ground reference station として survey し WAAS のネットワークとしてリンクしています。GPS 衛星からのシグナルはこれらの station でモニターされ衛星の時計と天文的位置の修正量を判別します。

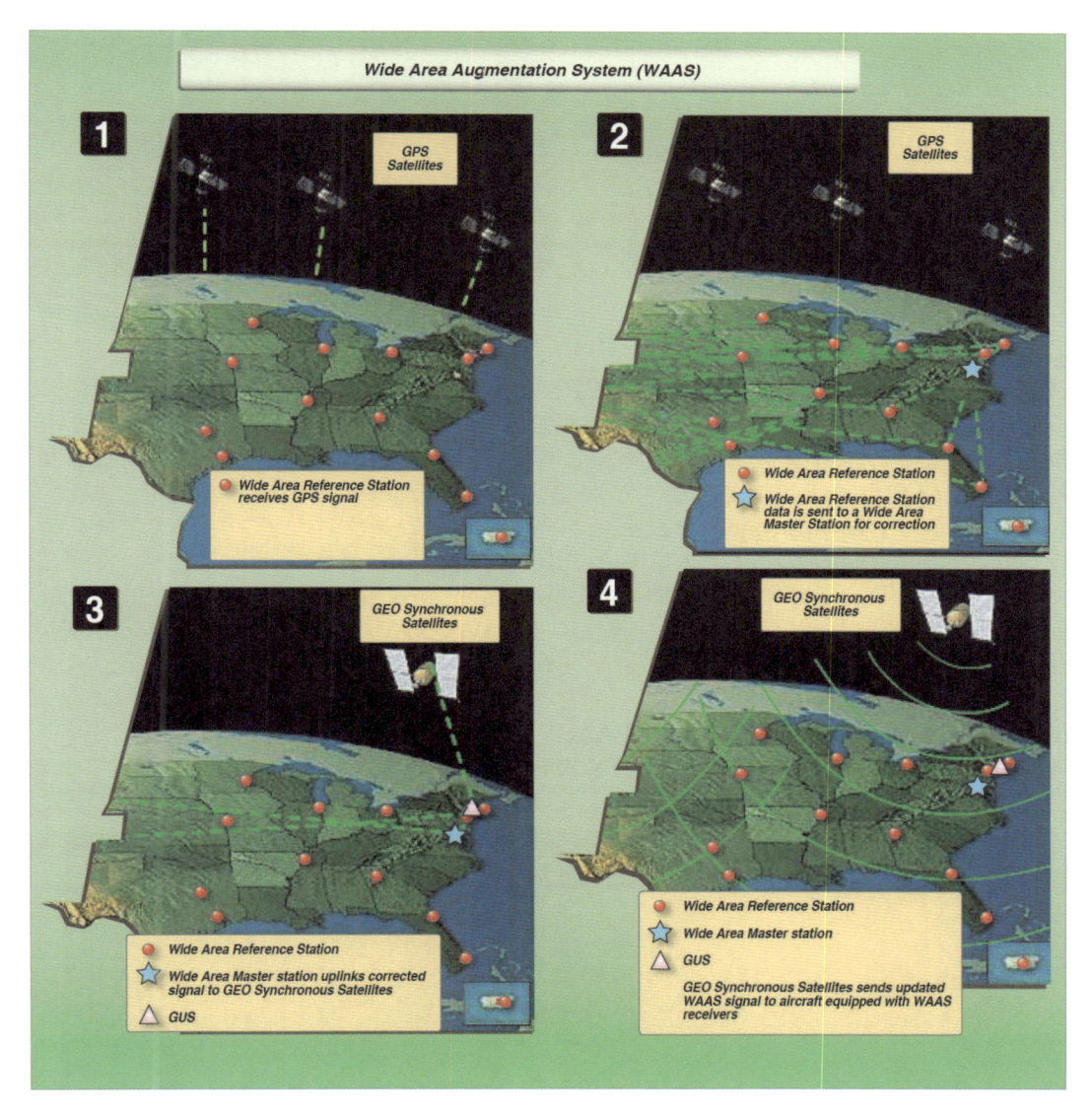

　それぞれのネットワーク上の station は data を wide-area master にリレーしそこで修正情報として集積されます。修正メッセージは準備され静止衛星（GEO：geostationary satellite）に uplink されます。それを GPS からカバレッジ内にある WAAS レシーバーへ同じ周波数で放送します。

　補正用のシグナルを提供するだけでなく、WAAS は追加の測定を提供します。追加の GPS 衛星を見させるなどして GPS の可能性を広げています。リアルタイムのモニタリングで GPS の完全性は改善し、エラーを軽減するための差を提供することで精度の改善をしています。結果的に、performance が向上し GPS/WAAS での進入で glidepath も提供できる十分な精度になっています。

米国では 25 の wide area reference system を設置し、2 つのマスター station と 4 つの uplink station を配備しました。（2012 年の段階です）

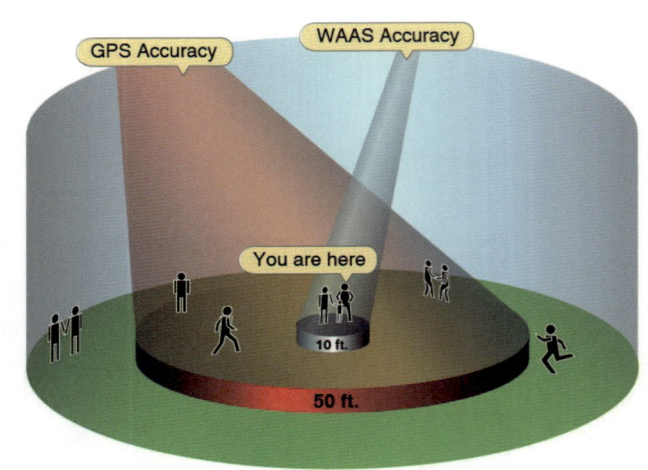

General Requirements
　WAAS は当局の認可を受けた機器を使用する必要があり、また、その運用は当局の承認を受けた飛行規程に従わなくてはなりません。飛行規程に当該レシーバーで可能な approach レベルまで規定しているはずです。

Instrument Approach Capabilities
　WAAS レシーバーは全ての基本的な GPS approach をサポートできる機能を有しています。そして、地上の気圧高度を使った装置とは独立して電気信号的な glidepath を造り出すことが可能です。このことは様々な問題を解決してくれます。例えば、寒冷地における温度補正の問題、altimeter のセットミスで発生する問題、local altimeter のソースの問題、また、施設に多額のお金をかけずに approach を設定できます。新しいクラスのアプローチプロシデュアーは精密進入の鉛直方向のガイダンスは satellite navigation をサポートする方向で開発されています。（既に始まっています）これらの approach procedure は Approach with Vertical Guidance（APV）と呼ばれており、現在の LNAV/VNAV procedure で baro-VNAV も含んでいます。

Local Area Augmentation System （LAAS）
　LAAS は空港のそばにある施設で GPS の reference として ground-based 補強システムです。この施設で GPS 衛星のシグナルを受信し pseudo-rage と timing を計測し、シグナルを再送します。LAAS 装備の飛行場は飛行機が適切な装備を有すれば CAT I レベルまで計器進入が可能です。

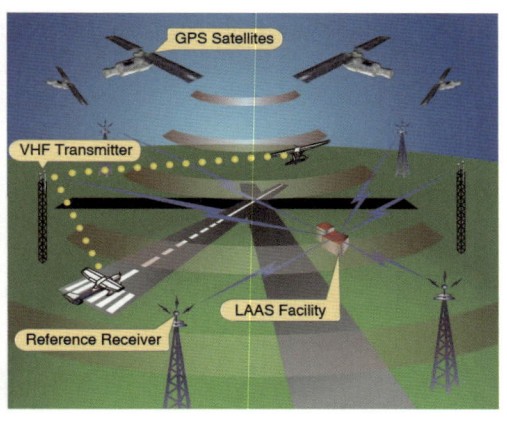

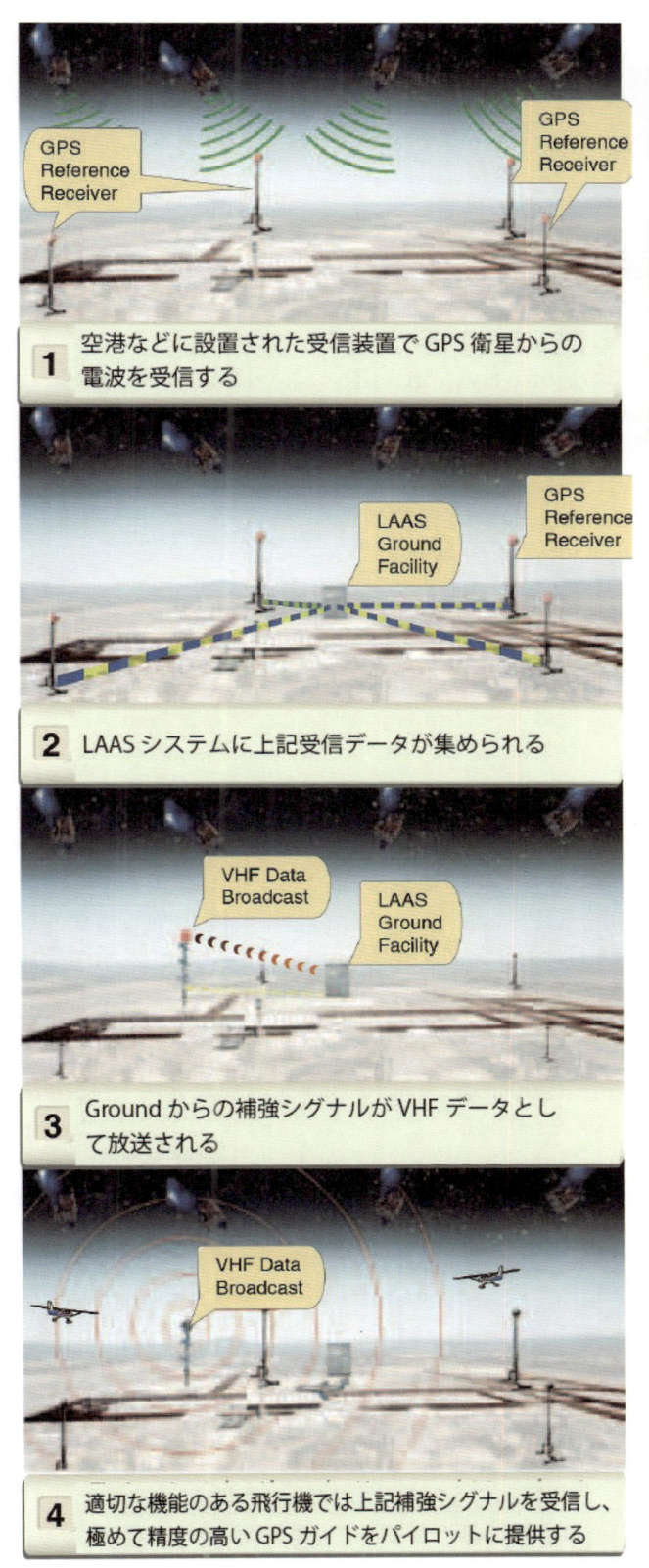

1 空港などに設置された受信装置で GPS 衛星からの電波を受信する

2 LAAS システムに上記受信データが集められる

3 Ground からの補強シグナルが VHF データとして放送される

4 適切な機能のある飛行機では上記補強シグナルを受信し、極めて精度の高い GPS ガイドをパイロットに提供する

Inertial Navigation System （INS）

Inertial Navigation System （INS）は機外からの input に頼らずに、正確な navigation を可能にしたシステムです。完全に自己完結型です。INS はフライト前に地上でパイロットが飛行機の正確な緯度経度を入力して initialize をします。INS はフライトのルートに沿って WP をプログラムします。

INS Components

INS は複数装備されている場合単独（stand-alone）航法が可能なシステムと考えられています。機上機器は accelerometer—加速を計測するもの、これを時間と掛け合わせ速度が算出できますーと方向を探知するジャイロで構成されます。

後からのバージョンの INS では Inertial Reference System （IRS）と呼ばれ、レーザージャイロを使い、よりパワフルなコンピューターを搭載しており、もはや accelerometer の mount や true north にアラインするのに level を keep する必要がなくなっています。コンピューターsystem が重力の必要な修正や方向の修正をできるようになっています。結果的にこれらの新しいシステムは strap down system と呼ばれるようになりました。これまでの水平と真北に fix させる必要がなく、飛行機の構造に strap down して可動できるようになったからです。

INS Errors

INS に関わる主なエラーは時間と共に位置の精度が悪化することです。INS の計算する位置は最初正確な現在地を入力することから始まり、アクセロメーターとジャイロからくる速度と方向の情報として連続的に変化します。アクセロメーターもジャイロも両方とも僅かですがエラーを有します。このエラーが蓄積していくのです。

最良の INS/IRS 表示で、北大西洋 4〜6 時間の飛行後のエラーは 0.1〜0.4nm であり、小型で安価なシステムでは 1 時間に 1〜2nm の誤差が生じます。このエラーは GPS で update することで十分な精度にすることができます。INS/IRS と GPS をコンバインして利用する synergy 効果（相乗効果）はお互いの弱点を補います。GPS は正確でほとんどの時間作動しますが、短い時間定期的に稼働しなくなります。INS は GPS のシグナルで update することで精度を上げられ、もし GPS がシグナルをロスしても高精度のファンクションを維持できます。

8-4　Instrument Approach Systems

IFR でエンルートやターミナルでの operation が認められているほとんどの navigation system、VOR/NDB/GPS など、は計器進入に使用することが認められています。最も一般的な進入支援施設は ILS、SDF（Simplified directional facility）、LDA（Localizer-type directional aid）、MSL（Microwave Landing System）です。これらのシステムは他の navigation system から独立して運用されます。新しいシステムとして WAAS や LAAS があります。他のシステムは特別な利用に開発されています。

Instrument Landing System （ILS）

ILS システムはコースと高度の両方のガイダンスを特定の滑走路に対して提供します。ILS システムは精密進入に利用できます。
システムは以下のようなコンポーネントから構成されています。

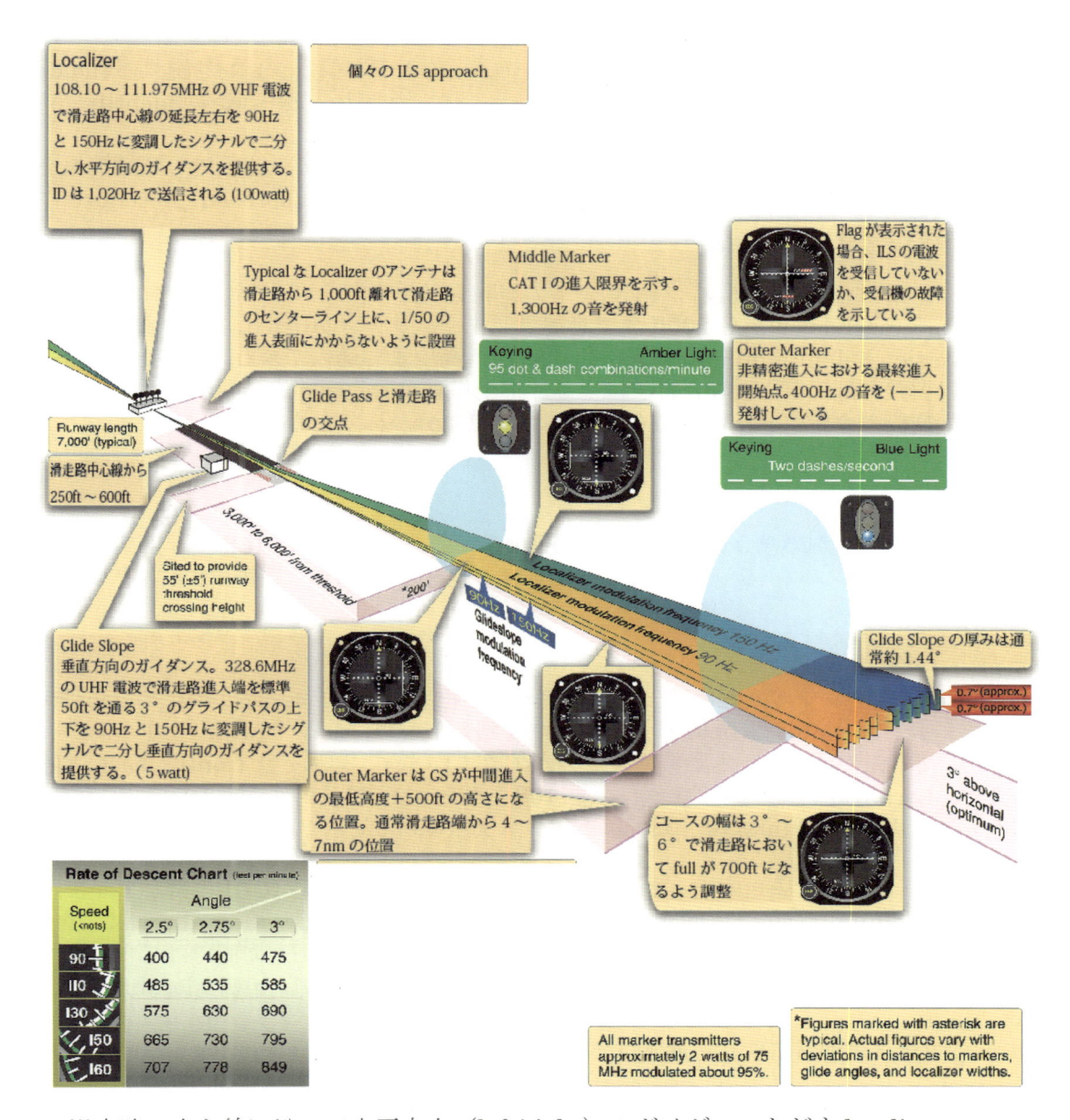

1．滑走路の中心線に沿って水平方向（left/right）のガイダンスをだす localizer
2．滑走路の接地点からの vertical（up/down）なガイダンスを出す glideslope（通常 3°）
3．アプローチパス上の距離情報を提供するマーカー
4．計器からビジュアルへのトランジッションをアシストする approach lights

以下は必ずしも装備されていないエレメントではあるものの、安全、ユーティリティーを増すために追加で備わっているものとして

1．Compass locator はエンルートから ILS システムへのトランジッションを提供し、holding procedure をアシストし、localizer へのトラッキング、マーカービーコンの identify、ADF approach の FAF などを提供します
2．DME は GS のトランスミッターと同じ場所に設置され、touch-down までの距離情報を提供します。また、他の facility（VOR など）のそばに併設され approach procedure に使うこともあります

ILS アプローチは飛行場の施設とパイロットの経験レベルでカテゴリーが分かれています。カテゴリー I は touchdown から 200ft までを提供します。カテゴリー II は 100ft まで、カテゴリー III は Decision height minimum を設定しないで低高度まで進入できるアプローチです。パイロットは計器飛行証明が必要なだけではなく、機上搭載機器の requirement、パイロットの資格、地上の施設のカテゴリーなどが CAT I 、II 、III に分かれて定められています。

ILS components
Ground Components
ILS は地上でいくつかの違う施設が必要となります。これらの施設は ILS の一部施設でありまた、他のタイプのアプローチ（locator が NDB アプローチで使用）で使用するものもあります。

Localizer
Localizer の地上アンテナは計器進入の滑走路の中心線上にあり、衝突防止のため departure end にあります。この unit は field パターンを滑走路の中心線に沿って MM、OM へ向かって発射します。滑走路の反対側へも類似のコースができています。それぞれ front と back と呼ばれています。Localizer はコースガイダンスを 108.1 から 111.95MHz（奇数 10 倍数のみ）で、滑走路のアンテナから 18nm まで、高度はアンテナ上空 4,500ft まで電波をだしています。

Localizer コース幅はコースに沿ってどの位置でも "full fly - left"（CDI の針がフルに左に外れている）と "full fly - right" の間の角度のズレで表します。それぞれの localizer は 3-letter の designator で音声の ID を決まった間隔で発信しています。ILS の ID は "I" ではじまります。例えば熊本 ILS では "IKU" が localizer の ID になっています。国によっては localizer 周波数で voice が可能となっているものがあり ATC 指示が出せるようになっているものがあります。Localizer のコースは非常に狭く、通常は 5° です。このことが針の sensitivity を高くしています。これはコースの全幅なので、片方に full scale 外れた状態で飛行機は 2.5° センターラインのどちらかに外れていることになります。この高い sensitivity が着陸する滑走路に対する正確な位置の把握に役立ちます。1/4 以内に deviation バーを維持すれば飛行機は滑走路の幅の中にアラインしていることになります。

Glideslope（GS）
GS は地上施設からの電波のパターンを造り、受信し表示するシステムの総称です。Glidepath は、FAF に近づいている GS intercept の高度から滑走路の touchdown zone へ向けて真直ぐに飛行機が降下していく傾斜パスです。GS の地上装置は、滑走路の進入端から着陸する方向へ約 750 から 1,250ft の位置に滑走路の中心線から横に 400 から 600ft の所に設置してあります。

　GS の装置で造り出されるコースは基本的には LOC と一緒です。GS が作り出すのは一般的に水平面から 2.5° から 3.5° の間でアジャストされ、MM 上で約 200ft、OM 上で約 1,400ft それぞれ滑走路の標高より高い高度で intercept するようになっています。もし、通常の設定方法で、進入降下経路上の障害物と標準の minimum obstruction clearance がとれないようであれば、滑走路の長さに余裕があれば GS の装置の場所を移したり、GS の角度を最大 4° まで増やして対応する場合もあります。

Localizer と違い、GS の発信電波はアプローチする進入フロント側にしか発射されません。バックコースには vertical のガイダンスが無いのです。Glidepath の厚みは通常 1.4° です。Touch down から 10nm の位置で約 1,500ft の幅で touchdown に向けて狭くなっています。

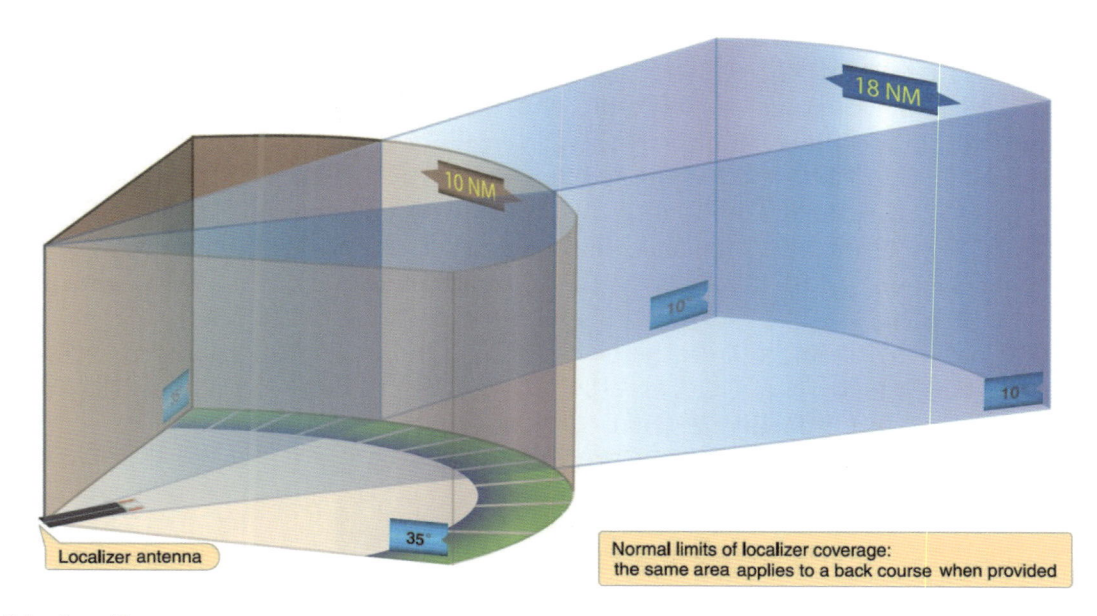

Marker Beacons

　一般的に outer と middle の 2 つの VHF マーカービーコンが ILS システムに使われています。3 つ目のビーコンは inner で、Category Ⅱ のオペレーションが certify されている所で使われます。

OM は localizer フロントコース上、空港から 4～7 マイルに設置され、飛行機が localizer コース上適正な高度であれば glideslope に intercept します。MM は localizer の中心線上着陸進入端（threshold）約 3,500ft の位置にあり、glideslope のセンターラインに乗っていれば touch down zone 上約 200ft です。

　Inner マーカーは MM と滑走路の threshold の間にあります。これは category II approach の glideslope 上で decision height に到達したことを表します。バックコースのマーカービーコンは FAF を表示しています。

Compass Locator
　Compass locator は低出力の NDB であり ADF レシーバーで受信します。ILS に使われる場合 OM か MM と併設されます。

Approach Lighting System（ALS）
　通常 ILS で飛行機を進入着陸させる場合、2 つの stage に分けられます。一つは無線電波のガイダンスだけを利用する stage、もう一つは、滑走路あるいはその周辺のものを目視して着陸する stage です。Low ceiling/visibility（低視程、シーリング）で進入するとき最もクリティカルな所はパイロットが着陸できるか、missed approach をするかを決心しなければならない point です。滑走路の threshold が近づいたとき、ビジュアルの glidepath は個別のライトに切り替えます。この時点では滑走路の touch down zone marker を参考に approach を続けます。Approach Light System（ALS）は大気を突き抜けて touchdown からの方向、距離、glidepath の情報を提供し安全なビジュアルへのトランジッションができるよう支援します。
ALS を目視でパイロットが確認するのは瞬間の判断となります。従って、approach を開始する前に、ALS のタイプを知っておくことは大切です。計器飛行を実施する前に、計器進入のチャートで目的地空港のライト facility を確認しておく必要があります
特に lighting が少ない空港や、大きな町の明かりが紛らわしいところの中にある場合などでの circling approach などは難しくなります。

最も一般的な ALS を図で示します。

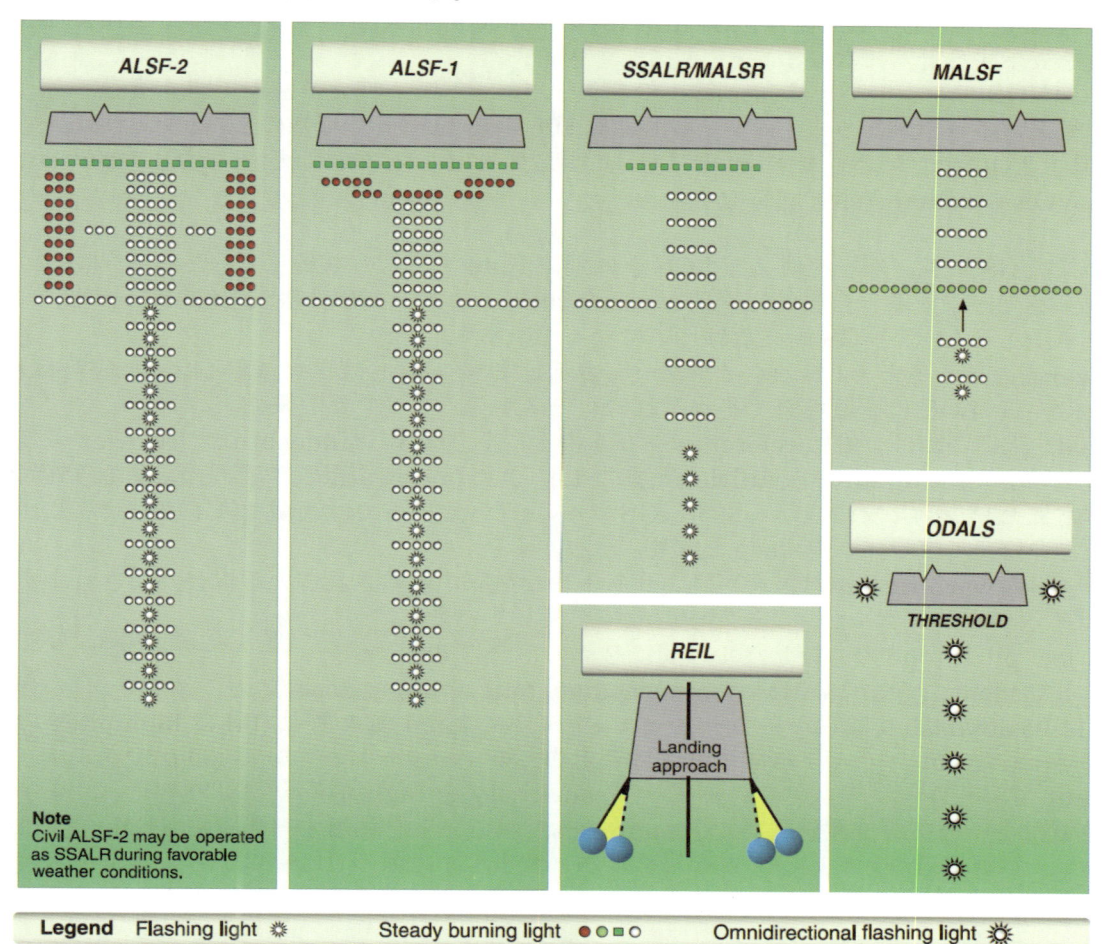

ALSF—Approach light system with sequenced flashing lights

SSALR—Simplified short approach light system with runway alignment indicator lights

MALSR—Medium intensity approach light system with runway alignment indicator lights

REIL—Runway end identification lights

MALSF—Medium intensity approach light system with sequenced flashing lights (and runway alignment)

ODALS—Omnidirectional approach light system

　大きな空港では連鎖式閃光灯（Sequenced Flashing Light）が設置されしばしば "ラビット" とも呼ばれています。この flasher はシリーズの明るい青白のライトが sequence で approach light に沿ってライトのボールが滑走路に向かって走っていくように見えます。典型的な "ラビット" としては 1 秒間に 2 度走るようになっています。

　Runway end identifier light（REIL）は滑走路の進入端を素早く積極的に識別するために設置されています。このシステムは、滑走路 threshold の両側にペアで設置されておりシンクロして flashing するライトで approach する側を向いています。

ILS Airborne Components

ILS system の機上搭載装置は、Localizer/ GS/ marker beacon のレシーバー、ADF、DME とそれを表示する計器になります。

典型的な VOR のレシーバーは localizer のレシーバーとしても使える装置です。機器によっては切り替えスイッチがありますが、一般的には 108 から 111.95 の奇数の 10 倍であれば自動的に VOR と LOC をセンスします。VOR、LOC の周波数を同じノブでセットし、CDI の on-course 表示も VOR の radial 表示と同じです。

かつては GS レシーバーを使って LOC とは別に tune するものもありましたが、一般的には localizer をセットすると自動的に適切な GS を tune します。108 から 111.95MH z の間の 40 チャンネルある LOC と GS 周波数はペアになっています。

Localizer を表示するとき GS のポインターも表示します。しばしばクロスポインターと呼ばれ、GS は水平に、LOC は垂直な針でそれぞれのコースからのズレを示します。

Glidepath 上にいれば、針は reference ドットの上にあります。Glidepath は localizer より狭くなっています。（full up から full down まで 1.4°）針は on-path のアライメントから外れた場合非常にセンシティブに表示します。GS のインターセプトでは適切な降下率を設定し、その後小さな修正でアラインを keep します。

LOC と GS の warning flag は針を可動させる十分な電圧が供給されている場合は隠されます。Flag は不適切なシグナルかレシーバーの故障を表しています。

OM は low pitch tone の連続した 1 秒間に 2 つの割合の dashes "― ― ―"音と青紫のビーコンライトで ident できます。MM は intermediate tone で dot と dash 交互 "― ・ ― ・"の音が 1 分間に 95 dot/dash で橙のマーカービーコンライトで ident できます。IM は high-pitch のトーンで連続した dot "・・・・"1 秒間に 6 回の音と白色のマーカービーコンで ident できます。多くの unit でマーカービーコンレシーバーの sensitivity を high か low に切り替えられます。Low 位置はシャープな位置確認ができ approach ではこちらを利用すべきです。High 位置はマーカービーコンに近づいていることを早めに知らせます。大阪の ILS 32L のように進入時に high position を推奨している空港もあります。

ILS Function

Localizer の針は、飛行機の HDG に関わりなく、飛行機の位置の localizer 中心線から左右へのズレを表しています。OBS を回しても、LOC の針は何ら変わりはありません。しかしながら OBS を LOC の inbound コースに合わせておくのは有効です。Inbound でも outbound コースでもコースの表示は同じ方向です。

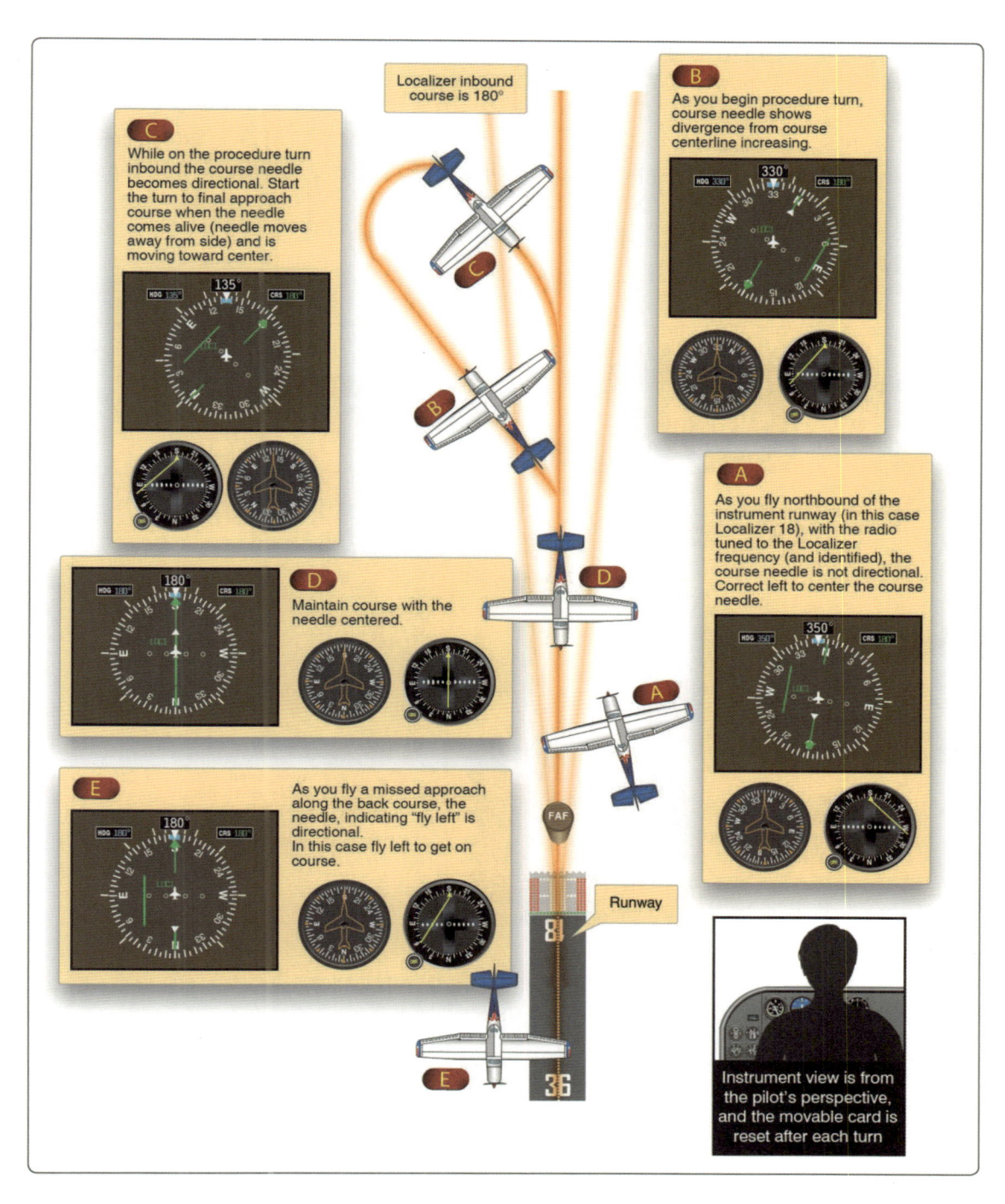

Localizer のセンターに乗ったら inbound の HDG を keep して CDI のズレを見ます。ズレの修正は細かく行い、コースが狭くなるのに比例して修正量を減らすべきです。OM に到達したら drift の修正は approach を完了するのに十分な精度で確立されているはずであり、これ以降の現在からの HDG 修正量は 2°を超えないはずです。

　OM から MM の間は、LOC を維持し、pitch を適切な降下率を維持するためにアジャストし、適切な速度にするための power をアジャストするパイロットにとって最も技術的に難しく負荷のかかる部分です。同時に高度計も確認して、着陸へのビジュアルトランジッションか missed approach かを判断しなければなりません。正確な計器の読み取りと ILS 全体の飛行機のコントロールを正しく理解し、CDI と glidepath のポインターの表示で localizer と glidepath のセンターラインからの関係を把握しなければなりません。

GS のポインターが下にあるということは飛行機はパスの上にいます。飛行機がパスの下ならポインターは上にズレます。

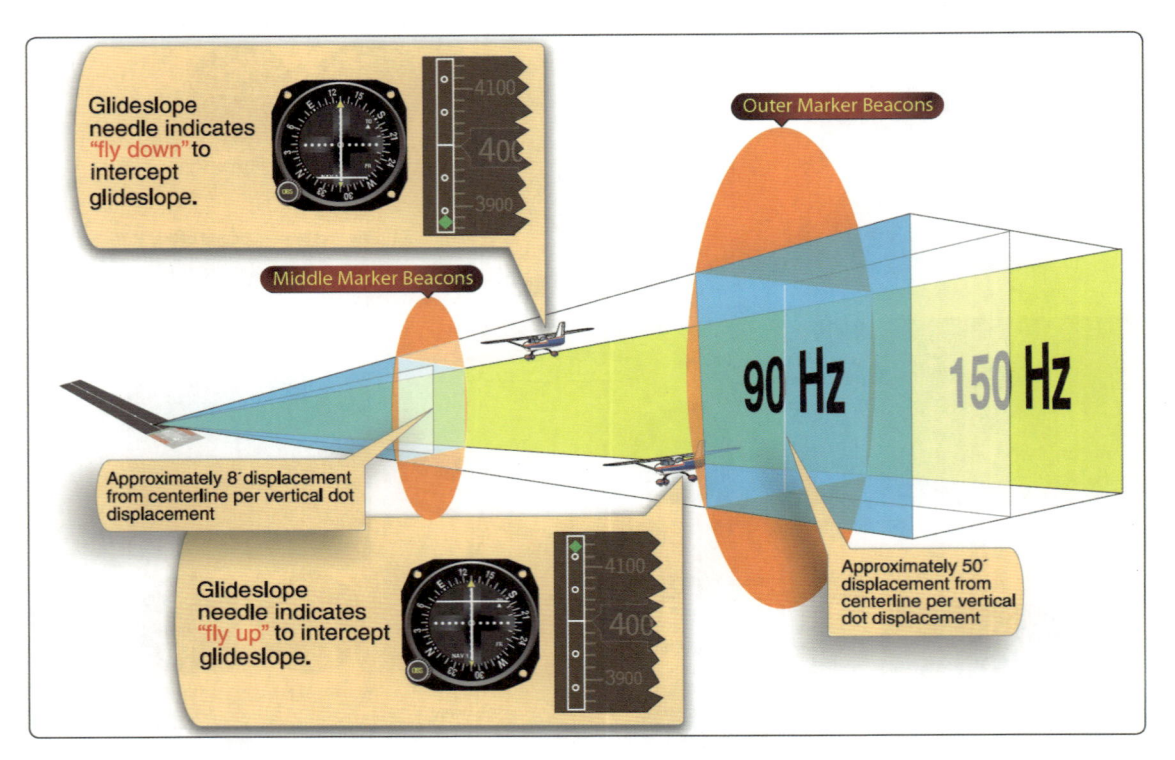

ILS Errors

　ILS とコンポーネントはエラーがあります。以下にリストします。LOC と GS は堅い物体に反射し疑似シグナルを出してしまいます。

1．反射。地上の車両や 5,000ft 以下で飛んでいる飛行機も進入中の飛行機へのシグナルを disturb することがあります

2．False courses。正しいコースに加えて GS は本質的にもっと上に vertical シグナルを追加で出してしまいます。この疑似コースの最下波の角度は約 9°〜12° です。飛行機が LOC コース上を一定の高度で飛行しているときに false コースを通過するときに GS の針が動いたり、warning flag が出たりします。これらの疑似シグナルに乗った場合、GS の針の動きが逆で混乱するか、非常に大きな降下率になります。しかし、チャートに記載されている高度で approach を行った場合これらの false コースに遭遇することはありません

Marker Beacons

　低い出力とアンテナの方向でマーカービーコンは離れた所ではシグナルを受信できなくしています。受信できないときは、大半は機上装置のスイッチを入れ忘れたり、sensitivity が適切でない場合です。

あるマーカービーコンのレシーバーは重量軽減とコストカットのため自分で電源を持たない設計になっているものもあります。これらの unit の power source は Avionic stack の他の radio 機器、ADF などから得ています。このような機器の場合マーカーを作動させるためには ADF を ON にしておく必要があります。他のトラブルとしては "High/Low/Off" スイッチです。これはレシーバーを activate (on) にするのと sensitivity を選択する両方の働きをします。"test" はライトバルブが点くかどうかのテストをしているだけです。従って装備によってはパイロットが実際にマーカービーコンの上空を通過するまで実際に稼働しているかどうかわからないことがあります。

Operational Errors

1．ILS の地上施設に対する基本的な部分の特にコースの幅などの理解不足などで失敗する。VOR レシーバーが LOC コースでも使用されるので、インターセプトしたり、トラッキングするのは LOC でも VOR でも同一と思い込んでしまうことなどです。LOC コース上では CDI のセンシングはシャープで早く動きます

2．ILS へのトランジッションにおいて位置の把握に使えるもの全部を利用せず、ただ一つのレシーバーを使うために不正確になる。全ての可能なアシスタンスを使うべきです。一つのレシーバーは壊れている可能性もあります

3．上記に述べたエラーで LOC 上でも位置が不明になる

4．LOC へのインターセプト角が不適切。大きめのインターセプト角では通常 overshoot しやすく機位を見失う可能性もあります。可能であればインターセプトするときポインターが動き始めたら直ぐに HDG を LOC のコースへ向けていくことです。もし、ADF が併設されていれば、よい aid になります

5．CDI と GS のポインターを chase する（後追いで行ったり来たりする）。特に approach について十分学習ができていないとき

Simplified Directional Facility (SDF)

　Simplified directional facility は ILS localizer と似たようなファイナル approach コースを提供します。SDF は滑走路の方向とアラインしている場合もそうでない場合もあり、ILS の localizer より幅が広くなっており精密度では劣ります。off-course はどちら側か 35°までとなっており 35°から 90°までの表示はコントロールされていない点に留意が必要です。

　SDF は十分なシグナルを 18nm まで sector は両側に 10°水平面から上に 7 度までカバーしています。滑走路のセンターラインから 30°を超えてはならないことになっています。
パイロットは SDF が滑走路の中心線でなくそのズレた位置に lead していくことを remind しておく必要があります。
SDF のコース幅は 6°か 12°に fix されています。ID の最初に I の文字もありません。

Localizer type directional Aid (LDA)

　Localizer type directional aid の localizer の精度は ILS のものと同じですが、完全な ILS ではありません。コースは 3°から 6°で SDF より精度は上です。場所によっては GS も併設しているところもあります。LDA のコースは滑走路とアラインしていません。

しかしその角度が 30°以内であれば、straight-in の minimums が適用されます。30°を超えていれば circling の minimums が適用されます。ID は頭に I がつきます。(ホノルルの RWY 26 に LDA approach が設置されていました)

Microwave Landing System（MLS）

　MLS は精密航法のガイダンスを滑走路への進入にそった経路および降下経路を提供します。Azimuth と高度と距離を提供します。Lateral と vertical のガイダンスが旧来型のコース deviation に表示されるか、multipurpose flight deck display に表示されます。距離情報は DME かあるいは multipurpose display に組み込まれています。

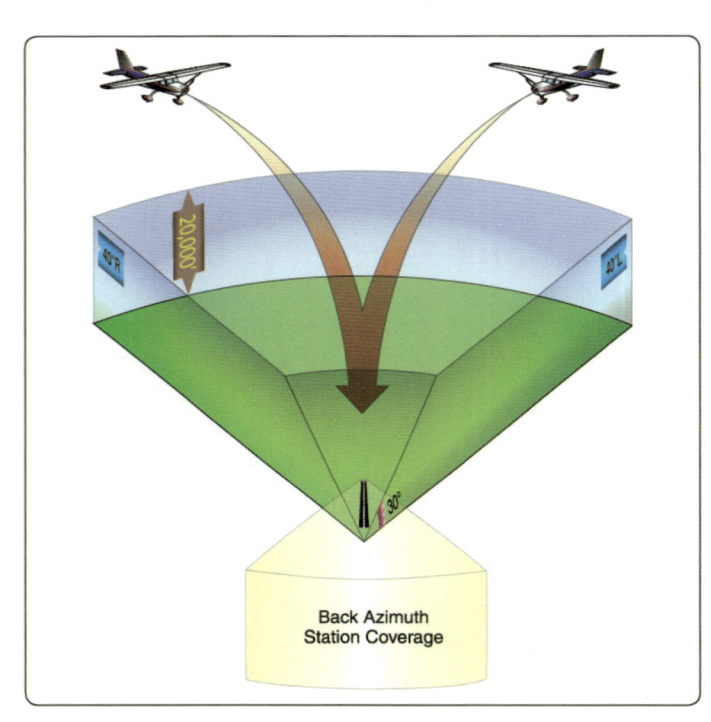

Back Azimuth
Station Coverage

システムは 5 つのファンクションに分かれています。
Arc 、 approach azimuth 、 back azimuth、approach elevation、range、data communication です。
標準の MLS 地上施設は azimuth 局が上記のファンクションを担います。
Azimuth navigation ガイダンスに加えて、局からは basic data を発信し地上装置の performance advisory data と同様に直接 landing system のオペレーションと連携します。

Approach Azimuth Guidance

　Azimuth 局は MLS の角度とデータを 5,031 から 5,091MHz のレンジ周波数で 200 チャンネルの一つに乗せて発射します。装置は通常約 1,000ft 滑走路の stop end 側を超えて設置されますが、その設置場所は融通がききます。例えば、ヘリポートでは azimuth 発信装置は elevation 発信装置と併設できます。Azimuth のカバレッジは少なくとも滑走路中心線の両側 40°、elevation は 15°の角度まで少なくとも 20,000ft、レンジは 20nm をカバーします。

MLS は機上装置としてレシーバーとシグナルのプロセッサーが必要で、これまでの general aviation の飛行機の装備とは違います。これは data コミュニケーション機能があり、音声で聞ける様々な、例えば、お天気、滑走路の状態などが提供されます。MLS は M で始まる 4 桁の ID で一分間に 6 回の送信となっています。MLS は自分で発射している ground-to-air のデータをモニターし運用状況を確認しています。ルーティンか緊急の整備では ID のコードが聞こえなくなっています。

Required Navigation Performance

　RNP は、特別なレベルの精度が高く RNP を certify された飛行機だけが飛べる空域で利用する navigation システムです。航空界の発展と成長は空域のキャパシティの拡大を求め有効活用は必至となっています。

　このことから最新の航空 navigation システムの精度を利用してダイレクトルートやトラックを正確に飛ぶことなどの有効性を生かすために required navigation performance の概念がつくられました。この定義された空域で運航するためには navigation performance の精度が要求されます。RNP は performance と要求される function を含み、RNP のタイプで表されます。これらの standard はデザイナー、メーカー、avionic の会社、サービスプロバイダー、ユーザーがグローバルな運用にかかわってきます。Minimum aviation system performance specification（MASPS）は空域の開発、改善された navigation 機能の恩恵を受けるための運用手順などを提供しています。

RNP の type はトータルの system エラー（TSE）として定義され、特別な空域において許容される lateral と longitudinal の dimension が定められています。

TSE は Navigation System Errors（NSE）、演算誤差、表示誤差、フライトテクニックのエラーを総合して、これが specify された RNP の値を、フライトのどの部分をとっても超えないで収まるのが 95% 以上でないといけません。

RNP のスタンダード、つまり要求される精度、functional および performance standard、将来の air traffic management の requirement は、ICAO マニュアル（Doc9613）に記載されています。RNP の機能は参加している航空機のフライトパスが予測でき宣言した精度レベルで繰り返せることを必要としています。更に詳しい RNP の情報は続くチャプターに記載しています。

RNP という用語は空域の記述、ルート、手順（departure、arrival、IAPs）も適用します。記述は個別のユニークな approach procedure や大きなスペースへ向かう場合に適用します。RNP は指定された空域で navigation performance に適用され利用可能な施設（navigation aid）にも飛行機にも両方とも適用されます。

RNP タイプは空域における navigation の requirement を定義づけるものです。ICAO RNP type は RNP1.0、RNP4.0、RNP5.0、RNP10.0 です。

　RNAV の利点は航空無線施設を通らずに経路が自由に設定できるため、出発機・到着機のコースをより効率的に設定し、流れをスムースにできます。無線局をつなぎながら飛ぶ方法では非効率だったものをより理想的な経路で飛ばすためにレーダー誘導に頼っていたものが、RNAV arrival ルートの設定でパイロットの own navigation でほぼ同じコースを飛ばせるように各地の STAR に取入れられています。例えば鹿児島の Hayato arrival と Kihoku RNAV arrival を比較すれば一目瞭然です。　また、VOR 進入のように lateral 情報だけで approach する場合は滑走路を見つけやすいように最終進入経路が一定のスラント角度をとって設定されていますが、RNAV の場合 VNAV と組み合わせ、non precision ではあるものの vertical guidance が得られ、滑走路にほぼ直線進入設定となっているため低高度における横方向の大きなマニューバーが不要となっています。千歳の VOR 19L approach と RNAV 19L approach を比較するとよくわかります。

函館では、空港に隣接した facility と進入経路の山の影響を受け VOR approach を行う場合 minimum が高くなり、また実際の low VIS 下では滑走路へのアラインがぎりぎりの低高度になる厳しい approach を行っていましたが、RNAV 進入の設定で、facility の位置に制約されず、滑走路のより遠方でアラインでき、同時に minimum もかなり改善され進入方法は改善されたといえるでしょう。

千歳空港に実際に進入着陸していた経験として混雑する到着機を処理するのに比較的管制がスムースに流れる RNAV approach が優先的に利用されていますが、カテゴリーとしては non precision のため minimum が高く、着陸できるぎりぎりの悪天候の場合は最終的には ILS などの高カテゴリーの進入に切り替わるのが一般的です。

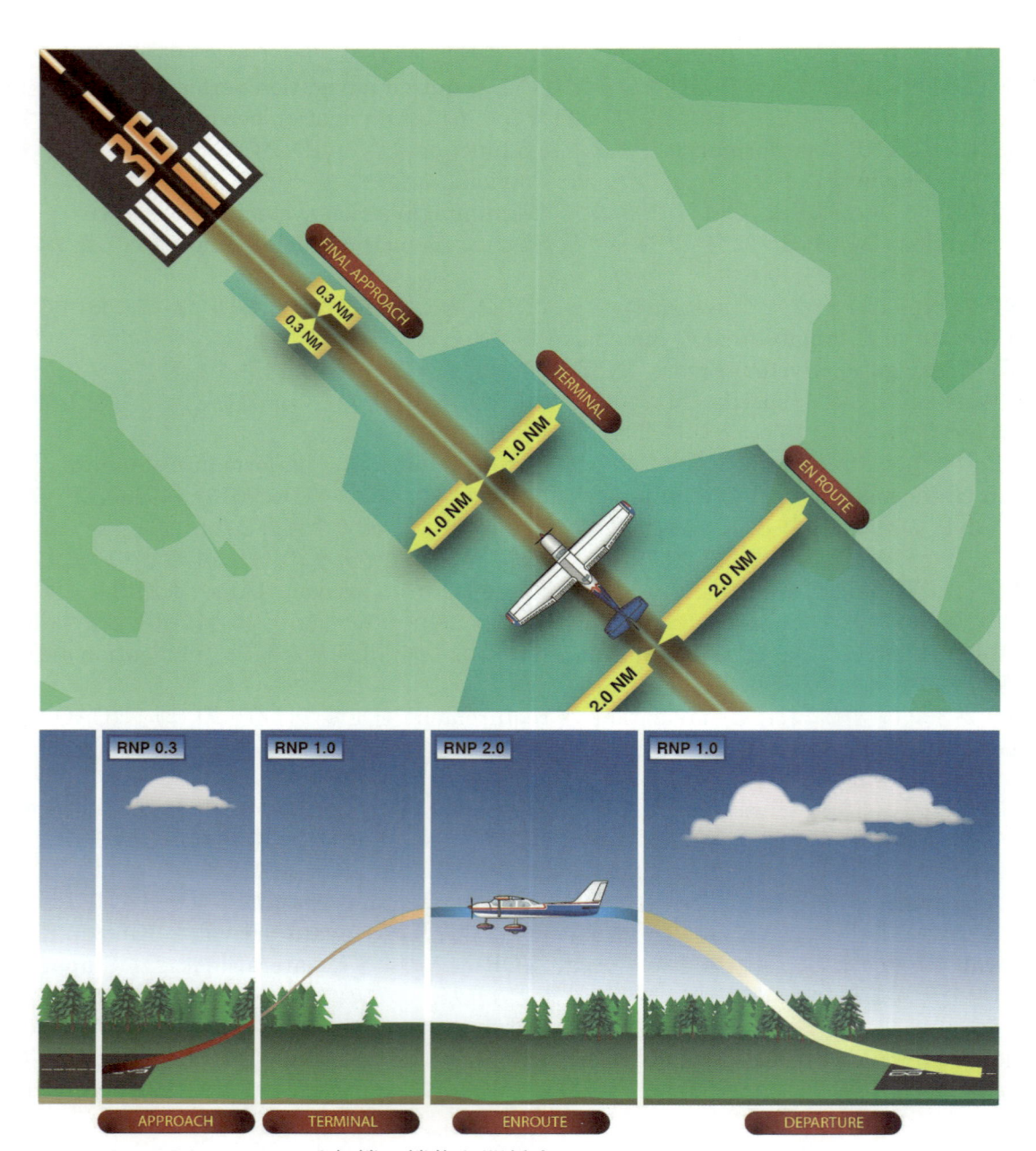

　Required performance は飛行機の機能と関係する navigation を提供するインフラのサービスのコンビネーションを通して得られます。

広義の観点から：飛行機の能力＋level of service＝access

この文章で述べる飛行機の能力とは、耐空証明、運航許可のエレメント（avionic、整備、データベース、human factor、パイロットの手順、訓練、その他の issues）となります。Level of service エレメントはインフラの関連で、公示ルート、空域のシグナルの performance と availability そして航空管制のマネージメントです。これらを総合してアクセスを提供しています。アクセスは利点を生み出します（空域、手順、フライトルートなど）。

RNP のレベルは飛行ルートのセンターラインからの実際の距離であり、飛行機はこれを維持しなければならず、obstacle もクリアーしていなければなりません。
現在 RNP の level は特別の運用をしています。
- RNP 0.3　−　Approach
- RNP 1.0　−　Departure、Terminal
- RNP 2.0　−　Enroute

RNP 0.3 はフライトパスのセンターラインからどちらにも 0.3nm の距離以内ということです。特別の performance として final approach segment で求められる RNP のレベルを表しています。現在 0.3 が normal の RNP オペレーションのレベルとしては最小値です。ある航空会社ではこれより低い RNP を適用して運航していますが、彼らは承認された operation specification （OpeSpecs）に従ってこのレベルを使っています。飛行機の搭載用機器は specify された RNP タイプを承認されるためには、トータルのフライトタイムの少なくとも 95%が navigational の精度を維持していなければなりません。

Flight Management Systems （FMS）

　Flight management system は、それ自体は navigation system ではありません。寧ろ、それは onboard の navigation system をマネージメントするタスクを自動化するシステムです。FMS は他の onboard マネージメントタスクもこなしますが、ここでは navigation の function についてのみお話します。

FMS は運航乗務員とフライトデッキ system のインターフェイスです。FMS は空港や NAVaid の位置、関連データ、飛行機の性能データ、航空路、インターセクション、DPS、STARS などの大きなデータベースをもつコンピューターと考えることができます。

FMS はまた、ユーザーが定義した沢山の WP、departure を構成するフライトルート、WP、arrival、approach、代替飛行場などなどを収録格納しておくことができます。FMS は現在位置から世界中の何処へでも desired ルートを素早く定めることができ、flight plan の計算、フライトルートの全体の絵を乗員に見せることができます。

FMS はまた、VOR、DME、LOC、NAVaid をコントロールすることができ、それらから navigation データを受け取ることもできます。INS、LORAN、GPS navigational data も FMS は受け付けます。FMS は、onboard の navigation system へ input／output することができ、navigation system と乗員の仲介役です。

Function of FMS

　出発準備に際し、乗員は飛行機の現在位置を入れ、出発滑走路、DP（出発方式）、ルートを構成する WPs、approach procedure、approach、alternate へのルートなどを入力します。これらは FMS コンピューターにフライトプランを作る方法は、ストアーされているフライトプランのフォームを使いながらマニュアルで手打ちで入れるか、他のコンピューターで作ったものを disk や電気的にトランスファーする方法があります。乗員はこの基本的な情報の input を control display unit （CDU）で行います。

　離陸出発してしまえば、FMS コンピューターは自動的に適切な NAVaids にチャンネルを合わせ、radial/ distance 情報を取り、または 2 つの NAVaids のチャンネルを使い更に精度の高い距離情報を入手したりします。そして、FMS は位置を示し、トラック、desired HDG、ground speed、本来のコースからの位置関係などを表示します。FMS からの位置情報で INS を update します。より進化した飛行機では FMS は HSI、RMI、glass コックピット screen、Head up

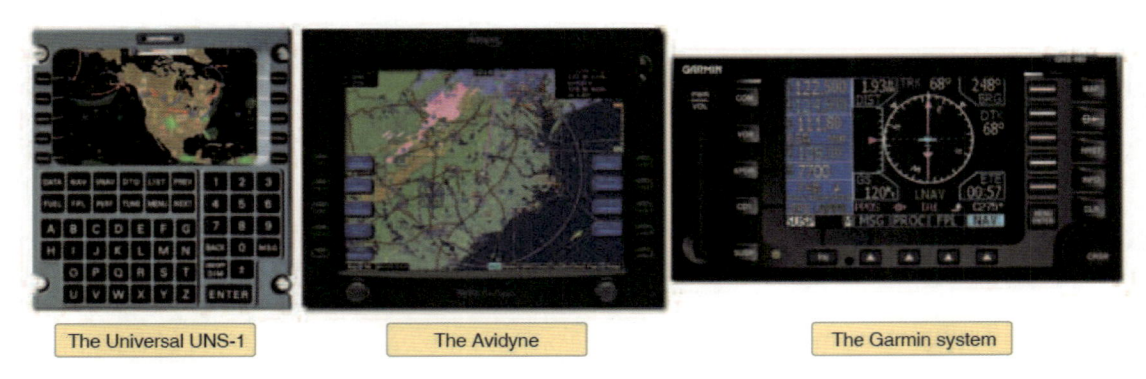

The Universal UNS-1　　　The Avidyne　　　The Garmin system

display にも input を提供します。

　ここで RNAV の経験の無い学生の皆さんが、ある程度の RNAV 運航のイメージを理解するための一助として、簡単に実際の operation 例を紹介します。
RNAV を実施するには前にも触れたように、飛行機の装備、RNAV 運航に関する規定の整備、乗務員の訓練などを考慮し日本の航空局から RNAV 運航の承認が得られていないと実施できません。
我が国では FL290 以上では原則、RNAV 飛行のみが許可されるので RNAV が認められていない航空機は FL280 以下で飛行することになります。
ボーイング系とエアバス系の飛行機で direct waypoint など細かい部分のシステム仕様が違っていますが、基本的な操作・LEG のモディファイなどは殆ど類似しています。
RNAV で FMS（フライトマネージメントシステム）が利用する waypoint などのデータはどのようになっているのでしょう。
ボーイングで使用していた RNAV ルートで使用する waypoint などのデータベースはかつてアプローチプレートなどが世界中で使われていた Jeppesen 社製のものでしたが、現在はボーイングと合併したのでボーイング製となっています。A320 などのエアバス機材で利用するデータベースはエアバス社から提供されています。いずれも世界的に航空関係のデータが更新されるエアラックシステムと同じ 28 日周期で NAV データベースも更新されています。RNAV 導入当初は慎重を期すために大手航空会社ではこの配信データを事前に取得し、所属航空機が利用するルートの確実性をテストベンチで確認したのち利用するというステップを踏んでいました。
データベースの RNAV waypoint のデータには、位置情報（緯度・経度）、fly over か fly by かの情報、通過高度制限がある場合はその情報、通過後の旋回方向指定がある場合はその情報などが含まれています。

日々の運航
　実際にフライトの流れは日進月歩の世界ですから既により進化している可能性があります。
出発準備の dispatch ワークでは目的空港の RAIM 情報が NOTAM に出ていないかを確認します。（利用できる衛星の数が少なく精度が落ちる場合は RAIM 情報が時間で報じられます。一般的には 5 分から 10 分程度）。ファイルフライトプランの第 10 項に "R" の確認、第 18 項に RNAV/RNP 規格を記入。
Preflight では、データベースの日付を確認します。切り替日前後のフライトでは旧データと次の有効データが既に機体に load されており、途中で切り替え日が来るような場合パイロットがどれを使うのかを選択するようになっています。一旦選択して出発した後はフライト中は切り替えできません。

CDU の画面とキーボードを使って、FMS のセッティングを行います。利用するデータベースの有効日を確認したらルートを入力します。これは通常フライトプランの先頭に記されています。

例えば東京〜福岡であれば「HNDFUK 01」という具合です。通常は 01 が一般的ですが 2nd のルートであれば「HNDFUK 02」あるいはもし途中の VOR が保守作業で一時的に temporally の fix に変わった場合などは「HNDFUK T」などとなっている場合もあります。

このルート名を入れると、一般的には Departure の SID の終了地点から目的空港の STAR が始まる所までの way point が自動的に upload されます。（コンピューターのデータベースの中から当日のルートの way point が自動的にピックアップされ順番に並べられる）。

次に滑走路方向、SID と STAR を選択すれば出発から目的地までのフライトするルートが一本につながります。この waypoint がフライトプランと同じように loading されたかどうかを確認します。これらのルートは ND 上に地図上のコースとして表示されるのでこれも参考になります。

後は、便名等を入力し、必要な航法データとして巡航高度、速度、風、離陸重量、CG などを入力し RNAV に関する準備はほぼ完了します。（これらのデータは離陸性能計算などにも利用）ここまで準備が完了すれば、en-route に要する時間などはいつでも参照できます。

離陸後、パイロットが機内アナウンスで到着予測を伝える場合もこのデータが参考になります。

　　離陸し、適当なタイミングで RNAV と autopilot をカップリングし RNAV のコースをトラッキングします。RNAV のコースは LNAV というラテラル（平面上）のコントロールを autopilot で飛ぶことが条件になっているのが一般的です。En-route では DME などで自動的に update されていること、左右のズレが許容内にあることをモニターします。先に述べたように RNAV は精度の requirement が 95％と高くなっており、実フライトではまず路線を外れることは殆どありません。

原則として、RNAV ルートの waypoint を削除したり、追加したりしてはいけないことになっていますが管制指示がある場合は従います。

一般的には上昇、降下、進入に関する縦の（上下の）navigation に関しては VNAV 機能と一緒に組み合わせて飛行します。（LNAV、VNAV 利用）

Terminal Area で RNAV（RNP）approach を実施する場合は、あらかじめ進入開始前に前述した RNP（Required Navigation Performance）の 0.3 を入力し、ANP（Actual Navigation Performance：RNAV の航法精度）がこの値を超えたら警報が出るようにします。警報が出たら、RNAV 進入を中止し、他の進入方式に切り替えるか、滑走路が見えていれば visual に切り替えるかさもなければ missed approach を実施します。

RNAV（RNP）approach を実施しているときに RNP が規定値を超えて missed approach する場合は RNAV の missed approach プロシージャーの精度そのものに疑義がもたれるので、在来の radio による missed approach procedure を実施します。

Head –Up Display（HUD）

　HUD は navigation 情報と air data（現在の速度と進入ターゲットとの関係、高度、左右、上下のパスからの deviation）を、パイロットとwindshield（コックピットの前方 window）の間に透き通って見えるスクリーンに映す装置です。他の、例えば滑走路のターゲットと飛行機の noseの位置関係なども含んで表示できます。

これは、パイロットが windshield から外を見ながら同時に必要なフライト情報を見ることができるようにすることで、計器を見て外を見るスキャンの移行時間を短縮することができるようになりました。仮想の情報で表示可能なものはユーザーが決めて HUD 上に表示できます。

実際に B737-800 に搭載された HUD で進入を行っている様子を横で見ると、極めて自然な進入で修正も細かくできているため精度の高いコントロールができていることが分かります。

第 9 章
IFR Flight
計器飛行方式

Introduction

　この章では IFR で飛行を実施することについてお話をします。内容としては飛行計画で考慮すべきもの、計器飛行に関わる条件、IFR 飛行の各 phase で実施する手順：例えば出発方式、エンルート、進入などです。この章は IFR 飛行の例を使いながら、これまで各章で述べてきた手順などを総合的に解説する総集編です。

9-1　Sources of Flight Planning Information

　IFR 飛行を計画するに際しては、以下のようなリソースがあります。
国土交通省が発行しているもの
・　AIP
日本航空機操縦士協会が発行しているもの
・　AIM-j
・　空港情報

　その他に、もちろんパイロットは飛行計画を立てるに当たりそれぞれの飛行機の運航規程を確認する必要があります。
全ての発行物の収録内容を review することは、それぞれのフライトに関しどの規定が関わってくるのかを判断するのに役立ちます。これらの規定、マニュアル類に慣れていくことで飛行計画がよりスピーディーに簡単にできるようになるでしょう。

Aeronautical Information Manual（AIM−j）

　AIM-j は航空関係者に日本国内における基本的な飛行に関する情報及び、管制通信の用例・手順を提供します。一部国際的な要素についても解説を含んでいます。

飛行規程

　飛行規程は使用する飛行機の運用限界、性能、通常操作、緊急操作、その他飛行機の運航に関わる広範な情報を含んでいます。飛行機の製造メーカーは各種テスト飛行などの結果から飛行機のマニュアルとして提供しています。パイロットは予定した飛行に関わる情報はこのマニュアルで確認する必要があります。

9-2　IFR Flight Plan

　航空法第 94 条に管制空域（航空交通管制区、航空交通管制圏、航空交通情報圏）において計器気象状態にあっては計器飛行方式（IFR）で飛行しなければならないとしており、またそのためには第 97 条で IFR の飛行計画を通報し、その承認を受けなければならないとしています。Flight Plan は空港事務所または出張所の航空交通管制情報官に口頭または文書でファイルします。またインターネットの SAT サービスを利用してファイルすることもできます。あるいは、事情によっては無線を通じてファイルすることもできます。パイロットは、管制承認受領の遅れを無くすために、少なくも出発予定時刻（ETD）の 30 分前までに IFR フライトプランをファイルします。AIM-j に flight plan フォーム記載のガイダンスが紹介されています。これらの form は大学などでは空港 3F の運航管理あるいは、各空港では空港事務所でも入手可能です。

Filing in Flight

　IFR フライトプランはいろいろな状況下で飛行しながらファイルすることできます。
1．管制区・管制圏の外の飛行から管制区の中へ IFR 状態で入る前
2．VFR で飛んでいた飛行機が管制区の en-route 中に IFR の気象状態（IMC）を予想した場合

　いずれにしても、フライトプランは最寄りの管制機関に直接無線でファイルすることができます。この時ファイルする内容は地上で出発前にファイルする内容とほぼ同じですが、違うのは出発地点が、現在の位置と高度になる点です。フライトプランのファイルを申し込まれた局は、ARTCC に情報をリレーします。ARTCC はその飛行機の位置か近くの fix から管制承認（クリアランス）を発出します。
ARTCC に直接連絡できる場合は、そうすることも可能ですが、一人だけのフライトプランのやり取りに ARTCC の周波数を長時間占有するのを避けるため、混雑していない期間を利用するのが一般的です。

Cancelling IFR Flight Plans

　IFR のフライトプランは、パイロットが VFR コンディションで Class A 空域の外側であればいつでも "Cancel my IFR flight plan" と管制官に無線で伝えるだけでキャンセルできます。IFR をキャンセルした後、パイロットは適切な空地通信の周波数に切り替え、トランスポンダーコードを VFR 用のものに変更し、高度も VFR 用に変更します。
ATC の管制間隔とインフォメーションサービス（レーダーサービスなど）は、IFR がキャンセルされた時点で提供されなくなります。特別管制空域では VFR に変更できないクラスや、できても双方向の通信設定が必要なクラスもあり要注意です。
TCA アドバイザリーサービスをリクエストすることが可能です。空港事務所か出張所が設置されている空港に着陸した場合、IFR のフライトプランは自動的にクローズされます。事務所や出張所が無いか、運用時間外の場合は空港に着陸した後フライトプランのクローズの連絡をパイロットが責任をもって行います。レーダーカバーのない空港への進入中、空中で IFR をキャンセルする場合はその旨を通報し、空域の占有を止めることで他の飛行機による利用ができるようになります。

9-3　Clearance

　管制機関は管制空域における把握している飛行機同士の間隔を提供するために、飛行機が飛ぶための管制承認を与えます。
ATC とのコミュニケーション不足と与えられた管制指示が理解されていないことが runway incurtion の最大の原因となっています。パイロットと管制官の主たるコミュニケーションは音声通信です。タワーが運用されている空港の地上走行時の安全と効率はこのコミュニケーションループにかかっています。ATC はスタンダードな用語で管制指示を行い、パイロットは管制指示が理解できていることを read back か acknowledge など何等かのレスポンスを必ず返します。通信のループを完全にするために管制官はパイロットの read back やレスポンスを hear back します。パイロットはスタンダードな用語を使い適切に反応（返事）することで管制官の理解を手助けすることができます。AIM-j や認可された訓練マニュアルがスタンダードな ATC 用語とコミュニケーションの方法について必要な情報を提供しています。

Examples

トラフィックが少ない空域で比較的短距離飛行を低高度で実施する場合、cruise クリアランスが発出されることがあります。

この "cruise" という用語は、パイロットにアサインされた高度以下、MEA 以上の高度であればどの高度でレベルオフしてもよくこの空域をブロックして許可するという意味になります。降下はパイロットの意思で自由にできますが、いったん leaving を report した後は許可を得なければ元の高度に戻ることはできません。(上下に高度を多少変えることで雲を避けることができるような特殊な場合に cruise クリアランスを受領したり、体験的にリクエストすることがあるものの、一般的な airline の飛行では他機への影響も考慮し、利用頻度は多くありません。)降下進入もこのクリアランスに含まれるものの、目的地の管制機関から着陸の許可等必要なことは言うまでもありません。

佐賀空港 (radio 空港) から熊本へ向かう ATC クリアランスは以下のようなものが考えられます。

> "JA32UK　is cleared to Kumamoto airport via Saga reversal 2 Dep Kumamoto transition climb and maintain 11000 SQ0412 clearance void if not off by 0130."

Specific な waypoint や高度制限を含むクリアランスを受領する場合があります。クリアランスを受領したとき、accept できるかどうかパイロットは判断する必要があります。IFR のフライトプランをファイルする前に、departure 方式については事前に学習し、詳細を理解しておく必要があります。クリアランスに合わせて、必要な通信・navigation の装置のセットアップができなければなりません。

クリアランスを accept した場合、パイロットは ATC の instruction に従う責任があります。もし、別のコースがより合理的と考える場合や飛行機の装備による制限、他の理由で受領クリアランスが得策でないと思われるときなど違うクリアランスをリクエストする必要があります。また、パイロットはクリアランスが完全に理解できていない場合や、飛行の安全の観点から受け入れられない場合は、クリアランスを確認するか適切な修正案をリクエストすべきです。パイロットには ATC が発出したクリアランスがルールや規則から逸脱する原因となりそうだったり、飛行機を危険に陥れてしまいそうな場合は、修正のクリアランスをリクエストする責任があります。

Clearance Separations

ATC は、他の IFR 機との管制間隔を取って IFR クリアランスを発出します。この管制間隔は、以下のようになっています。

1．Vertically－違う高度をアサインする
2．Longitudinally－同じコースの飛行機間で時間のセパレーションによる
3．Laterally－違うフライトパスをアサインする (横への間隔)
4．By radar－レーダーにより上記全てを含むセパレーション

ATC は以下の飛行機に対してセパレーションを提供しません
1．管制区域外
2．IFR クリアランスの内
　　a) Z のフライトプランでファイルし VFR で出発する場合
　　b) VMC condition 時、管制のコントロールを受けていない VFR 機が同じ空域を飛行している可能性がある場合

　　HDG や高度のアサインに加えて、ATC は管制間隔を維持するために速度調整を指示する場合があります。

　　　　"JA31UK reduce speed 100kt"

　　パイロットは速度調整を受けたら±10kt 以内にしなければなりません。もし、パイロットが速度調整に従えない場合、その旨 ATC にアドバイスしなければなりません。
時として、ATC は目視での安全間隔を指示する場合があります。パイロットは他の飛行機を目視確認できた場合、その飛行機に follow するか、目視間隔を維持するように求められます。例えば：

　　　　"JA31UK maintain visual separation with preceding aircraft, maintain 7000"

　　パイロットが目視間隔を維持するか他の飛行機に follow する指示をアクセプトした場合、安全間隔を維持するために自分で必要なマヌーバーをするということを承認したことになります。同様に wake turbulence を避ける責任についてもパイロットが承認したことになります。
ATC は飛行機のレーダーコンタクト（レーダー捕捉）ができていないときは、positon report を頼りに適切な間隔の維持に努めます。パイロットの送信データを使い、管制官は各フライトの進度をフォローします。ATC はパイロットの通報の相互関係を確認しながらセパレーションを提供します。従って、各パイロットのレポートの精度は同地域を IFR フライトプランで飛行する全ての飛行機の進度と安全に大きく関わってきます。

9-4　Departure Procedures（DPs）

　　IFR フライトの計画として事前準備できる計器出発方式（instrument departure procedure）はターミナルエリアからエンルートに到達するまでの障害物からの間隔を確保し、パイロット

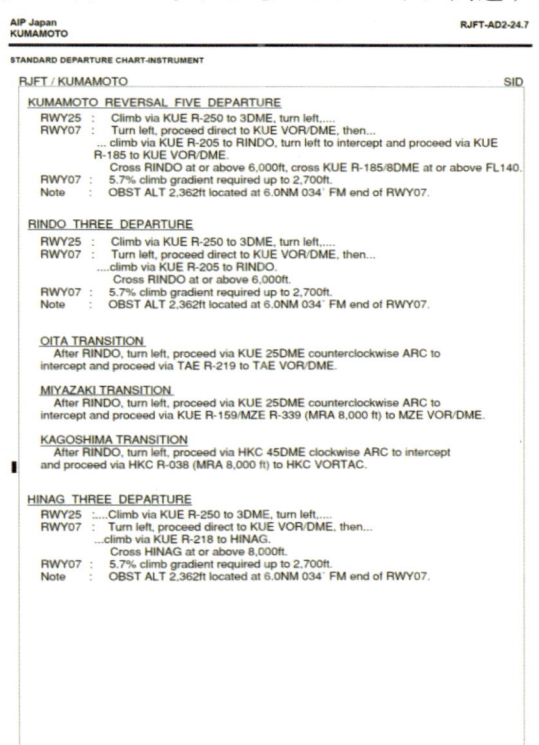

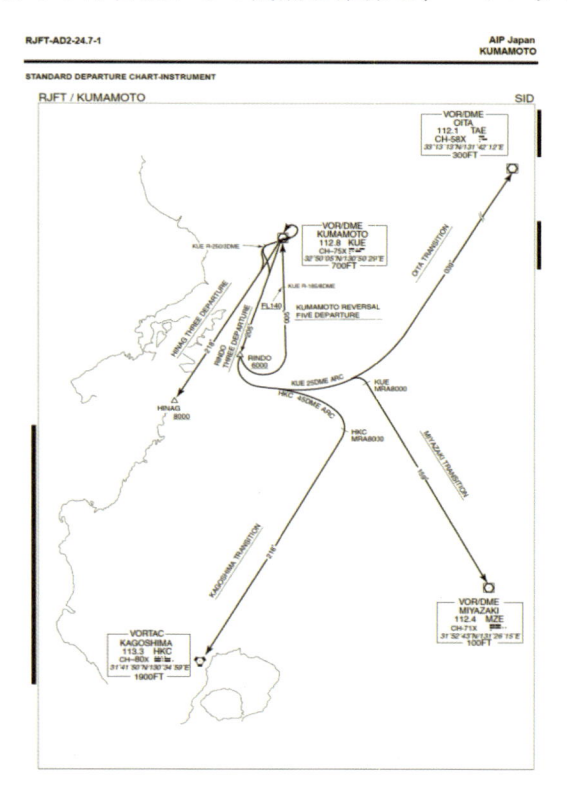

に空港から出発しエンルートまでを安全にトランジッションするルートを提供します。パイロットは利用可能な DP をファイルし、飛行することが強く推奨されています。

　DP には standard departure procedures と obstacle departure procedure があり、テキスト部分と、ルートを描画したものがあります。また、旧来のコンベンショナルな departure 方式と area navigation（RNAV）による設定方式があり、RNAV はタイトルにそのように記されています。

Obstacle Departure Procedure（ODP）
　ODP は障害物とのクリアランスを確保しながらターミナルからエンルートまで出来るだけ飛びやすい（厄介でない）ルートを提供します。

Standard Instrument Departures
　SID は印刷物として AIP で提供され、グラフィックのフォームで描かれており、ターミナルから適切なエンルートに到達するまで障害物とのクリアランスを維持しトランジッションを形成します。SID は主にパイロットと管制官のワークロードを軽減するためにデザインされています。飛ぶ前に ATC クリアランスの受領が必要です。
SID は approach procedure と一緒に収録されています。DP に関する更なる詳しい記述は AIM に記載されています。しかしながら以下の部分は重要なことで記憶しておくべきです。
1．有効な DP が設定されている空港から IFR で出発するパイロットは、ATC クリアランスが DP を含むことを予想すべきです。DP を飛ぶとき、パイロットは少なくとも DP のテキスト記述だけでも持っていなければなりません
2．もし、パイロットが前もって印刷した DP を持ち合わせていなかったり、他の理由で DP を利用したくない場合は ATC にアドバイスすることが必要です。No Dep とフライトプランのリマーク欄に記入するか、ATC にアドバイスします
3．もし、DP が含まれるクリアランスをアクセプトした場合、パイロットはそれに従わなければなりません

Radar-Controlled Departures
　混雑空港からの IFR の出発では通常 Departure control からレーダーベクターによる navigation の指示があります。離陸直後から飛んでほしい方向が決まっている場合は離陸前にその旨のアドバイスがあります。この情報は two-way radio communication が途絶えたときのために必須のものとなります。
レーダーによる departure は通常シンプルなものです。離陸後タワーにアサインされた周波数で Departure control にコンタクトします。この時、Departure control はレーダーコンタクト（レーダーで捕捉）したことを確認し、HDG と高度を指示し、そしてターミナルエリアの外へ安全に速やかに飛行できるような指示を出します。管制官から当初地上で承認されたクリアランスに含まれるルート上の地点へ向けて"resume own navigation"といわれるまでアサインされた HDG と高度を維持します。
Departure control は、NAV 施設か、承認されたルート上の適切なポジションへ向けてベクターするか、次の管制官に更なるレーダー誘導の移管をします。
レーダーコントロールを受けている出発方式だからといっても、パイロットの PIC としての外部監視などの責任を除外するものではありません。離陸前に出発経路で必要な NAV receiver などは適切にセットしておく必要があります。レーダーベクター下においても計器をよくモニターし、自分の位置やクリアランスでアサインされているルートとの関係位置は常に把握し飛

行計画上のチェックポイントでの時間を記録しておきます。

Departures from Airports without an Operating Control Tower

　もし、コントロールタワーも radio も無い空港から離陸する場合は予定出発時刻の 30 前までにフライトプランを電話でファイルします。天候が良ければ、VFR で出発し、できるだけ早く ATC と無線でコンタクトし、IFR クリアランスをもらうのも一法です。

もし、VMC でない場合は電話でクリアランスを要求しますが、コントローラーは時間の制約をつけて短いポーションのクリアランスを発出する可能性があります。

　　　　　"Clearance void if not off by 0900"

　この場合、指定された時間内に出発し承認に従って飛びます。もし、departure の instruction がない場合は、最もダイレクトの on-course で飛ぶことを期待されています。

9-5　En Route Procedures

　エンルートはトラフィック状況、希望ルート、管轄する ATC の施設機能などで様々です。ある IFR フライトでは出発から到着までほとんどレーダーベクターとなる場合もあり、またある場合は全てがパイロット navigation に依存するというケースもあります。

管制の管轄外（管制区域以外）のエリアでは IFR クリアランスは発出されません。フライトをコントロールができず、他のトラフィックとの間隔も確保できません。

ATC Reports

　パイロットは予報されていないような悪天候に遭遇した場合、空の安全確保のため ATC に通報しなければなりません。Pilot in command（PIC）はそれぞれの管制空域内の IFR フライトにおいて、navigation 関係のトラブル、approach、通信装備など以下の問題が発生したときは直ちに ATC へリポートする義務があります。

１．VOR、TACAN、ADF などの信号が受信できなくなった場合

２．一部あるいは完全な ILS レシーバーの不具合

３．Air-to-ground の通信不能

　PIC はリポートの中に（1）飛行機の call サイン、（2）影響を受けている機器、（3）不具合機器による IFR 運航に対する影響の度合い、（4）ATC から受けたいアシストの方法などを含めます。

Position Reports

　ルート上の義務位置通報地点（塗りつぶした三角マーク▲）では高度に関係なく position report（位置通報）が必要です。三角の白マーク（△）の位置通報は管制から要求された場合のみ必要となります。管制官から "Radar Contact" と通報を受けた場合は義務位置通報点でも位置通報は不要になります。管制から "Radar Contact Lost" または "Radar service terminated" とのアドバイスがあれば、位置通報を再開します。

位置通報には以下のものを含みます。

１．コールサイン

２．位置

３．時間

４．高度またはフライトレベル

５．フライトプランのタイプ（IFR の position report を ARTCC か approach control に直接

行う場合は不要）
6．次の reporting point 名と Estimate time of arrival（ETA）
7．次の次の reporting point 名
8．リマーク

　エンルートの位置通報は、ARTCC 管制官に対しエンルートチャートに記載されている ARTCC の周波数で直接送信します。
Initial contact の後で位置通報を送りますが、最初の呼びかけの時に position 名だけ付けるとコントローラーが受け付けやすくなります。

"TYO control、JA31UK at ○○○"
"JA31UK　TYO go-ahead"
"TYO control, JA31UK at ○○○　5000ft、estimate △△△　at 12:30・・・"

Additional Reports

　以下のようなリポートは ATC からのリクエストがなくても追加します。
1．自主的に通報すべき項目
　　a) 定められた地点における位置通報（レーダー管制下の場合を除く）
　　b) レーダー管制下に無い場合でフライトプランに記載した巡航速度（TAS）を 5％か 10kt どちらか大きい方以上変更したとき
　　c) 通報した予定通過時刻に 3 分を超える誤差を生じたとき
　　d) アイシング、タービュランス等のために平穏時待機速度を超える速度でのホールディングが必要なとき
　　e) 復行（missed approach）を行ったとき
　　f) レーダー交通情報に "looking out" で答えたあとの通報
　　g) 管制官の指示に従うことができないとき
2．自主的に通報することが望ましい項目
　　a) 維持していた高度を離脱したとき
　　b) ホールディングを開始したとき、およびホールディングを離脱したとき
　　c) アイシング、タービュランスで平穏時待機速度を超える速度でホールディングを行った後通常の待機速度に戻したとき
　　d) アプローチを開始した時、及び最終進入 FIX を通過した時（ノンレーダーのみ）

9-6　Planning the Descent and approach

　ATC の arrival procedure とフライトデッキにおけるワークロードは、気象状態、交通量、飛行機の装備、レーダーの有無で影響を受けます。
Approach control のある空港への着陸の場合で複数の IAP が publish されている所では予想される approach type か visual approach へのベクターなどの情報があらかじめ伝えられます。この情報は ATIS で報じられるか、管制官が伝えます。
これは、パイロットがあらかじめ arrival のプランを立てるのを手助けするのが目的ですが、ATC のクリアランスや確約ではありませんので、変わる可能性があります。気象の変化、風向の変化、滑走路閉鎖などで前もって与えられた情報とは違う approach になることもあります。
パイロットが、もし approach が実行できない場合や他の approach type を希望する場合は直ちに管制官にアドバイスする必要があります。
もし、運用中のタワーがない空港で、Automated Weather Observing System（AWOS）があ

る場合はこれをモニターします。パイロットは気象情報を入手している旨と、パイロットの意思（どのように進入したいか）を伝える必要があります。

Approach が決まったらパイロットは Initial Approach Fix（IAF）に到達するまでに適切な高度へ降りる計画をしリクエストします。（着陸のための降下クリアランスは通常パイロットからの要求なしに管制官から自発的に発出されます。発出されない場合は降下を要求すべきです）

　降下クリアランスは速やかに実施されるものとして発出されるので、降下のクリアランスを受領したら直ちに降下操作を開始し、適切な降下率を維持すべきです。

　　　　　　"Descend and Maintain　（altitude）"

降下のクリアランスに "at pilot discretion" の用語が付された場合、降下を開始する時期はパイロットの判断に任されます。そして降下を開始した後も一時的な水平飛行を含む降下率の調整を通報をしないで行うことができます。ただし、一度通過した高度に許可なく上昇してはいけません。

降下クリアランスが発出された時に、特定フィックスの通過高度が指定された場合は別途指示された場合を除き降下開始する時期はパイロットの判断に任されます。

トランジッションルートまたは arrival ルートを飛行中は ATC から "cleared for approach" の許可が得られるまでは last assigned altitude を維持しなければなりません。

アサインされた高度の 1,000ft 手前までは optimum な降下率で降下しますが、その後レベルオフまでは、500ft/min～1,500ft/min の rate で降下を試みます。もし、少なくとも 500ft/min の降下率が維持できない場合はその旨アドバイスをします。また途中の高度でレベルしなければならない場合も通報します。ただし、10,000ft 以下に降下するとき航空法で定められた速度（250kt）あるいは 3,000ft で管制圏に入る前にピストン機では 160kt、ジェット機で 200kt まで下げるためにレベルオフする場合は不要です。

Standard Terminal Arrival routes（STARS）

　STAR は、トラフィックの混雑する空港で到着機に対するクリアランスの発出をシンプルにする目的で設定されています。STAR は出発機の経路と並行になるように（交差しないように）設定されています。

STAR については以下の点がポイントとなります。

1．STAR は AIP に収録されています
2．STAR を含む ATC クリアランスをアクセプトした場合、少なくとも公式の procedure が記載されているチャートを持っていることが必要となります
3．STAR を持っていない場合はその旨 ATC に伝えます
4．STAR をアクセプトした場合、これに従

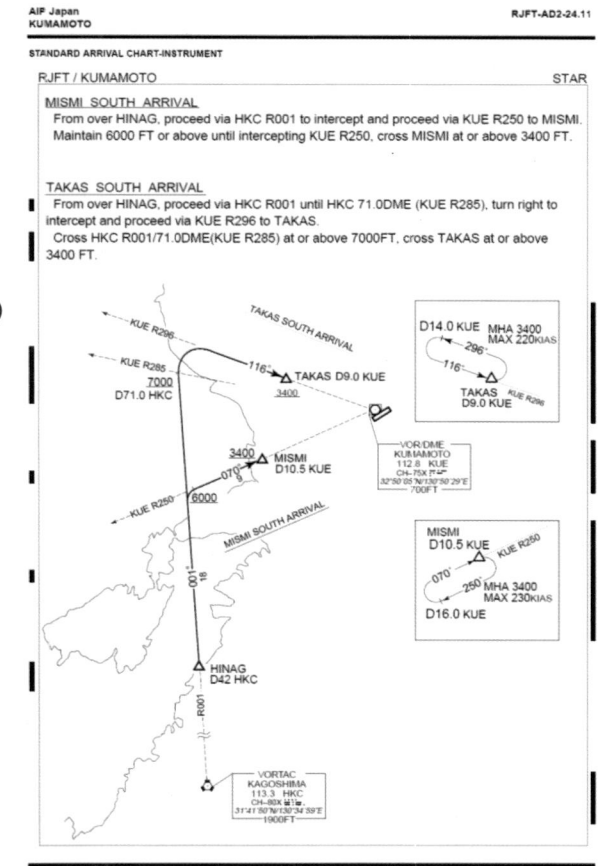

うのは mandatory になります

Substitutes for Inoperative or Unusable Components

基本的な ILS の地上施設は localizer、glideslope、outer marker、inner marker です。（日本ではコンパスローケーターは outer marker の代わりに使用することはできません）（自衛隊の飛行場では precision radar を outer marker や middle marker に代えることがあります）DME の距離が OM、MM の代用として利用される場合は OM、MM に相当する距離とその位置での glidepath の高度が公示されます。

また、更に承認を受けた GNSS 用装置を利用して IFR のエンルート、arrival、non-precision approach などを実施することができます。

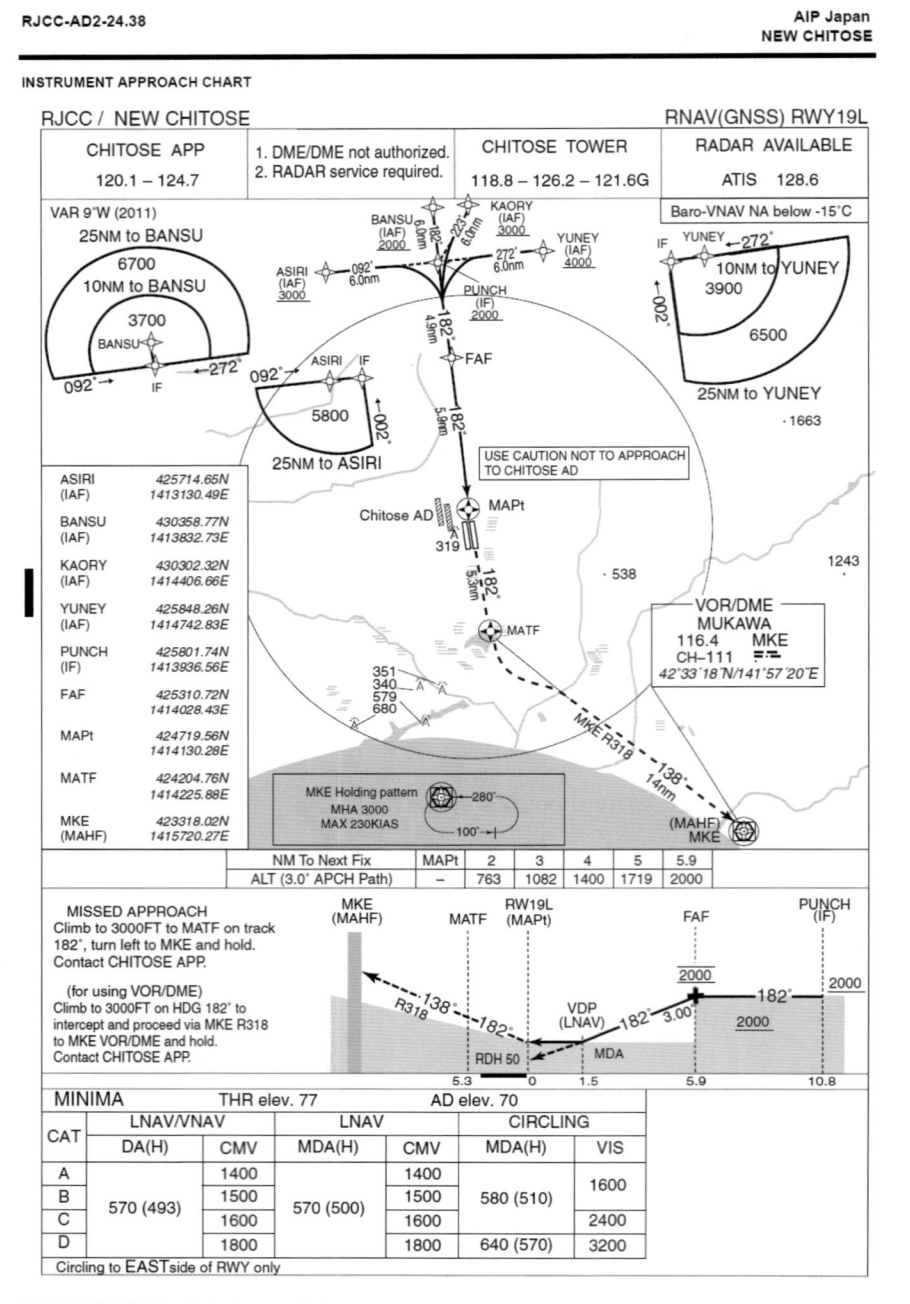

9-7　Holding Procedures

　気象状態やトラフィックの混雑、空港のトラブルなどにより holding をせざるを得ないことがあります。Holding は ATC から次のクリアランスが得られるまで安全が確認されたある特定の空域内で飛行機を待機させるためのマニューバーです。Standard holding pattern は右周りです。Non-standard は左周りです。

Standard Holding Pattern（no wind）

　Standard の holding パターンでは 14,000ft 以下ではアウトバウンドレグを 1 分、14,000ft を超える場合は 1 分半飛びます。

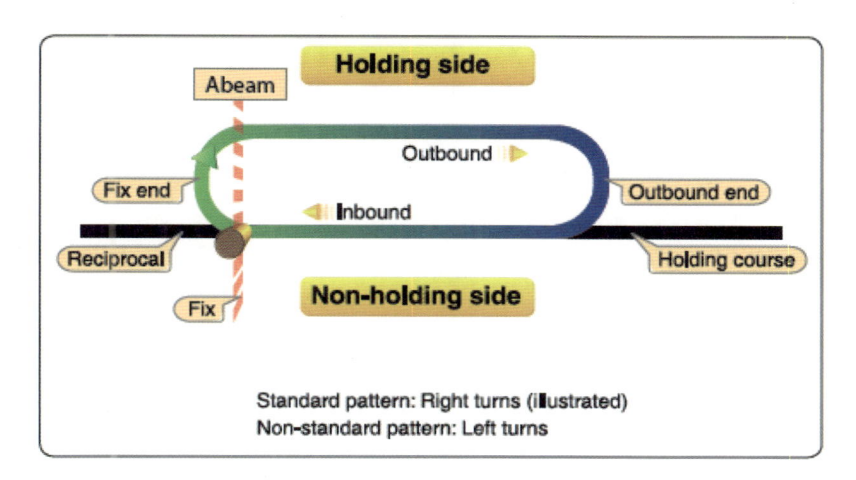

Standard Holding Pattern（with wind）

　風があるときの Holding は風を考慮した回り方をします。
図は inbound で左からの風が吹いています。通常 inbound で必要とした WCA を outbound ではその 3 倍角修正をします。

Holding Instructions

　通常遅延が予想され ATC が holding を指示する場合 STAR の開始点到着予定時刻の 5 分前までに伝えられることになっています。Holding が公示されていない場合は管制官が以下のような項目を指示します。かつては意見が分かれていましたが、ATC の指示が無い場合予想される STAR に従って飛行を続けます。勝手に STAR の開始点で holding を行ってはいけません。
但し、IAF からの進入開始については必ず ATC の許可が必要です。
Holding の instruction には以下のものが含まれます。
１．Holding fix からの方向を 8 方位（N、NE、E、SE、S など）
２．Radial、course、ルートを示します

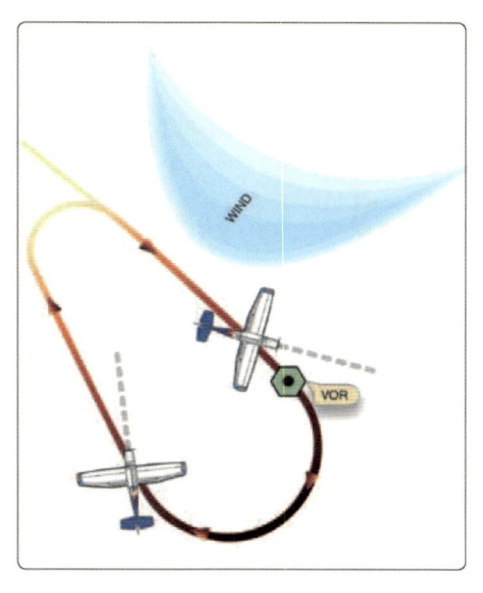

３．Outbound leg の長さを時間、または距離で示します
４．旋回方向を指示します
５．Expected-further-clearance（EFC）等々

　Flight planned route を承認経路としている管制承認では計器進入を開始する fix への経路が明確でない場合があります。承認経路の最終 fix が STAR の開始点である場合は当該 fix に至るまでに STAR の承認等進入 fix までの経路が指定されるかあるいは vector to final、vector to visual などのレーダー誘導が開始されます。不明確な場合は ATC に確認します。通信混雑等のため確認できないまま STAR の開始点に至った場合、最新の情報で使用されていると思われる計器進入方式に繋がる STAR 経路によって進入開始点への飛行を継続します。
繰り返しになりますが STAR の開始点から先の経路が指示されなかった場合でも、STAR の開始点で指示なく holding を行ってはいけません。但し IAF 以降の進入開始は必ず ATC クリアランスが必要です。

Standard Entry Procedures

　Holding のエントリー procedure は AIM-j に詳しく記載されています。このスタンダード化された procedure は、holding 中に保護空域をはみ出ないために守らなければなりません。
Holding fix に到達する 3 分前には holding speed への減速を開始する必要があります。Fix を maximum holding airspeed 以下の速度で通過できるようにします。減速は holding の空域をはみ出さないようにするためです。特に、近くに別の holding pattern があるような（ex. 千歳へ降下進入する前の NAVER と NASEL）場合や、TYO への進入時に空域が複雑に入り混じった場所（WESTON など）では標準の最大待機速度より更に厳しい holding 速度制限が設けられており注意が必要です。
飛行方式設定基準（新基準）では、区分 A 及び B の航空機、また暫定設定基準でのプロペラ機は 14,000ft 以下では 170kt が最大待機速度です。（DME フィクスを基点とする待機では 6,000ft 以下で 200kt）
Entry については AIM-j に詳しい記載がありますが、
１．parallel エントリーは（a）の象限から fix に入る場合です。fix 通過後 outbound と並行に 1 分（14,000ft 以下）または DME 距離を飛び holding 側に旋回し inbound コースにインターセプトあるいは直接 fix へ向かいます
２．（b）の象限から fix に向かった場合オフセットエントリーとなり fix を通過後 inbound の反方位から 30° holding 側に振った HDG に旋回し決められた時間（14,000ft 以下なら 1 分）または距離を飛行し旋回して inbound レグにインターセプトします
３．（c）象限から fix に向かった場合 fix 通過後、holding pattern の方向へ旋回し outbound レグに向けて holding を開始します

　Holding 中の bank 角は 25° bank か暫定設定基準では 360°/2 分の旋回のいずれか小さい bank 角で飛行することが想定されていますが、inbound レグへの

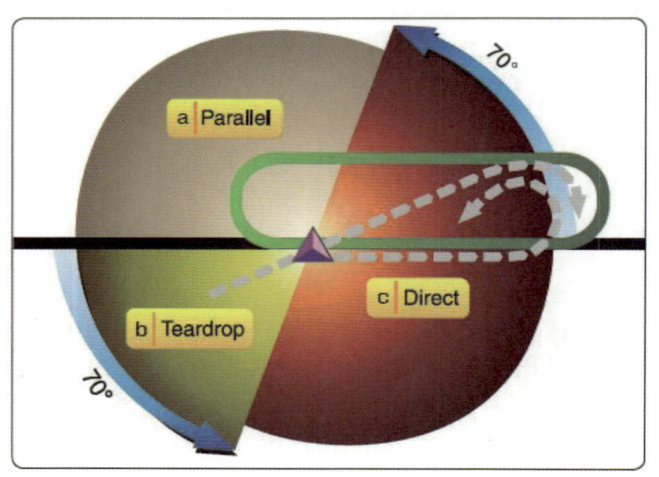

旋回では多少 bank 角を調整することによってインターセプトをしやすくします。

Time factor

Holding を開始したとして時間は fix 通過時間を ATC に伝えます。

Outbound レグは fix の abeam を通過したところから時間を計ります。もし、abeam が取れないようであれば outbound へ向けた旋回が終了した時点から開始します。

Approach クリアランスが得られたら holding を終了し fix を離脱した場合、次に続くトラフィックへのクリアランスを発出するタイミングにもかかわるので ATC に通報します。

DME Holding

Entry 等通常の holding と同じものが適用されますが、outbound leg を規定するものが DME になる部分が違います。公示された距離、あるいは管制官から与えられた距離で holding します。この場合 DME の表示で旋回を開始します。

Holding 速度制限も変わってきます。

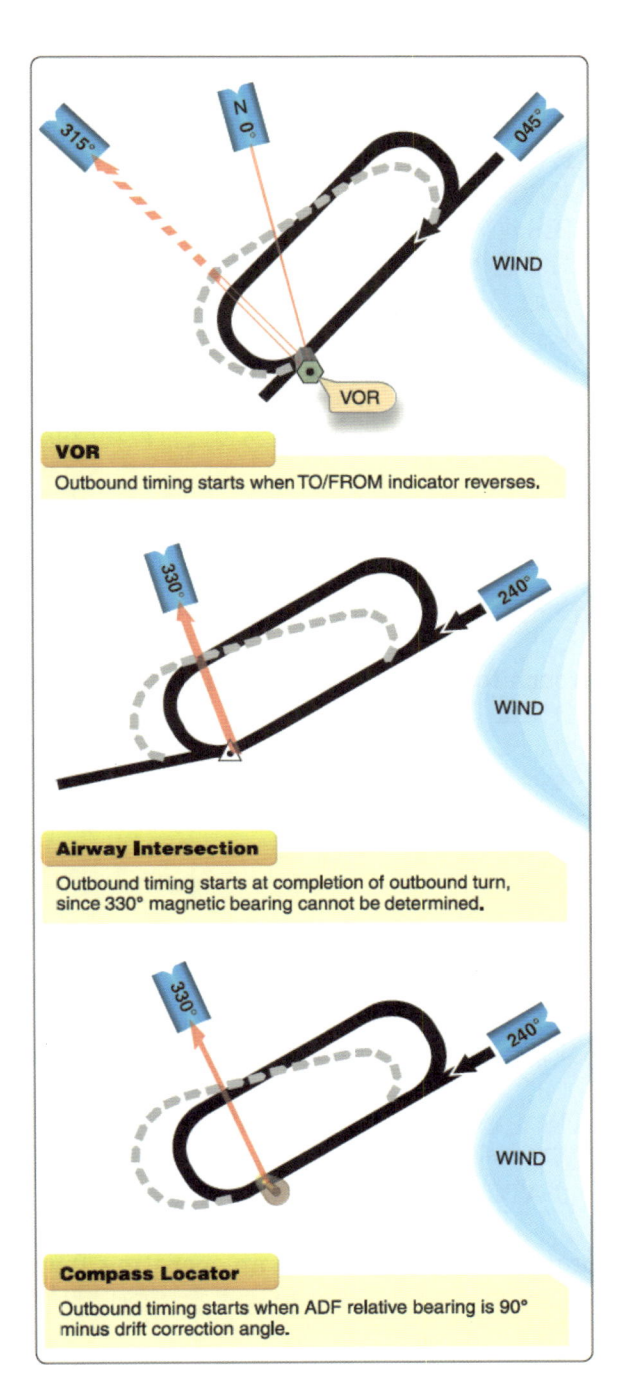

VOR
Outbound timing starts when TO/FROM indicator reverses.

Airway Intersection
Outbound timing starts at completion of outbound turn, since 330° magnetic bearing cannot be determined.

Compass Locator
Outbound timing starts when ADF relative bearing is 90° minus drift correction angle.

9-8　Approaches

Compliance with Published Standard Instrument Approach Procedures

アプローチチャートに示されている approach procedure に従うことで必要な navigation ガイダンス情報の提供を受けることができ、また障害物とのクリアランスも確保されます。

初期進入は直線進入の他にアークによる経路、リバーサル方式（基礎旋回、方式旋回）、または

レーストラック方式による降下経路があります。

中間進入は初期進入から航空機がコンフィギュレーションや速度および位置の調整を行って最終進入に接続するセグメントです。原則として最終進入経路の延長線上に設定されます。

　最終進入は次のいずれかの点から進入復行点（MAPt）に至る部分をいいます。

1．FAF（最終進入 fix）
2．基礎旋回もしくは方式旋回を終了する地点
3．ILS 進入および垂直ガイダンス付の進入では FAP（指示された進入開始高度が公示された最終進入高度より高い場合は glideslope またはノミナル glidepath 上で公示された高度を通過する地点）
4．レーダー進入ではファイナルコントローラーとの交信を設定したとき（ASR では FAF として設定されたレーダー fix を通過したとき）

最終進入の進入限界点までに必要な目視物標を視認して着陸の可否を決定します。

　レーダーのない空港や、lost communication になった場合計器進入のチャートに従ってフルの計器進入手順を実施します。

レーダーがある場合は final コースへ誘導を受け、最終的には pilot navigation でファイナルへインターセプトし、経路の短縮、他機とのセパレーション確保が行われます。

Approach to airport without an operating control tower

　佐賀空港のように tower のない空港への approach クリアランスは福岡コントロールから与えられ、その後 "コンタクト Saga Radio" になります。計器進入方式が複数ある場合パイロットが選択した approach 方式を radio に伝えます。

Approach to Airport with an operation tower with no approach control

　Approach コントロールが無く tower のみがある場合は、ATC は approach クリアランスを次のように発出します。

1．Fix 名
2．維持すべき高度
3．もし、approach クリアランスを出すまで hold する場合はその時間
4．次にコンタクトする機関、時刻、場所、周波数

　ATIS を聴取できる場合は ceiling、VIS、風、altimeter setting、instrument approach、使用 RWY の情報を tower とのコンタクト前に入手しておきます。もし、ATIS が利用できない場合は ATC がこれらの情報を伝えます。

Approach to an airport with an operating Tower with an Approach control

　Approach コントロールがレーダーを利用して公示されている計器進入に合わせてベクターします。コースガイダンスを与えることで進入経路の効率化を図ります。

レーダーは以下のような方法で運用します。

1．適切な垂直のセパレーションを確保しながら適切なルートを飛ばせるようにします。もし、必要なら holding の情報も与えます
2．ARTCC から approach コントロールまたはアプローチ間では、承認されている fix に到達する前にハンドオフができるように行います

３．前後の飛行機とのセパレーションを維持するようにベクターをしているので approach コントロールから与えられた HDG をズラしてはいけません

４．スペースの関係でファイナル approach コースを突っ切ってベクターされる場合は通常アドバイスがあります。もし、その旨のアドバイスがなく突っ切っていく場合は確認が必要です。Approach クリアランスが発出されていないのに勝手にファイナルに旋回してはいけません。
　　通常は final approach fix に到達する前に final course にインターセプトできるようにベクターされます

５．ファイナルコースを establish できたら、レーダー間隔は確保されており、パイロットは primary の navigation（ILS、VOR、NDB、GNSS）を使って approach を完遂します。

６．Final approach fix を inbound に向けて通過した後は、滑走路に向かって approach を完結するか、公示されている missed approach procedure を実行するかのいずれかしか期待されていません

７．レーダーサービスは着陸するか、他の管制機関にハンドオフされれば終了します

Radar Approach

　レーダーapproach はコースと高度を管制官がモニターしながらガイダンスを与える飛び方です。緊急事態や遭難のような場合にも利用できるオプションです。
レーダーアプローチに必要な機上装備は無線通信機器だけになります。レーダーコントローラーは滑走路中心線上に飛行機がアラインするようにベクターします。飛行機が進入着陸するか、地上のビジュアルリファレンスが見えるまで続けます。PAR と ASR があります。
かつては伊丹空港 32R でも PAR を通常の approach として実際に使っていたのですが、最近では airline が利用している飛行場としては小松空港や那覇空港になります。
レーダーコントロール下でジャイロやコンパスが故障している場合 no-gyro approach が可能です。このような状況下でパイロットが no-gyro approach か vector をリクエストすればサービスが受けられます。HDG 指示の代わりに "Turn right now"、"Stop turn now"などの指示がだされます（FAA では now を使わない）。旋回は standard rate で実施します。Final に乗った後は half standard rate turn で修正します。
　　　"This will be a nongyro vector to ○○○、make standard rate turn execute turn instructions immediately upon receipt of the word now"
　　　"Turn Left now" "stop turn now"
　　　"Make half standard rate turn while on final"

Timed Approaches from a Holding fix

　沢山の飛行機が approach クリアランスを待っている場合、timed approach（時差進入）が行われることがあります。ノンレーダー下のアプローチで時間をセパレーションとしてとる方式で holding fix を出て approach を開始する時間が与えられます。できるだけ指示された時間に fix を通過できるようにフライトパスをアジャストします。
Timed approach は以下の状況で実施されます。
１．Tower が運用している
２．パイロットとセンターまたは approach コントローラーと通信ができている
３．２つ以上の missed approach 方式がある場合いずれも reversal 方式でないこと
４．リバーサル方式でない missed approach 方式が１つしかない場合、気象状態が雲高、地上視程ともに周回進入の条件以上であること
５．Cleared for approach を受領した場合 procedure turn をしてはいけない

Approach to Parallel Runways

　平行滑走路への parallel approach は滑走路の中心線同士の間が少なくとも 2,500ft 以上ある場合に実施が可能です。Parallel approach が実施されている場合は、パイロットにその旨伝えられます。

Simultaneous approach には次の要件が必要です。

１．滑走路のセンターラインが 4,300ft 以上離れている

２．Final をそれぞれのコース毎にモニターする装置がある

３．NTZ（不可進入区域）が設定されそれぞれの進入機が別々にレーダー監視される

４．Tower に移管したあとも tower がトラフィックを視認するまでレーダーモニターが続けられる

　Simultaneous approach が認められている滑走路（NRT 空港）ではチャートにその旨記載されています。Simultaneous approach 中にコンポーネントに故障が生じた場合パイロットは直ちにその事をアドバイスしなければなりません。

同時並行 ILS 進入ではパイロットの高度な situational awareness が必要です。直ぐ近くを飛行するトラフィックとの位置関係から、ATC のクリアランスと approach procedure には厳しく従わなければなりません。また、進入する approach チャートの名前、approach Nr、Localizer 周波数、inbound コース、glideslope intercept 高度、DH、missed approach instruction、note、procedure、滑走路の位置、隣接滑走路の位置など明確にしておかなければなりません。通信の規律を守る必要があり、しっかり ATC をモニターし、不要なあるいは冗長な送信は避けなければ

AIP Japan
KUMAMOTO
RJFT-AD2-24.15

INSTRUMENT APPROACH CHART

RJFT / KUMAMOTO ➜ VOR A

| KUMAMOTO APP 119.0 - 126.5 122.9 - 258.9 | KUMAMOTO VOR/DME 112.8 KUE CH-75X 32°50′05″N/130°50′29″E | KUMAMOTO TWR 118.7 - 126.2 122.9 - 258.9 | RADAR AVBL ATIS 128.8 |

EQPT REQUIRED DME
MSA 25NM

MISSED APPROACH
Turn right, climb to 3400FT on HDG 295° to intercept and proceed via KUE R250 to MISMI and hold.
Contact KUMAMOTO APP.

* Timing not authorized for defining the MAPt.

MASAT(FAF) : 325126.28N/1304557.61E

Missed APCH climb gradient MNM 4.6%

MINIMA	AD elev. 632	
CAT	CIRCLING	
	MDA(H)	VIS
A	1090 (458)	1600
B		
C	1100 (468)	2400
D	1190 (558)	3200

MINIMA with Missed APCH climb gradient of 2.5% are not established.
Circling to NORTH side of RWY only.

Civil Aviation Bureau, Japan (EFF:11 FEB 2010) 14/1/10

なりません。

Side-Step Maneuver

滑走路の中心線同士が 1,200ft 以下の場合に片方の滑走路に直線進入中に別の滑走路へマヌーバーして降りることがあります。side-step マヌーバーは non precision approach からの着陸でクリアーされます。例えば "Cleared for ILS rwy○○L approach, side step to rwy○○R, report right break" というような指示を受けます。RWY が見えたらできるだけ早めの着陸する側へのアラインが求められます。また、あくまでも non-precision なので minimum には注意が必要です。

Circling Approaches

Circling の欄に記載されている landing minimums は、着陸に circle が必要な時、または直線進入 minimums がない場合に適用します。

Circling minimums は circling エリアの障害物から最低 295ft のクリアランスが得られるように設定されています。サークリングアプローチの間パイロットは着陸しようとする滑走路の目視を維持しつつ着陸のために降下を開始するまでは cirling minimum 以下の高度へ下げてはいけません。
あくまでも miumum であり、もし、雲高が許せば、VFR のトラフィックパターンの高度まで上げて飛行します。そのことで通常に近い着陸操作ができます。

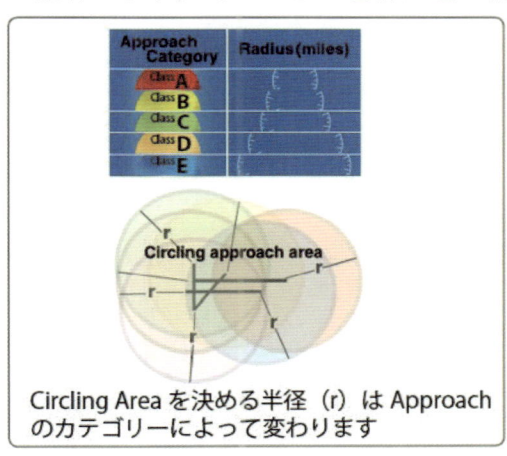

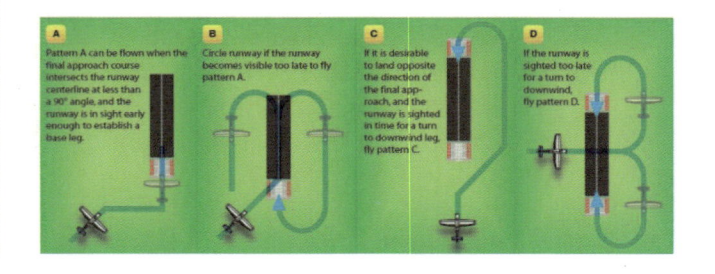

サークリングアプローチはカテゴリーA では 1.3nm、B では 1.5nm の circling area 内で障害物との間隔が確保されているのでぎりぎりの雲高状況、視程で実施する場合はこのエリアを出ないようなマニューバーの計画が必要です。日本では一般的には図の A や C で着陸し、滑走路上を通過する B、D は使われません。

IAP Minimums

MDA や DH/DA 以下に降下するためには次のような状況でなければなりません。
１．飛行機が通常の降下率とマニューバーで着陸できる位置にいる
２．次の内のいずれか一つは見える
   a) Approach light system（進入灯）
   b) Threshold
   c) Threshold marking

 d) Threshold light
 e) Runway end identifier lights（REIL）
 f) PAPI
 g) Touchdown zone or touchdown zone markings
 h) Touchdouwn zone light
 i) Runway or runway markings
 j) Runway light（滑走路灯）

9-9　Missed Approaches

 Missed approach procedure はそれぞれの計器進入に設定され、パイロットが障害物とのクリアランスを維持しながら airway 構成地点まで戻れるようになっています。Procedure は approach チャートにテキストとグラフィックで描かれています。Missed approach はフライトデッキのワークロードがピークになったところで発生することから、procedure は approach を開始する前に学習してマスターしておく必要があります。

 Missed approach を開始したとき、climb power にセットしながら上昇 pitch を establish します。飛行機の上昇に合う configuration にセットし、必要な HDG に旋回し、ATC に missed approach したことを告げます。そして、further clearance をもらいます。

 もし、ATC の指示ではなく MAPt に到達する前に missed approach を開始した場合、approach チャートに記載されている approach コースに沿って MDA または DH/DA 以上の高度で MAPt まで飛び、その後旋回します。
Circling approach 中に visual リファレンスが見えなくなってしまった場合は適切な missed approach をしますが、着陸滑走路側に旋回しつつ上昇しながら、できるだけ速やかに tower とコンタクトして指示を仰ぎます。

 以下の場合直ちに missed approach を実施します。
１．DA/DH または MDA で MAPt に到達しても進入を継続するための条件を満たさない場合
  （目視物標が見えない場合や飛行機が安全に降りれる位置にない）
２．MDA で circling 中に飛行場を ident できるものが見えなくなった場合
３．ATC から指示を受けた場合

9-10　Landing

 飛行視程が計器進入で公示されている値より低い場合は着陸できません。ATC はパイロットに使用滑走路の卓越視程をリポートします。これは RVV、RVR や卓越視程です。しかし、landing できるかどうかは visual reference の見え具合でパイロットが決断します。Approach チャートに記載されている minimum は全ての目視物標が稼働していることが条件ですから、仮に一部不具合のコンポーネントがある場合は minimum を上げる必要があります。Approach light に不具合がある場合は VIS の要件が高くなり、glideslope が不具合の場合は localizer の minimum を適用する必要があります。不具合コンポーネントによる minimum のテーブルは AIP や AIM-j に記載されています。

9-11　Instrument Weather Flying

Flying experience
 パイロットは VFR でも IFR でもフライト経験が増えるにしたがって技量も向上します。混雑

　空港での VFR フライトでは、飛行機のコントロールと navigation、通信、その他のフライト
デッキの duty に振り分ける技量などに磨きがかかります。夜間の IFR 飛行は計器飛行の技量
と自信を身に着けることができます。天候がよい月明かりの下での夜間飛行から、月の無い飛
行に進み、外の水平線や地上物標がほとんど見えない中で計器を信用することを体で覚えてい
きます。IFR でフライトするか天気の回復を待つかはパイロットの判断次第です。

Recency of Experience

　最近の飛行経験もパイロットにとって考慮すべき大事な部分です。何人も VMC を下回る気
象状態では、IFR の最近の飛行経験を充足しないで PIC をとることはできません。180 日間に
6 時間以上の計器飛行の currency が必要です。

Airborne Equipment and Ground Facilities

　IFR フライトプランをファイルするためには航空法で minimum の装備が定められています。
飛行機と navigation／communication 装備が IFR に適合しているかどうかを判断する責任は
パイロットにあります。

　性能限界、装備されているアクセサリー、装備品の general なコンディションなどは、気象
状態やルート、高度、フライトに使用する地上施設などと直接的に関わっており、フライトデ
ッキのワークロードにも影響します。

Weather Conditions

　IFR においては、VFR フライト時に関係する気象に加え、更に他の気象現象も考慮が必要で
す。（thunderstorm、乱気流、着氷、低視程など）

Turbulence

　飛行中の揺れに関しては、時々感じる軽い揺れから操縦が困難なほど強く速度、高度が大き
く変化するものまであります。パイロットは、この激しいタービュランスを避けてリスクを減
らす方法を学び、また、遭遇してしまったときの対処も知らなければなりません。
タービュランスを避けることはプリフライト briefing から始まっています。パイロットからの
レポートや、気象予報からタービ
ュランスの可能性のある空域を
見分けます。これは SIGMET、
pilot report、weather forecast
などがあります。Thunderstorm
activity のエリアはタービュラン
スの可能性が大きいのでは常に
注意が必要です。Jet 気流のうね
ったところの下や北側、山や障害
物の上を強い風が吹いていると
き、早く移動している寒冷前線の
所など CAT の発生の可能性が大
きくなります。
パイロットはフライト中のター
ビュランスの兆候に注意が必要
です。例えば、発達しかかった積

雲、積乱雲、塔状積雲は大気が不安定になっており、タービュランスの可能性があります。レンズ雲は縦方向に発達していませんが、強い mountain wave（山岳波）を示しています。エンルートでは information にコンタクトして、PIREP などの揺れの情報があれば入手が可能です。Thunder storm の強い揺れを避けるためには cell から 20 マイルは離れた方が良いといわれています。Thunder storm の上も揺れます。これを避けるために風速の 10kt あたり 1,000ft ずつ上に避けることが推奨されます。最後に thunder storm の下の揺れを過小評価しないように注意すべきです。決して thunder storm の下をくぐろうと試みてはいけません。乱気流と windshere で最悪の場合墜落に至る可能性もあります。

Moderate から severe のタービュランスに遭遇した場合、飛行機の操縦そのものが難しく、計器のスキャンを続けるのも大変な労力を必要とすることがあります。

Severe turbulence に遭遇してしまったときは、推力を下げ、飛行規程に記載されている turburence penetration speed に減速します。飛行機にかかる荷重を小さくし wing level にし、できるだけ pitch を一定に保持します。高度が多少上下するのはしかたがありません、無理に高度を保とうとすると飛行機に強いストレスがかかってしまうことがあります。必要であれば ATC に状況を説明し、ある幅の高度を block してもらうのも一つの方法です。

Power も一定に保持し、推奨される turbulence penetration speed を維持します。
最も有効な turbulence の情報（位置や強さ）は PIREP です。ですから、turbulence に遭遇したら AIM-j にある強さの表現を使ってリポートする習慣をつけましょう。

Structural Icing

計器気象状態下での飛行というのは、雲のように visible moisture（目に見える水分）の中を飛ぶということになります。気温によっては、この水分は飛行機に凍り付いてしまい、飛行機の重量を増やし、飛行性能を下げ、予想もしないような空力特性悪化を招いてしまいます。着氷域の避け方を知ることや、着氷が起きていることに早く気づき適切な対応をすることが、着氷のもつ危険な状態を切り抜ける key point となります。

機体への着氷は飛行機の外板にたまっていく氷で、3 つに大別されます。: rime ice、clear ice、mixed ice です。氷が形成されるためには、水分があることと、気温が 0℃（32° F）以下であることが必要です。空気の流れで飛行機外板を冷却するので、外気温が凍結温度より若干高くても着氷が起こります。

Rime ice は水滴が小さく飛行機の表面にコンタクトしたら直ぐ凍り付いたものです。このタイプの氷は飛行機の翼の leading edge（前縁）に形成されます。この氷は表面がざらざらに見えミルクのような白い色です。

Clear ice は通常大粒の水滴か、freezing rain（過冷却水滴）が機体表面に広がってできます。このタイプの氷は透明なため見えにくく翼の形も変えてしまうので最も危険な氷です。

Mixed ice は clear ice と rime ice が混ざったものです。両方の悪い特性が混じり、急激に形成されることがあります。氷の粒子が clear ice の中に埋め込まれ凸凹の蓄積をしていきます。

右のテーブルは温度により形成される氷のタイプを表したものです。

機体表面への着氷は百害あって一利なしです。

不用意な着氷に遭遇してしまった場合、それ以上の ice の蓄積を防止することが重要です。防氷装置や除氷装置があるなしに関わらず、最初のアクションは、visible moisture のある空域から離脱することです。これは、雲の base の下に降下するか、雲頂の上に上昇するか旋回してコース

Outside Air Temperature Range	Icing Type
0 °C to –10 °C	Clear
–10 °C to –15 °C	Mixed clear and rime
–15 °C to –20 °C	Rime

を変えるかです。これらが叶わないときは、氷結温度より気温が上がるところまで降下することです。パイロットは ATC に icing の状況を伝え、着氷がひどいときは新たなルートや高度をリクエストすべきです。Icing の強度表現については AIM-j を参照してください。

Fog

　計器飛行を行うパイロットは霧の発生原因、発生予測を学び、フライト中は、早目早めに適切な対応をとることが求められます。飛行計画の段階では、気象の現況および予報を詳しく調べ霧の発生の可能性があるときは注意します。霧が予想されるときは、パイロットは代替地への着陸も含めた十分なリザーブ燃料を考慮して飛行計画を立てなければなりません。
エンルートではできるだけ霧の発生に関する最新の情報を集め状況の変化に注意を払います。霧が発生する 2 つの状況があります。
一つは、大気の水分が飽和状態になるまで気温が下がるか、もう一つは飽和が起きるに足る量の水分が流れ込んでくる状況です。いずれにしても、気温と露点の差が 5°以内の時に霧が発生しやすくなります。目的地に夕刻到着する計画のときは、気温が下がり霧の形成の可能性に特に注意が必要です。

Volcanic Ash

　火山の爆発は研磨剤のようなダスト成分を含む火山灰の雲を発生させ、飛行機の運航の安全に対しては脅威となります。更に危険なのはこの火山灰が火山からある程度離れてしまうと普通の雲と識別が困難になることです。
飛行機が火山灰に入ってしまったときは、細かい粒子や煙が客室に入りこみ、しばしば硫黄の臭いか電気火災のような臭いがします。また、火山灰の中ではコックピットの windshield にセントエルモの火が見えることがあります。研磨剤のような粒子がコックピットの窓をひっかき、視界を制限したり見えなくしてしまうことがあります。（すりガラスのようになってしまう）ピトースタティックシステムは詰まる可能性があり、その場合速度計などの計器が誤作動してしまいます。ピストン機もジェット機も重大なエンジンダメージを受けてしまいます。
1982 年ンイドネシアジャワ島上空でピナツボ火山の大爆発でブリティッシュエアーの 747 型機の 4 つのエンジンが停止するインシデントが起きたことや、1989 年北米のリダウト火山が大爆発を起こしたときに KLM のジャンボジェットが 4 発ともエンジン停止したインシデントはまだ鮮明に記憶されています。ジェットエンジンの場合は火山灰が燃焼室で溶け、その後タービンに付着するためエンジン停止となりやすいようですが、ピストン機でも要注意であることは同じです。
火山灰を避ける最大限の努力をしなければなりません。火山灰は風で流されるので、常に火山から出てくる火山灰の風上にいるようにプランします。目視や機上レーダーでは火山灰の雲はなかなか避けることができません。火山灰を見つけたり、遭遇してしまったパイロットは直ぐその情報を報告します。気象庁が火山の活動を観測し火山灰の流れを予測します。この情報はSIGMET で配信されます。
いろいろな火山に関するハザード情報がありますが、PIREP が最良の情報源になります。火山の爆発や火山灰に遭遇したパイロットは近くの管制機関に速やかに報告します。火山灰の流れの予測もチャートで出されています。

Thunderstorms

　Thunderstorm は航空に関わるあらゆるハザード気象現象を束にパックしたようなものです。乱気流、雹、雨、雪、雷、急激な上昇・下降流、そして着氷などの全てが thunderstorm の中に存在します。Thunderstorm が近づいているときにそれに向かって離陸してはいけません、

また thuderstorm の活動が予想されているときに、それを探知できるレーダーなどの装備がなければ近づいてはいけません。

外見上の見え方と、乱気流や雹などの激しさや量に有意義な相関関係はありません。Thunderstorm は全て危険であり、高さが 35,000ft を超えるものは極めて危険です。

　地上・機上搭載気象レーダーとも通常は moderate から heavy の降水を検知するはずです。(従来のレーダーは乱気流が検知できないものが多い) 嵐の中の乱気流が発生する頻度と強さは、水分の量が多いエリアの近くが可能性も強さも大きいと考えられます。レーダーエコーが鬼の角や鍵型になっているところは大型機でも絶対に近づいてはいけない危険域です。
強いレーダーエコーから 20〜30 マイルの範囲は severe turbulence から免れないと考えた方がよいでしょう。気温が−5°〜＋5°の間の高度を飛ぶときは落雷を受ける可能性が強くなります。更に、thunderstorm の近くでは雲から離れていても落雷を受ける可能性があります。Thunderstorm は避けるというのが常に最良の選択肢です。

Wind Shear
　ウインドシアーは風速と、風向が短時間に変化することと定義されます。その変化は水平方向あるいは垂直方向、または両方に存在します。Wind Shear はどんな高度でも発生しますが、離着陸時に遭遇すると大きな問題となります。これは典型的なケースとして thunderstorm や低層の気温の逆転層などに関連して発生します。しかしそれだけではなく jet stream や前線なども wind shear 発生の要因となります。
　図では、計器進入中の飛行機が tail wind shear から head wind shear となり、速度が増え

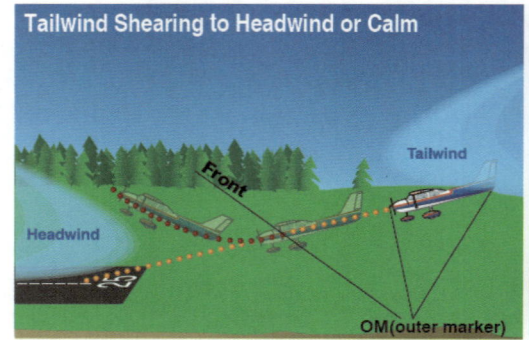 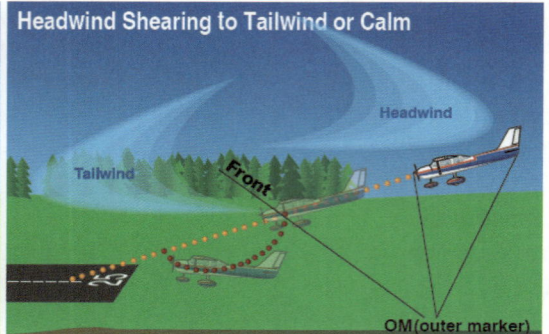

nose が上がって、glidepath の上にバルーニングとなっています。Head wind から tail wind に変わるときは逆の影響があり、glidepath の下にもぐってしまいます。

　Head wind から tail wind に変化する shear は headwind に対してパイロットが power を絞って nose を下げている状態で遭遇すると極めて危険です。この shear が地面に接近している所で遭遇した場合リカバリーが難しくなります。このタイプの wind shear は、正面から thunderstorm に向かって進入する状況と似通っています。パイロットは、approach phase において wind shear の兆候に細心の注意を払い、計器にその兆候が表れ始めたら直ちに missed approach するつもりでいなければなりません。低高度でこの windshear に遭遇したら、リカバリーが不可能な状態になる可能性があります。

パイロットに winds hear 情報を提供するために、空港によっては Low-Level Wind Shear Alert System（LLWAS）を備えているところがあり、空港の中央部、周辺部の風の情報から shear の警報を発します。このシステムで風の変化や winds hear の可能性を検知した場合これをパイロットに注意情報として伝えます。

　　　　　"RWY34R wind shear alert, 20kt loss 3 miles on final wind 300/15"

この情報では 3 マイルファイナルで 20kt の速度減がある可能性があり、タービュランスに遭遇する危険を伝えています。更に地表での風が 300°/15kt というレポートも合わせて行っており、現在パイロットが有している上空の風と対比できます。

　パイロットが wind shear に遭遇した場合、その情報をリポートすることが強くリコメンドされます。PIREP の仕方については AIM-j を参照してください。

9-12　Conducting an IFR Flight

　このフライトでは、セスナ 172S で call sign を JA31UK とします。飛行機は dual navigation, 無線通信機器、トランスポンダー、GPS システムが装備されているものとします。

Preflight

　フライトの成否は preflight のプランニングにかかっているといっても過言ではありません。夕方出発便であれば、より慎重な気象予報の確認が必要となります。Planning を始めるに当たり、まず、必要なチャート類やマニュアルを準備し、それらが最新のものであることを確認します。それには、エンルートチャート、approach チャート、SID、STAR チャート、NAV ログ、AFM などがあります。チャートは出発空港、目的空港、何かあって計画通りにフライトが完遂できない場合の contingency 空港をカバーする必要があります。この時はまた、パイロットが最近の飛行経験や、技量、体調、特定のフライトにおける個人の weather minimums などを再確認するよい機会です。

AIP で preferred route を確認します。次に DP、STAR、approach それぞれのチャートを review します。最後にエンルートのチャートを review し、MEA や obstacle の高さを確認します。

これらの確認が終わったら、最良の option を決めます。ルートを決め、巡航高度を決め、その高度が全ての規則を満足し、飛行機の performance 上も問題ないことを確認します。

次に気象情報を確認します。現況（METER）、予報、上空の気圧配置・風・相対温度・渦度・湿域、等々をチェックします。最近では雲画像の分かりやすいデータが提供されています。出発地、目的地、代替空港の weather を確認します。自分の minimum を上回った気象状態であることを確認します。

次に NOTAM をチェックします。

次に NAV　LOG を作成します。埋められるところは、できるだけ記入しフライト中のワーク

ロードを軽減するようにします。巡航の気圧高度と温度の TAS および巡航の power をだし、上空の風を使い各レグの estimate の時間・燃料消費を計算します。代替空港へのプランも計算します。燃料は少なくとも代替地までのフライト＋45 分飛べる分が必要です。更に reserve を検討します。

Wt/Balance を作成します。離陸着陸の必要滑走路長を算出します。

タービュランスや着氷に関する SIGMET がルート全般に渡り発行されていないか確認します。

Flight plan を記入し、ファイルします。（インターネットを利用して SAT でファイルすることも可能です）

Preflight inspection を実施します。

搭載用航空日誌を確認し、飛行機の耐空性が維持されており、IFR フライトで必要な機器類が正常なことを確認します。

外部点検でも IFR に必要なものはしっかり確認します。

フライトに必要なチャート、筆記具、メモ用紙、Nav Log などを取り出しやすい位置に整頓して配置します。

Departure

ENG 始動後、ATIS を聴取します。

羽田や成田などの大きな混雑空港ではクリアランスデリバリーから、通常 Ground からクリアランスを受領します。

Ground のない空港は TWR から、TWR がなければ Radio からクリアランスを受領します。

" Kumamoto Ground、JA31UK　IFR to Matsuyama A/P information Charlie request Clearance "

" JA31UK cleared to Matsuyama A/P via Rindo 3 Departure Oita Transition Maintain 9000ft Squawk 1234 "

クリアランスを read back し、Dp を review します。ATIS "C" では滑走路 07 が予想されているので離陸後左旋回していくイメージをつくります。左旋回した後、KUE に向かうので、KUE の 112.8 を VOR にセットしコースは outbound の 205° をセットします。STBY には TAE112.1、コースは 039° をセットしておきます。

Taxi out の準備ができたら、Ground にコンタクトし taxi の許可を得ます。

" JA31UK Taxi RWY07 via intersection T4 "

Taxi instruction をコールサインと共に read back します。ルートを確認して taxi を開始します。Taxi の旋回時などを利用して flight instrument が正常に機能していることを確認します。T4 intersection で RWY07 を hold short して離陸前の手順と before takeoff checklist が完了したら TWR に ready をかけます。

" JA31UK wind 050/10 Cleared for Takeoff Runway 07 intersection T4 ,caution Wake turbulence B767 departed to North West "

Taxi into position し、Nav Log に離陸時間を記入、HDG indicator、MAG compass を確認しトランスポンダーを ALT position とし、全ての LGT 点灯を確認し、takeoff roll を開始します。B767 の wake turbulence を避けるために B767 の lift off 位置より手前で lift off します。

En Route

離陸後 KUE に向かって上昇旋回中に TWR から

" JA31UK Contact Departure "

これを acknowledge し、126.5 で Departure にコンタクトします。
　　　" Kumamoto Departure JA31UK leaving 1500ft climbing to 9000ft "
Kumamoto Departure からレーダーコンタクトの返事がもらえるはずです。

　FUK コントロールからトラフィックの情報が入りました。
　　　" JA31UK Traffic at your 10 o'clock 10nm at 11,000 descending to 10,000 "

　IFR のフライトではあるものの、外の見張り、衝突防止は大切なパイロットの責務です。トラフィック information に対し "Looking out"を report した後、見えれば "Traffic insight" 見えなければ "Negative contact due to cloud"等の返事を返します。
それぞれの、fix の時間を Nav Log に記入します。
途中で福岡 information から PIREP や目的地の情報を得ます。周波数は VOR の周波数 box の上に記載されています。
管制を受けている福岡コントロールに周波数を離れる旨のリクエストをした後で、information とコンタクトします。
　　　" JA31UK over TAE maintain 9,000ft to MPE , Request en route condition and current weather at MPE A/P "
　　　" JA31UK no special report from TAE to MPE around your altitude, MET report MPE ・・・・・・"

Weather 等を受領したら、こちらからは PIREP を送ります。
　　　" JA31UK copy weather . I have PIREP ready to copy "
　　　"JA31UK Go-Ahead"
　　　"JA31UK Cessna 172 5 nm E of TAE 9,000ft. Incloud with smooth air. Negative icing "
　　　"JA31UK thank you for the PIREP "
Weather check と PIREP が終わったら福岡コントロールにもどります。
　　　"Fukuoka Control, JA31UK is back on your frequency "

Arrival
　#2COM で MPE の ATIS を聴取します。
Weather は大きな変化はなく ILS RWY 14 でした。岩国 Approach にコンタクトします。
　　　" Iwakuni APP JA31UK maintain 6000ft with information Echo "
　　　" JA31UK Iwakuni APP HDG 060 descend and maintain 4000 radar vector to RWY 14 ILS final approach course"

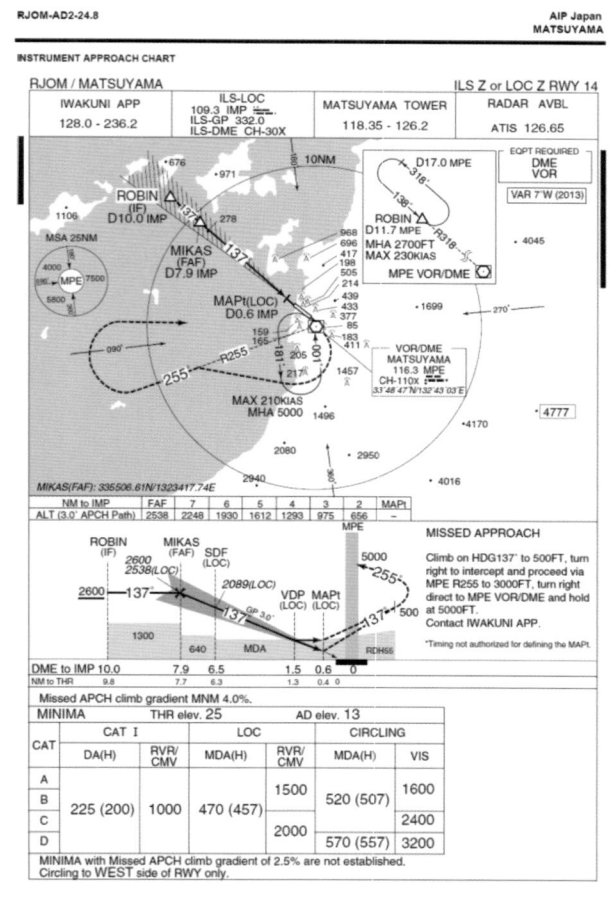

Radar Vector が始まったので、＃1 NAV system を ILS にセットし approach の準備と configuration を整えます。

" JA31UK 5miles to ROBIN Descend and maintain 2,600 you are cleared for ILS Z RWY14 approach, maintain 2,600 until establish LOC course"

クリアランスを read back し、フライトに集中します。
"JA31UK contact Matsuyama TWR 118.35 good day "

" Matsuyama TWR JA31UK intercepting L/C RWY 14"
" JA31UK　cleared to Land RWY 14,wind 180/12 "

適切な configuration セットと landing checklist を完了し着陸を成功させます。
Final Approach fix を過ぎたあとは、weather コンディションに関わらず、DA までは進入を継続できます。DA までに必要な物標が視認できれば進入を継続し着陸します。DA までに見えなければ、missed approach を実施します。
着陸後、runway を離脱し taxi instruction を受領して、spot へ向かいます。
Tower が自動的に IFR フライトプランのクローズをしてくれます。

INDEX　索引

あとがき

　この計器飛行ハンドブックは、"はじめに"で紹介したようにFAAのInstrument Flying Handbookの翻訳がベースになっています。これを日本の基準に合わせて改訂し、航空会社で飛行した経験を加味して編集いたしました。

　編集にあたり、第2章の原案は崇城大学の梶川教授に編纂いただき、第3章のHuman Factorは崇城大学の研究生に翻訳を手伝っていただき、第4章の空力は野方先生のお力を借りて校正していただきました。お力添えをいただいた、渡邊英一様、崇城大学の先生方、鳳文書林の青木様のお陰で何とか発行までたどりつけたことを深く感謝申し上げます。

平成 28 年

学校法人　君が淵学園　崇城大学　工学部

宇宙航空システム工学科　操縦学専攻

稲富　徳昭

·············著者略歴·············

稲富 徳昭（いなどみ　のりあき）

・総飛行時間　約 14,000 時間
・乗務経験
　　日本航空　B747 機長
　　JAL エクスプレス　B737-400 機長
　　ジェットスタージャパン　A320 機長
・現在　崇城大学宇宙航空システム工学科教授

本書の無断複写、複製、引用、転載は固くお断りします

© All rights reserved

初版発行　平成 28 年 9 月 20 日　　　　　　　　　　　印刷　シナノ印刷

デジタル計器による 計器飛行ハンドブック
Instrument Flying Handbook

稲富　徳昭著

発行　鳳文書林出版販売㈱

〒105-0004　東京都港区新橋 3－7－3

Tel 03-3591-0909　　Fax 03-3591-0709　　E-mail　info@hobun.co.jp

ISBN978-4-89279-431-5　C3040　￥5000E　　　　　定価　本体価格 5,000 円＋税